跨境流域水利益共享
及生态补偿机制

刘艳丽　刘　恒　邓晓雅　孙周亮　赵志轩　龙爱华　等著

科学出版社

北　京

内 容 简 介

　　本书从当前国际公认的权益原则和国际法基本框架出发，在探讨当前跨境流域水管理问题的基础上，选择跨境水问题突出、国家需求重大和紧迫的澜沧江—湄公河流域为对象，分析了跨境流域水资源在时空分布上的多尺度和多层次特性，揭示了跨境流域水资源多级权属的多维特征；研究了跨境水资源水量分配的基本原则和分配依据，建立了跨境水资源多目标分配理论框架和技术体系；构建了水生态价值评估表征指标体系，研究提出了跨境流域水生态服务功能的机制评估方法；探讨了符合国际规则下的跨境流域水利益共享基本理论，研究提出了面向水利益共享的跨境流域生态补偿基本框架和应用模式，是跨境水管理中水利益共享模式的积极探索。

　　本书可供水文与水资源学、管理学、自然资源学、环境科学等相关学科科研工作者参考，也可作为相关专业师生的参考用书。

图书在版编目（CIP）数据

　　跨境流域水利益共享及生态补偿机制/刘艳丽等著. —北京：科学出版社，
2022.9
　　ISBN 978-7-03-071895-2

　　Ⅰ. ①跨… Ⅱ. ①刘… Ⅲ. ①澜沧江－流域－水资源－资源共享－流域环境－生态环境－补偿机制－研究 ②湄公河－流域－水资源－资源共享－流域环境－生态环境－补偿机制－研究 Ⅳ. ①TV213.4

　　中国版本图书馆 CIP 数据核字（2022）第 043057 号

责任编辑：周　丹/责任校对：王　瑞
责任印制：师艳茹/封面设计：许　瑞

科学出版社 出版

北京东黄城根北街 16 号
邮政编码：100717
http://www.sciencep.com

三河市春园印刷有限公司 印刷

科学出版社发行　各地新华书店经销
*

2022 年 9 月第　一　版　　开本：720×1000　1/16
2022 年 9 月第一次印刷　　印张：14　插页：4
字数：300 000

定价：**169.00 元**
（如有印装质量问题，我社负责调换）

序

　　水的重要性毋庸置疑。人类逐水而居，文明依水而兴。为了利用水资源，历史上诞生了许多堪称奇迹的辉煌伟大的水利工程，同时为了争夺水资源，也出现过众多国家间、民族间、地区间或家族间的斗争，其中跨境水资源的冲突尤为复杂激烈。

　　跨境流域水问题是地球系统科学及国际水文计划等的重要研究议题，同时也是影响全球可持续发展的中心议题。我国境内发育了亚洲主要国际跨界河流，然而对国际跨界河流的研究滞后于国内河流，更缺乏跨境合作研究，导致跨境水安全调控科学基础和技术支撑能力薄弱，在国家水权益保障中处于被动。

　　跨境流域水问题是"一带一路"倡议和"人类命运共同体"建设重点关注的方面，国家在"十四五"规划和2035年远景目标中明确提出实施雅鲁藏布江下游水电开发，在这些背景下，跨境流域水问题研究显得更为必要和紧迫。

　　跨境流域多处于受气候变化影响的敏感区和应对气候变化的脆弱区。气候变化引起的极端降水事件增多增强为跨境流域水资源安全提出了新的挑战，这给本身受地缘政治、域外势力干扰的跨境流域水资源管理带来了新的威胁。在全球气候变化影响下，青藏高原冰川在加速融化和消退，使得包括澜沧江在内的以冰川融水为重要水源的多条国际河流流量受到影响。联合国政府间气候变化专门委员会（IPCC）指出，气候变化的发展将增大湄公河流域雨季河流泛滥的风险，增加旱季发生水资源短缺的概率，加剧海平面上升导致的河流下游盐碱化现象，湄公河三角洲地区的农业生产受到严重威胁的风险大大提高。

　　2015年11月，中国、缅甸、老挝、柬埔寨、泰国和越南在中国云南召开澜湄合作首次外长会议，并发布了《澜湄合作概念文件》和《首次外长会联合新闻公报》，决定在政治安全、经济和可持续发展、社会人文三大重点领域开展务实合作，并确立了互联互通、产能、跨境经济、水资源、农业和减贫5个优先合作领域。2021年9月，国务院总理李克强在大湄公河次区域经济合作第七次领导人会议上的讲话中，将"深化水资源合作"放在第一重要的位置。澜湄水资源合作受到澜湄流域各国的高度重视，合作发展迅速，澜湄流域国家具有较强的合作意愿和良好的合作潜力。

　　在各国地缘政治合作越来越紧密的背景下，水利益共享是未来跨境流域水资源管理的必由之路，同时也符合"人类命运共同体"的理念。尤其是在澜沧江—湄公河流域，我国处于流域的上游，开展水资源权属划分和全流域水资源优化分配的研究非常必要和迫切。

　　水利益共享的理念由来已久，大多数学者们的研究基本上还处于概念阶段，一直缺乏一个切实可行的分配体系，包括分配指标、分配模式与分配模型等。《跨境流域水利益共享及生态补偿机制》一书构建了具有可操作性、基于水利益共享理论的跨境流域水资源多目标分配指标体系和模型，提出了跨境流域全流域水利益共享的框架体系，在跨境流域水管理、生态补偿机制、解决水冲突的原则和策略等方面进行了有意义的探索，具有突出的理论创新和重要的实践价值。相信该书的出版将促进水利益共享从概念到实施的阶段性跨越，有助于加强中国涉水外交谈判的话语权，推动和提升全球变化背景下我国跨境流域水安全风险管控、保障国家水权益等方面的科技支撑与国际核心竞争能力，为国家跨境流域水事合作和"一带一路"倡议实施提供借鉴经验和科技支撑。

　　是为序。

中国工程院院士 张建云

2022 年 2 月于南京

前　　言

国际河流涉及全球 150 多个国家、60%可利用淡水和 90%人口，水资源与国家资源主权、粮食安全和能源安全等密切相关，是国家间对话与合作、影响持续发展的中心议题，也是地球系统科学及国际水文计划等的重要研究议题。同时，水资源是"改变世界的气候变化-水-粮食-能源的关系"的核心要素，水安全位列全球可持续发展 8 大挑战之首，水危机位列未来 10 年世界风险之首，以跨境水纠纷及其导致的地缘战略竞争激化最突出。

国际河流水资源通过自然越境打破了各流域国领土的完整性，使其成为多国共享资源。全球 286 条国际河流跨境水资源约占世界淡水资源总量的 60%，我国是国际河流众多的国家，共有大小国际河流（湖泊） 40 多个，其年径流量占全国河川径流总量的 40%以上。中国主导的"一带一路"倡议，其中陆上丝绸之路经济带所经过的地区几乎全在国际河流区。在全球气候变化背景下，气候变化导致的极端气候事件增多加剧了全球淡水资源短缺，跨境水资源竞争利用日益加剧，跨境水资源利用与跨境生态安全维护、复杂的区域政治经济社会等问题交互影响，越来越受到关注。国际河流水争端是国际河流开发和管理中的核心问题之一，直接影响国际河流的可持续开发以及各流域国之间的关系。实现公平合理的水分配是解决此类争端的关键。

为应对气候变暖导致淡水资源日益短缺及其对全球经济发展的冲击，需要各国采取措施重新分配水资源。传统的跨境水分配，大多是流域国之间的水量分配，这种水量分配不利于全流域的资源优势发挥、生态环境保护和河流健康，从整体利益上考虑，有些分配的水资源也造成了某种形式的浪费。水利益共享的理念起源于 1961 年美国和加拿大签署的《哥伦比亚河条约》，该条约的核心为"应公平地享有因合作带来的下游利益"，共享利益原则相应地要求工程或其他形式的合作将对双方或多方相关国家带来利益，并且这种合作是把"蛋糕"做大。水利益共享原则自提出以来受到了广泛关注，由于其能考虑到全流域水利益最大化和河流健康、生态可持续以及未来气候变化风险等，成为跨境流域水管理研究的热点。但自提出以来，目前国内外研究多集中在概念阶段，缺乏具有可操作性的分配指标体系和分配模型，使得这一理念难以在国际河流管理中实施。此外，如何在水利益共享框架下计算水生态价值以及如何进行生态补偿等都是进行水利益共享的重要组成部分。

在"十三五"国家重点研发计划项目"跨境水资源科学调控与利益共享研究"

的课题"跨境流域水资源权属体系及利益分配"（项目编号：2016YFA0601602）和国家自然科学基金项目"变化环境下跨境流域水利益共享研究"（项目编号：52079079）的资助下，结合本单位前期二十多年的研究基础、国内外近年来最新研究进展以及当前跨境流域水管理中面临的问题和挑战等，本书的逻辑框架为"跨境水资源多级权属体系—水利益共享理论—多目标分配指标体系和分配模型—水生态服务功能经济价值评估—跨境流域水利益共享与补偿机制"，以澜沧江—湄公河流域为例，明晰了基于水利益共享的跨境水管理理论基础。

本书提出了跨境水资源权属的界定方法，并构建了跨境水资源权属体系。以国际跨境水资源开发利用和保护的相关法理、准则为依据，研究了跨境水资源所有权、使用权和可分配权等多级权属内涵；以利益共享等国际共同认可的价值观和原则来解释水资源的权属，从水的所有权、使用权、可分配权角度，提出了跨境流域不同层面的水资源权属概念，辨识了跨境流域各国水资源主权和水利益的指标特征；明确了跨境流域水资源权属界定的原则和依据。

本书提出了基于水利益共享的水资源多目标分配体系和分配模式。本书分析了跨境水资源时空分布特征，解析了跨境流域各国水资源开发利用现状和未来需求，从跨境水资源的自然和社会属性出发，识别了跨境流域各国水资源开发利用的多种功能特征，分析了跨境水资源分配的影响因素及其对各国水利益的影响程度，建立了基于水利益共享原则的跨境水资源多目标水分配指标体系，构建跨境水资源多目标分配技术体系，提出了不同典型年澜沧江—湄公河流域水量分配方案集。

本书提出了跨境水资源水生态服务功能经济价值评估方法。本书揭示了跨境流域水生态服务功能的基本内涵，构建了跨境流域水生态价值评估表征指标体系，提出了跨境流域水生态服务功能的经济价值评估方法。分析了澜沧江—湄公河流域土地利用变化对生态系统服务价值的影响，并根据澜沧江—湄公河流域土地利用变化的时空演变特征，结合流域未来发展趋势，揭示了未来不同发展模式下流域生态系统服务价值的时空演变规律。

本书提出了跨境流域水利益共享评估与生态补偿机制。本书探索研究了符合国际规则下的跨境水利益共享基本理论方法，研发了跨境水资源分配的利益评估技术方法；综合国内外流域水生态补偿的实践，提出了面向水利益共享的跨境生态补偿的基本框架和应用模式，核算了澜沧江—湄公河流域各国的生态服务价值与利益补偿量。

总体上，本书以基于水利益共享的跨境流域水管理为主线，由浅入深地剖析了跨境流域多级权属体系、基于水利益共享的跨境水资源多目标分配、跨境流域水生态服务功能经济价值评估以及生态补偿机制等，为跨境水管理中的水利益分配研究提供了一个具有可操作性的理论框架，为我国实现跨境流域合作和落实"一带一路"倡议等提供科学支撑。

　　本书共 7 章，由 10 位作者共同撰写。第 1 章由刘艳丽、孙周亮、刘恒共同撰写；第 2 章由赵志轩、顾颖、钟华共同撰写；第 3、4 章由刘艳丽、孙周亮、谷金钰、王国庆共同撰写；第 5、6 章由邓晓雅、龙爱华、谷金钰共同撰写；第 7 章由刘恒、刘艳丽共同撰写。全书书稿完成后，刘艳丽对本书进行了系统地修改和统稿，最后形成此书。

　　特别感谢云南大学尤其是冯彦教授、何大明教授给予的大力支持。本书的大量资料引自有关高等学校、科研和生产单位以及个人出版发表的论文和图书资料，在此对相关单位和作者一并致谢。

　　由于时间紧迫，撰写人水平有限，书中不妥之处在所难免，请读者批评指正。

作　者

2021 年 7 月 5 日

目　　录

彩图

第 1 章　绪　　论

1.1　研究背景及意义

水是生命之源、生产之要、生态之基，水资源是基础性的自然资源、战略性的经济资源，是生态环境的控制性要素，在全球具有显著的时空分布不均特性。随着世界经济社会发展、人口增长和全球气候变化事实的不断明晰，全球性水资源供需矛盾日益加剧（Kundzewicz et al., 2009；Eliasson, 2015），国家和地区之间的水资源纷争和冲突也不断深化，甚至引发战争。水危机被列为未来十年世界风险之首，其中的跨境水纠纷问题最受关注（World Economic Forum, 2015；Bernauer et al., 2020）。据统计，全球 286 条国际河流涉及全球 151 个国家、90%的人口和60%的可利用淡水（UNEP, 2016；何大明等，2016）。跨境水安全与国家资源主权、粮食安全、能源安全及生态安全等密切相关，已成为全球水安全的中心议题，对维护世界经济持续发展与和平至关重要（Zhong et al., 2016）。受全球气候变化影响，全球水文循环和水资源时空分布更加复杂多变，打破了过去约定俗成的水分配模式，增加了跨境水资源分配的压力（匡洋等，2018；Renner et al., 2021; Dinar et al., 2019）。为应对气候变暖导致的淡水资源日益短缺及其对全球经济发展的冲击，需要各国采取措施重新分配水资源（World Bank Group, 2016; Gunasekara et al., 2014）。

跨境流域（即国际河流区，为避免概念混淆，本书中出现的国际河流、跨境河流、跨界水道、跨境流域等均指水域涉及国界的河流或流域）是水资源矛盾最尖锐的地区，主要原因是水资源短缺以及上中下游国家社会经济发展水平与需求不同，从而流域各国对水资源开发利用需求目标及形式也存在差异，加之水资源时空差异大，导致跨境流域的水资源开发利用存在争端，因此跨境水资源分配问题亟待解决。

跨境水资源问题与一国内部流域的水资源问题存在很大差异，常见的水资源配置理论与方法不能直接应用，这主要是因为各流域国之间信息交流不畅、缺乏统一的决策与执行机构，这种差异性的直接原因是国界。在跨境流域中，国界不仅是国家主权的分界线，同时也是不同的社会经济、文化、技术水平的分界线，代表着不同的水利益主体。国　界阻碍了国家之间的合作与交流，国家之间经济发展水平、水资源开发技术水平参差不齐，使得水资源利用水平、水资源需求和利用目标空间差异大，更加剧了水资源分布不均匀性。

相比国内流域，跨境水资源还具有一定的特殊性，具体体现在以下三个方面：水资源权属不清、缺乏统一管理机构和研究基础薄弱。国内流域的水资源主权可由国家统一确定，跨境流域由于涉及不同国家领土，具有跨国界性，各个国家在降雨量、径流量、流域面积等方面以不同的贡献率共同组成该流域。但各个国家对流域内的水资源到底拥有多少利用量，目前国际上尚无统一标准，尤其是上下游国家之间存在较大争议，已进行过分水的流域也只是通过谈判解决。国内流域内各省份（或相当行政级别）之间的水资源分配出现分歧而难以解决时，可在国家层面进行协调，并最终以国家政策性法规的形式解决，而跨境流域通常没有高于国家层面职权的机构存在，即使流域内成立了统一管理机构也没有足够的权限解决流域内的水资源纷争问题，争端方通常顾及自身利益而无法进行有效协商，遗留的水资源问题则会严重影响流域内社会经济发展和地区的稳定。近年来，国内流域的水资源配置研究发展迅速，而受到基础资料不全、关注度不够等因素的影响，跨境流域水资源的研究滞后于国内水资源研究。因各国一般不会对外公开实际用水资料，且各国科学技术水平发展差异也较大，对流域内出现的一些水情变化现象看法存在分歧，难以在同一共识下进行有效沟通等。

跨境流域的水资源问题解决难度因此也更大。首先是国家之间利益更敏感，每个国家都在极力争取本国利益而不会轻易妥协；其次是矛盾更加显著，历史上国际资源争端历来是地区局势动荡的导火索，小则破坏国际合作、大则引发战争；最后是协调难度更大，没有有效的争端解决机制、缺乏统一协商平台，现有的国际水法体系缺乏可操作性，在协商时受国家之间合作水平影响大，各国利益诉求难以均衡满足。

我国发育了亚洲主要国际河流，尤其是西南出境的河流，如澜沧江、怒江、独龙江、雅鲁藏布江等。这些河流来水量大、水质好，是我国关键的优质战略水资源储备区和国家水电可再生能源的主体区，也是东南亚、南亚区域水安全与水电能源安全的关键地区（何大明等，2014）。这些国际河流区的水资源利用与保护、跨境生态影响、地缘合作和安全等问题都直接关系到我国的水-能源-粮食-生态纽带安全。受全球变化影响和域外势力干扰，我国跨境水问题广受关注，解决难度日益增大。但总体上，我国对国际河流的研究滞后于国内河流，缺乏跨境合作研究和经验，仍面临一系列挑战。

在我国众多的国际河流中，澜沧江—湄公河流域（以下简称"澜湄流域"）是流经国家较多、用水目标多元化、水资源时空分布不均、水资源争端典型的典型地区。澜沧江—湄公河自北向南发育，依次流经中国、缅甸、老挝、泰国、柬埔寨和越南 6 个国家，由于丰富的水能资源和巨大的航运潜力，养育了沿岸的广大人民，因此被下游流域各国称为"母亲河"，是东南亚最重要的国际河流和经济血脉（Kingston et al.，2011；吴迪等，2013）。但是由于径流量时空分布差异大，各个季节的水量分配极其不均衡，加之近年来厄尔尼诺等极端气候的频繁出现，澜湄流域出现的用水矛盾及冲突日益深化。自20世纪末以来，各国持续加大了对流域水资源的开发利用，尤其是在农业灌溉这一领域用水矛盾显著。由于没有统一的流域水资源开发规划，各国的开发利用行为存在较大的自由性，其带来的跨境影响程度深远，严重改变了原有的水文情势，部分原有的水资源利用形式也受到了影响。另外，从空间上看，澜湄流域纬向跨越了自寒带到热带的所有气候带，气候垂向差异大、复杂多变，是全球气候变化的敏感区，21世纪以来，该区大规模梯级水电开发和多层次地缘政治经济合作得到快速发展。在全球变化日益强烈的影响下，澜湄流域的水文生态情势发生了深刻改变，流域"水-能源-食物-生态"关联关系变得更加复杂和敏感，其跨境水资源的共享利用面临重大挑战，广受全球关注（Do et al.，2020；于洋等，2017）。在未来水资源需求不断多元化和气候变化影响日益显著的背景下，澜湄流域的水资源问题势必深化，水资源开发不可避免地存在国际纷争，如处理不当则可能损害国际互信、国家外交，因此研究全流域的水量分配与利益共享理论迫在眉睫。

2014年11月，国务院总理李克强在第17次中国—东盟领导人会议上提出建立澜沧江—湄公河合作（简称"澜湄合作"）机制。自提出以来，该机制一直在稳步推进中，澜湄合作是"一带一路"建设的重要平台，将成为共建"一带一路"次区域合作典范。澜湄合作因水而生，水资源合作也是澜湄合作优先领域之一。在2021年9月召开的大湄公河次区域经济合作第七次领导人会议上，李克强总理将"深化水资源合作"放在第一重要的位置。我国虽处在水资源利用上具有相对优势的上游区域，但面对全球气候变化和复杂的地缘政治形势，如何率先提出跨境水资源合作的中国模式，对我国涉水外交谈判、跨境水权益保障以及掌握澜湄合作主动权具有重要意义。

尽管关于跨境水资源及澜湄流域水资源合作的研究文献很多，但大多数文献仅从法律、政治、政策、环境、框架等方面进行定性分析，对占流域六国利用比重最大的农业水权分配问题的定量研究较少，且对各国水资源公平合理分配及其利益共享问题、各国多目标开发利用模式等研究涉足尚浅，这就造成了澜湄流域水资源开发的研究缺少理论依据和法理支撑，这十分不利于保障我国在澜湄流域的水资源权益。

近些年，随着跨境流域生态系统问题的不断显现和国际社会对其关注程度不断地加深，许多国家和地区都开始积极尝试探索跨境流域生态补偿等相关议题。但长期以来由于跨境流域上中下游各国（或地区）各自所追求的经济发展状况不同，对于其发展过程中产生的水资源浪费、水污染和生态服务的外部性问题，缺乏长效的、可行的生态补偿机制和多元化的补偿模式，导致对区域经济运行与文化特征考虑不足的跨境流域生态补偿机制难以长久顺畅地形成，无法有效保证整个流域生态系统的健康持续发展。

目前，相关研究领域的专家学者对于流域生态系统服务价值补偿等相关理论研究已取得了阶段性的成果，但跨境流域生态系统本身具有的系统性和复杂性，使得生态保护与综合环境管理效果不理想，整体上仍缺乏长效的跨境流域生态补偿制度安排。国际上关于跨境流域生态补偿制度构建及其相关理论性研究主要沿着两条思路主线进行。一方面，从系统论和生物有机体的角度，分析跨境流域生态系统的特征结构，指导生态系统中有机体与环境的信息流动、能量交换和物质循环研究。此类研究多是探讨如何在整个生态圈的循环中保持生态系统的持续健康发展。主要研究内容以生态系统特征、结构与功能的物质量核算为基础，侧重于探索生态系统运行的基本规律和利益主体的行为选择。另一方面，从经济学和人类生存的角度出发，研究生态系统中生态系统资产与服务的价值实现，此类研究多以人类福祉最大化来探讨生态系统价值的实现问题。但这些问题在短期内无法解决生态系统的可持续性。在这些研究中以北美的哥伦比亚河流域、欧洲的莱茵河流域等案例最具代表性，这些案例均显示出跨境流域生态补偿拥有能够实现生态系统外部性内部化，有效减少流域生态系统社会与不同利益主体私人成本、社会与收益之间差距的作用。

跨境流域生态补偿机制作为流域流经各利益主体即适应性主体行为的成本与收益分配机制，其研究方法可进一步从以下两个角度进行解读：一是生态学角度，跨境流域生态补偿中以生态效益为主角，对生态系统中人类社会和经济效益考虑较少，补偿标准的研究方法以能值、生态足迹核算居多；二是经济学角度，跨境流域生态补偿侧重于在维持人类社会经济效益的基础上，实现全流域生态效益最大化，补偿主体侧重于利益主体，补偿标准研究以生态系统为人类提供的服务价值核算为主。因此，跨境流域生态补偿机制应将生态学和经济学统一于一个核算框架内，以生态系统可持续发展为目标，进行跨境流域生态系统资产与服务核算，并逐步设计合理且可行的补偿机制。由于跨境流域沿途各国（或地区）的生态系统特征、社会文化等方面存在诸多差异，不同国家（或地区）内流域生态系统资产与服务价值补偿框架与案例仅能为其他上下游国家（或地区）的价值补偿设计提供思路，并不能保证同样复制成功。这使得跨境流域生态系统中利益主体的决策研究要从生态系统基本特征入手，因地制宜地结合流域各国（或地区）的生态系统特征和社会文化习惯，以全流域生态系统价值核算为核心，探寻跨境流域生态补偿机制的设计与实施。

本书针对跨境流域水分配与利益共享问题，构建跨境水资源多级权属体系及水利益共享模式，探讨水生态服务功能价值及生态补偿机制，以跨境水问题突出、国家需求重大和紧迫的澜湄流域为主要研究对象，分析澜湄流域水资源在时空分布上的多尺度和多层次特性，揭示跨境流域水资源所有权、利用权和分配权的多维特征；研究跨境水资源水量分配的基本原则和分配依据，结合跨境流域各国水资源利用特征，建立跨境水资源多目标分配理论框架和技术体系。在此基础上，构建水生态价值评估表征指标体系，研究提出跨境流域水生态服务功能的机制评估方法；构建澜湄流域水资源多目标分配技术体系，提出该流域不同典型年的水量分配方案；探讨符合国际规则下的跨境流域水利益共享基本理论，开展澜湄流域在不同国家价值观和水利益偏好基础上的水资源分配价值评估，综合国内外流域水生态补偿的实践，研究提出面向水利益共享的跨境流域生态补偿基本框架和应用模式，为跨境流域水资源权属划分和利益分配提供技术支撑。

本书的研究有利于促进我国在其他跨境流域通过与各国开展对话和合作，解决水问题和水纠纷，为国家水外交、跨境流域合作等提供科技支撑和决策支持，对于跨境水管理中的中国模式全面构建及实施具有重要意义，有助于加强中国涉水外交谈判的话语权，推动整体提升全球变化下我国管控跨境水安全风险、保障国家水权益的科技支撑能力与国际核心科技竞争力；更好地保障我国跨境水安全、维护国家水权益，促进相关各国的利益共享和流域的"水-能源-粮食-生态"安全，实现流域各国生态-经济-社会系统均衡、协调且可持续性的发展，促进"一带一路"倡议的实施，具有显著的社会经济意义。

1.2   国际河流水分配研究现状

国际河流水资源（跨境水资源），通常指国际河流区的地表淡水资源，以河川径流为主。跨境流域水资源分配的核心问题是跨境流域水资源以什么样的标准和规则在各流域国之间实现公平合理的水权分配，实际上是确定各流域国对跨境流域水资源所享有的所有权份额的过程。

跨境水资源分配涉及水量分配和水权分配两个方面。从本质上看，两者的落脚点都是每个用户应分得多少水量，但在实际研究角度上则存在明显的区别。与水量分配含义最相近的关键词是水资源（优化、合理、高效等）配置，其目的是使一定区域的水资源得到科学、合理、高效的利用，平衡水资源系统的供需关系，是技术层面的问题。而水权分配是指一系列的水资源权属界定问题，涉及权利主体，其目的是维护主体权益，是法律层面的问题。由于跨境水资源的特殊性，尤其是在迫切需要应对全球变化的需求下，在实际开展研究时所面对的并非单纯的技术问题或者法律问题，而是两者的交叉与综合，即自然科学和管理科学、法学的交叉与融合。

在国内，何大明、冯彦等是涉足该领域较早的学者。何大明等（1999）系统分析了跨境水资源分配的社会、经济、环境和安全目标，当前用水、未来用水、用水优先权等影响因素，并归纳出了全局分配、项目分配和按整体流域规划进行分配三种基本跨境水资源分配模式；指出了跨境水资源分配的发展趋势为强调维持河流系统的整体生态功能、从权利为基础转向需求为基础、重视国际水权分配等，跨境水资源分配的难点和核心问题是分水指标体系的选择和确定，现有的水资源分配理论和方法不足以满足现实需求；在分析跨境水资源的分配原则基础上，提出了分水技术指标体系，明确了水资源分配需要确定的主要指标有当前的合理用水、将来的合理用水、生态需水量、用水优先权、关键的水文、水资源特征值及其合理变幅等，并针对我国不同地区跨境河流的特点提出了分配建议。何大明等（2016，2017）指出跨境水资源权属界定、多边利益分配是跨境水资源领域的关键科学问题和关键技术瓶颈，跨境水资源多目标分配技术体系研究是实现跨境水资源公平合理分配和解决跨境水纠纷的主要研究内容；还指明了跨境水资源利益共享与分配研究在国际上还处于起步和探索阶段，及时开展跨境水资源权属界定与水利益共享研究有利于保障我国水权益和提升我国在国际上影响力。冯彦和何大明（2002）分析了国际水法中1864~2002年49个跨境水资源分配条约中的6类28项分水指标的区域差异性，判识出跨境水资源分配的主要指标为维持最小水量、多年平均水量、最大取用水量，其中跨境水资源分配的关键指标为维持最小水量指标，并分析评价了这3个主要跨境水资源分配指标在不同类型跨境河流上的阈值（冯彦等，2013，2015）。

李奔（2010，2015）从国际水权演变的角度归纳了公平合理利用、尊重历史用水与现状用水、环境保护与可持续发展、优先权、流域分配与需求分配相结合、利益补偿6个基本原则及其特点与适用性，并指出了国际河流水权分配注重实效、关注生态需水、全流域统一分配、水市场应用等发展趋势，建立了广义非合作二维博弈模型，分析了跨境流域各国水量分配的博弈过程，基于各国不同水资源开发目标的相互影响，选取了能够反映相互影响关系的参数，建立了国际河流水资源公平合理利用的多目标决策模型。华坚等（2013）针对上下游型国际河流的水资源分配冲突问题建立了动态博弈模型，分析了上游国家取水、排污对下游国家水量水质造成的不利影响，揭示了在丰水年份，上下游国家之间的水资源分配冲突主要集中在上游排污问题上；在缺水年份，冲突则来源于水量分配不均以及上游排污两个方面的重要结论。朱强和曹政（2020）以底格里斯-幼发拉底河为例，分析了流域内国家数量平均分配法、国家流域面积比例分配法、流域内各国人口比例分配法、流域国贡献率比例分配法等不同国际河流水权分配方法的分配效果；刘艳丽等（2019，2020）以澜沧江—湄公河为例，提出了基于水利益共享的跨境流域水资源多目标分配指标体系和分配模型。

陈陆滢和黄德春（2013）借鉴国内初始水权分配原则，从现状性原则、公平性原则、效率性原则和生态因素原则等水资源分配原则的基础上引入协调性原则，建立了初始水权分配指标体系、基于 TOPSIS 法与熵权集成法的水权分配模型。杨恕和沈晓晨（2009）论述了国际水法的分水原则及其应用情况、发展历程、发展趋势，以及在分水过程中所需要考虑的各项因素，指出实际水资源分配实践中缺失了水量贡献量这一重要因素。何艳梅（2006）基于习惯法从含义与地位、形成与发展、涉及因素、特点、运用等方面充分解析了公平合理利用这一首要跨境水资源利用基本原则，并论述了公平合理利用国际水资源的法理，从法律理论与实践上对这一基本原则做了充分解释。吴凤平等（2021）从流域国利益关系视角概括出了国际上主要的四种跨境水资源分配典型模式——"强权"模式、"传承"模式、"绅士"模式和"共享"模式。

这些研究，奠定了我国国际河流水资源利用、水管理等方面的研究基础，总体上在国际河流研究方面已位居国际前列，但在高质量成果产出及国际科技影响等方面，与国际先进水平仍有差距，并且我国在国际河流地学领域的研究滞后于国内其他河流（何大明等，2016）。

国际上，Kampragou 等（2007）根据联合国相关规定采用指标加权法，重点考虑了环境保护的需求，提出了一项水资源分配工具，应用于内斯托斯河/梅斯塔河的水资源分配，并建立了公平分水方案，研究了分配结果对指标值和指标权重变化的敏感性，其研究结论显示分配结果受所选择的指标及其相应权重影响较大，需要对流域实际情况做全面分析，谨慎选择并得到相关国家的认可，才有可能获得令人满意的分配方法和结果。Kucukmehmetoglu 等（2010）针对土耳其、叙利亚和伊拉克对两河流域关于灌溉、城镇用水和水电开发等方面水资源利用的争端问题，建立了线性规划模型，其在模型中充分考虑了水资源的运输成本和运输损失及回流水，利用博弈论方法获得了较为合理的合作方案，重点强调了水利益重新分配在未来实现的可能性，即为了获得流域内更大的水资源利用效益，流域国之间会形成某些合作，这种合作会使得总利益增加，那么利益增量的重分配将是不可避免的研究课题。水资源争端是跨境水分配可否进行的关键，Rowland（2005）针对跨境水资源共享中形成的法律条文和条约被架空这一现状，提出了一种水资源争端的解决框架，即利用罗兰—奥斯特罗姆框架中的资源合作利用原则进行水资源合作管理，提出了公共池资源管理概念，以应对危机出现对水资源利用的威胁，可达到水资源可持续利用的目标。Mianabadi 等（2015）针对水资源供不应求的问题，基于破产规则提出了一种新的加权破产方法，并应用于两河流域，以分摊率作为影响权重的重要因素，这种方法由于重点考虑了各国之间的利益诉求，因此有望在谈判中作为一种具有参考价值的工具。Zikhali-Nyoni（2021）基于南部非洲发展共同体框架，基于各流域国实际需求，提出了一个更好地协商和合作进行可持续性共享跨境水资源的制度形式。多目标利用是水资源利用热点问题，Roozbahani 等（2014）为了获得流域水资源利用的最大效益，首先假定流域国之间具有充分合作基础，采用帕累托均衡方法实现各国的利益最大化，对于多目标的处理提出了所获利益高于其非合作时的最大利益的方法，使得多目标问题转化为单目标问题。同时，气候变化下跨境流域的洪水等风险问题也得到了关注，Taraky 等（2021）分析了未来气候和大坝管理 30 种不同组合情景下流经巴基斯坦和阿富汗的 Konar 河流域洪水风险问题，并将共同防御洪水风险作为主要驱动力，提出了一个跨境流域国之间跨境水资源公平合理利用的协议。

从上述研究来看，国外学者主要涉及争端解决、高效利用、气候变化风险等关键问题，其中利益最大化这一目标出现较多。

就分配方法而言，目前国内外学者提出的分配方法主要包括指标法、优化法和博弈法。其中指标法包括单指标法（王志坚，2017）和多指标法（Geng and Wardlaw, 2013; Zeng et al., 2017; Sheikhmohammady et al., 2012），这些指标一般是人口、流域面积、水资源贡献率等。优化法包括单目标优化法和多目标优化法，其中多目标优化法更为常见（Yu et al., 2019b）。因博弈法可使分配结果更接近真实、更具有实用性，被广泛应用到跨境水资源分配中（Yu et al., 2019a; Fu et al., 2019; 黄德春等，2015）。近年来，破产理论、优化方法、博弈相结合的方法成为研究跨境水资源分配的公平性与合理性问题的热点（张凯和李万明，2018; Mianabadi et al., 2015; Degefu et al., 2017; 袁亮等，2018; 李芳等，2021）。

当前研究结果总体上可以归纳为跨境河流开发管理、跨境河流水资源探索、跨境河流水资源开发利益综合补偿等方面的研究，在国际河流综合管理和利用方面，从最初的水资源综合管理到水量公平分配，再到流域水资源优化配置，最后到水资源多目标综合开发与可持续发展研究等，多为宏观定性研究，对于水资源及其利益分配等技术性问题涉足尚浅。

跨境水分配实际上是流域国之间水资源或水利益共享的问题。目前无论是从实践角度还是研究角度来说，跨境水资源的共享问题仍然悬而未决，研究和实践基础均薄弱。对于常用的权重法来说，分配指标的选择依据、不同指标的权重及其相互关系等问题目前还没有统一定论，不同国际河流水资源分配应遵循的基本原则也受各国利益诉求和合作程度的影响。水资源由于不可替代性而成为战略性资源，并不像可替代性资源那样易于进行利益补偿，因此跨境水资源利益的量化、交换、补偿等问题的研究对跨境河流水资源高效利用和区域稳定尤为重要。

1.3　国际河流涉水法律法规发展[*]

人类对跨境水资源的开发利用由来已久，而相关的国际河流涉水条法却相对

---

[*] 本书所提及的国际河流涉水法律法规及条约等仅作学术探讨，不代表个人或单位的政治立场。

滞后。国际河流涉水条法既是国际法的范畴，同时也是水资源管理的范畴，因而其发展同时受到国际法和水资源管理相关理论和技术的影响。目前国际上重要的涉水条法发展仅半个世纪的历程，对解决跨境水资源的公平合理利用需求尚有距离。已有的发展成果主要集中在寻求为各国普遍接受一般性原则，在规则的操作性以及争端解决机制方面较为欠缺。

1）1966年：《赫尔辛基规则》

《赫尔辛基规则》全称为《国际河流水利用的赫尔辛基规则》，在国际河流水资源共享利用方面具有重要影响，是各国及相关国际河流机构立法的基础和代表性参考。该规则主要提出了四项原则：公平利用、损害赔偿、通航自由、合作原则，事实上以上原则均非首次提出。

《赫尔辛基规则》的亮点在于充分融合并完善了已有的国际河流共享原则，从维护各国利益的角度出发，认可了流域沿岸国对水域的公平利用权，并要求对合理利用受到损害的其他国家进行赔偿，该规则因此也得到了很多国家的认可，虽然利用和赔偿方面缺乏可操作性，但该思想的提出是国际水法历史上的一大进步。

2）1992年：《跨界水道公约》

《跨界水道公约》全称为《跨界水道和国际湖泊的保护和利用公约》，是另一诞生于赫尔辛基的重要国际水条约。相比于《赫尔辛基规则》，《跨界水道公约》有两大特点，一是有国际机构领导主持（《赫尔辛基规则》由国际法协会发布，《跨界水道公约》由联合国欧洲经济委员会制定），有明确的缔约国，具有显著的执行力和约束力；另一个特点是提出了可持续发展原则，重点明确了水体污染防治方案，具有鲜明的时代特征，并且肯定和完善了《赫尔辛基规则》中的公平合理利用原则、合作原则，尤其对双边及多边合作原则做了系统全面的阐述。该公约的制定将国际河流水资源共享水平提上了新的高度。《跨界水道公约》主要适用于整个欧洲以及美国和加拿大，中国未加入。

3）1997年：《国际水道公约》

《国际水道公约》即《国际水道非航行使用法公约》，由联合国大会通过，于2014年正式生效，是迄今为止最为全面的跨境水资源共享利用与保护的全球性公约，也是目前跨境水资源共享相关法律条文的核心参考依据。该公约以公平合理利用、不造成重大损害、一般合作原则为核心内容，并对河流生态系统保护提出明确要求。中国政府因《国际水道公约》起草过程存在不足而持反对态度。

4）2004年：《柏林规则》

国际法协会发布的《柏林规则》（全称《关于水资源的柏林规则》）是对《赫尔辛基规则》的补充修订，相比于《赫尔辛基规则》和《国际水道公约》，《柏林规则》更加侧重国际水道的非航行利用及其水资源保护与可持续利用方面，对流域内水资源的公平合理利用方面作了较多的约定，如人类需求用水的优先级、保障各国现状性用水方式、公众参与原则等。从内容组成上看，该规则增加了对人的权利保障、影响评价要点、极端情形应对、地下水管理以及战争期间的水资源保护等方面的规定，更加侧重于水系统环境保护与流域可持续发展，更加明确了各国的权利、责任与义务。

除了前述国际性条约和规则等国际法文件外，在部分国际河流区内也签订了区域性公约或协定，这些区域性法律文件相对国际性公约而言更具有针对性和适应性，是基于流域具体问题而形成的解决方案，对于国际水法发展的推动作用同样不可忽视，对其他跨境流域的水资源及其利益共享十分具有借鉴意义。

1）1960 年：《印度河水条约》

相比其他地区的国界河流而言，印度河的水纷争更具有国际政治色彩，主要原因是巴基斯坦的独立使得印度原有的旁遮普邦和信德邦省际水资源争端升级为国际争端。从内容上看，《印度河水条约》在多个方面体现了公平性和合理性，在全球跨境水资源共享法规中十分具有示范性，具体表现在第三方机构参与、预留分配方案过渡期、建立了流域管理机构、目标符合两国利益追求、规定了争端解决方案和基本执行程序等方面。对比现代国际水法发展水平来说，《印度河水条约》的不足是没有考虑到流域的保护，对于流域生态系统保护没有给予足够重视，没有充分考虑未来的水资源需求变化。

2）1994 年：《多瑙河保护与可持续利用合作公约》

《多瑙河保护与可持续利用合作公约》是多瑙河非航行利用方面的公约，该公约的侧重点是水资源保护、可持续利用和国际合作。合作是多瑙河公约最为重视的内容，公约序言中就明确指出要加强在水资源保护与利用领域中水管理方面的合作，认为国际合作是基本前提，也是其他原则的实现基础。

3）1995 年：《湄公河流域可持续发展合作协定》

《湄公河流域可持续发展合作协定》是关于湄公河可持续利用方面的协定，由湄公河沿岸四国柬埔寨、老挝、泰国和越南四国签署，其中可持续发展是基本目标和原则。从其序言中可知，该协定的目的是"促进沿岸国社会和经济的发展和繁荣，在对湄公河流域水和相关的资源进行可持续的开发、利用、保护和管理方面进行合作"。

从内容上看，该协定同样较为宏观，大多为原则性条款，对于流域开发利用限制方面较少出现明确具体规定，缺乏操作性，对于争端解决机制也没有作较多规定，可见协定更多是作为未来流域合作的基础和框架。从协定所依照的原则来看，主要提出了主权平等、无害利用、国际合作、合理利用、可持续发展、维护干流径流、航行自由等原则，大体上符合其他国际水法所出现的基本原则。

从以上主要国际涉水条法的发展历程不难看出，国际水法的发展趋势为跨境水资源的共享提供了较好的法理基础，从理论上保障了水资源的共享实践：首先是共享理念越来越多得到认可,即流域所涉及各国均有权利用其领土内的水资源,明确了各国对流域内水资源开发利用的参与权;其次是流域国的合理现状利用利益越来越得到保护,保护现状用水、无害利用、损害赔偿是关于保护现状性利用方面常出现的原则,直接落脚于尊重现状合理利用。流域的可持续性开发利用思想逐渐推广,多目标综合利用的模式也逐渐成为跨境流域的开发利用目标。

同时,从已有的跨境流域水资源争端解决实践来看,缺乏相应有职权的管理机构是一个普遍性的问题,即当流域内国家之间出现水资源利用矛盾时,根据相关涉水条法来看,其基本途径是沿岸国家之间进行协商,或者向流域管理机构提出协调申请、提交国际法庭判决等,但由于缺少针对性的争端解决机制法律条文,以及相关管理权限不足以对争端事件进行裁决,因此大部分跨境水资源争端并未及时得到妥善处理,或是成为历史遗留问题(白明华,2014)。因国际河流组织具有集中化和独立性等特征,在流域管理中具有积极功能(Abbott and Snidal, 1998),能够影响国家行为,保障国家利益(张小波,2016),推动国家参与流域治理。国际河流流域组织的建立与运作,被视为当前流域可持续管理的最佳实践(Schmeier, 2015; Bouckaert et al., 2018),为缓解国际河流治理争端、促进跨境水资源长期合作,实现跨境合作利益,政策制定者往往重视国家河流流域组织(International River Basin Organization, IRBO)的作用(周海炜等,2020;张亦弛等,2019)。但一些国际河流流域组织因解决水争端问题效率低下而广受诟病(Zawahri, 2008),其可行性和有效性仍有待考究(Molle, 2009)。跨境流域向来都是国际利益敏感区和热点地区,包括但不限于水资源的合作开发利用是必然趋势,因此可以预测,在跨境流域设立具有一定职权的管理机构,或者在国际上成立统一的公立机构,将成为必然的趋势。

1.4　跨境流域水资源利用发展趋势:利益共享

传统的跨境水分配,重点关注流域国家之间的水量分配(何大明等,2005)。这种水量分配造成了国家之间不平等的交易、对未来应用权的不成熟的"售卖"增加了生态系统退化的风险。这种仅关注水量公平的分配方式不利于综合发挥全流域的资源优势和生态环境保护,从整体利益上考虑,有些分配的水资源也造成了某种形式的浪费。为了缓和这种形势,最近几年,评论员们和其他一些学者认为应该把重点从水分配转移到流域国家之间的利益共享上(Wouters and Tarlock, 2007)。

跨境水资源的合理利用通常有两种思路:水资源和水利益共享(张长春和樊彦芳,2018)。水资源共享是以公平合理利用为目标、以水量为分配对象将跨境水资源在相关流域国之间进行共享,而水利益共享是以利益最大化为目标、以用水效益为分配对象将跨境水资源利用效益进行分配，因此水利益共享是基于水资源共享基础上的优化与进步。

从共享水资源到共享水利益的理念转变已经成为一种趋势，关于水利益共享方面的研究目前还处于起步探索阶段，存在很多基本理论问题尚未解决，如水利益的内涵，水利益共享的范围、内容、原则，水利益的计量与分配方法，水利益共享保障机制等（张长春和刘博，2017；王恒伟和孙雯，2017）。这些概念尚无公认的定义，但可以确定的是在跨境流域实施合作开发将会获得更大的开发利益，合作参与国家将分得更多的水资源效益，即参与分配增量利益。一般认为，水利益共享是为了获得更大的开发效益，国家之间进行工程或非工程方式的合作，在不对流域内未参与国家造成显著不利影响的基础上，在防洪、发电、航运、灌溉、养殖、旅游等多领域进行水资源开发利用，相关参与国家按事先约定的方式分享开发效益。

水利益共享是水资源共享的进步与补充。实际上，受到诸多复杂因素的影响，部分跨境流域尚未实现公平合理的水资源共享，而水利益共享则可以突破其中的一些限制条件，如时间限制、地域限制、需求限制、开发技术水平限制等，使得水资源开发不再是一国行为，从而可以在国家之间进行共享与交换。

水利益共享的理念起源于 1961 年美国和加拿大签署的《哥伦比亚河条约》，该条约的核心为"应公平地享有因合作带来的下游利益"（Paisley, 2002），共享利益原则相应地要求工程或其他形式的合作将对双方或多方相关国家带来利益并且这种合作是把"蛋糕做大"（Sadoff and Grey, 2005）。但目前的水利益分配还处于起步阶段，存在诸多研究空白（Keskinen et al., 2016; McIntyre, 2015）。Sadoff 和Grey（2005）提出了国际河流合作利益框架，指出合作开发具有提高河流本身的价值、增大来自河流的效益、减少与河流有关的成本和增加区域性效益 4 类优势；Rai 和 Sharma（2016）基于该框架的应用提出了布拉马普特拉河流域利益共享的思路；Arjoon 等（2016）回顾了跨境流域水利益共享研究的发展历程，提出了流域利益相关者参与的跨境水利益共享的思路和方法。这些研究尚未涉及具有可操作性的水利益分配指标体系。

《哥伦比亚河条约》的实践表明，相比单纯的水量分配，共享水利益这一新的理念包含复杂的内在影响因素和相关利益计算。以利益共享代替分水的理念将人们的目光聚焦在如何提高全流域整体效益上，找到各方认为公平有效的利益共享机制，有利于充分发挥水资源效益和减少区域矛盾冲突。但基于水利益共享的跨境流域水资源分配理念，涉及流域国工农业、居民生活用水以及生态环境等多种复杂的水利益，由于缺乏一个详细而具有可操作性的分配体系，目前应用还比较少。本书拟构建基于水利益共享的分配指标体系，并以澜湄流域为例提出多目标分配模型，促进解决水利益共享分配模式在理论方法体系上的瓶颈问题，推动水利益共享理念在跨境流域水管理上的研究与实施进程。

从澜湄流域水资源研究来看，当前多集中于流域水资源综合管理及其法规、水资源综合利用开发与合作、水生态安全与保护、水资源供需与分配等研究（郑晓云，2018），对于流域整体开发模式、水资源利益分配、水生态安全与保护等方面研究较少。从现状角度来看，澜湄流域的水资源合理利用目标的实现还有许多阻碍因素，如水资源基数模糊（刘艳丽等，2020），即各国的实际利用量不清，尤其是对于澜湄流域这一多目标综合利用跨境流域而言，仅从水文观测资料还难以摸清全流域的水资源量。同时，各国的水资源利用效益不明确，水资源配置的最终目标是为了提高整体利用效率以满足各方需求，因此明确各方水资源利益需求是提高整体效益的基础。缺乏利益协调机制，利益协调是所有资源共享领域都无法回避的核心问题，跨境水资源的流动性和多功能性使得水资源利益形式同样多样化，不同形式利益的统一和均衡是解决利益争端的根本措施（屠酥和胡德坤，2016）。

澜湄流域的水资源争端有许多方面的原因（胡兴球等，2015），如缺乏管理机构、利用条件差异性、国际关系因素等，但其根本原因是水资源管理机制落后，各国的开发利用行为分散，违背了流域的整体性特点。从自然及气候条件来看，水资源时空分布不均已是事实，而各国的独立开发都是基于自身的需求，而没有从整体上考虑到流域各国的需求，这种利用方式通常会加剧水资源分布不均匀性，从而增加了水资源利用的矛盾性。因此，充分考虑流域的整体性，协调各国的利用需求，可以缓解矛盾性，提高整体利用效率。

澜湄流域目前尚无水量分配方案或水资源利用条约，如航运等领域的水资源合作才刚刚起步，当前已有的研究成果之间差异较大，对实践缺乏足够的指导价值。从现有的一些研究成果来看，无论是应用实践上还是理论研究上都极少涉及利益共享（McIntyre，2015），但从澜湄流域的自然地理条件以及各国的利用需求来看，水利益共享无疑是最好的选择（Lee，2015）。

1.5 生态补偿机制研究进展

生态补偿是建立在生态学、环境学和经济学基础之上的一个交叉概念，目前尚未有统一的定义，在不同经济体制和文化传统差异的影响下，国内外对于这一概念的界定虽然有所差异，但是其本质无太大区别。生态补偿的目的不仅包括控制生态破坏的层面、通过补偿使因生态资源的使用导致的生态功能的降低或丧失得到部分恢复或完全恢复，还蕴含如扶贫、促进社会公平等目的（朱丹，2016）。总的来说，生态补偿是以保护生态环境、促进人与自然和谐发展为目的，根据生态保护成本、生态系统服务价值、发展机会成本，综合运用行政和市场手段，调整生态环境保护和建设相关者之间利益关系的环境经济政策。

国际上许多专家学者将生态补偿理解为"环境服务付费"（payment for environmental services，PES）（Fauzi and Anna, 2013），认为 PES 是生态服务受益方（或生态环境破坏方）以生态系统服务功能的价值量为衡量依据，向生态环境保护方或建设方支付一定的费用，以此激发和保护他们对于生态环境保护和建设的积极性，并认为 PES 是生态系统服务商品提供者与购买者之间自发形成的一种生态系统服务交易（Thuy et al., 2010）。他们将生态系统服务看作是一种商品，即消费了这种商品后就必须支付一定费用给予提供商品的一方。国际上对于 PES 相关的研究起源于 20 世纪 70 年代初期，并对其概念、内涵、支付模式、价格机制和评价方法等多方面进行了深入探讨（Sommerville et al., 2010）。目前现有的研究对象涉及诸如保护生物多样性的补偿方法、碳排放与市场化交易、森林生态系统的效益补偿和流域及湿地生态服务功能与价值评估等多个领域（McKenney and Kiesecker, 2010；Narayan and Sharma, 2015；Ojea et al., 2016; Richardson et al., 2011）。国外研究者对于生态补偿机制的研究和运用多基于市场化视角出发，认为合理的生态补偿应当将生态系统服务完全整合到市场当中，认为市场机制是生态环境成本实现效益内部化的最有效手段。因此，这些研究多是通过数量经济学等方法手段对生态补偿标准和费用测算进行研究的（Gann et al., 2019）。同时，国外相关研究领域的专家学者对于相关各方的支付意愿和受偿意愿的研究也进行了深入的讨论，包括运用湿地快速评价模型（Fennessy et al., 2007）、一种用于核算物种保护补偿费用的生态经济模拟程序等（Johst et al., 2002）。其中 Costanz 等（1997）最早从生态经济学的角度对全球森林生态系统的效益与价值进行了评估。

流域的生态补偿也被称为"流域生态系统服务付费"（payment for watershed ecosystem services，PWES）。这一概念起源于流域综合管理，其通常包括流域生态破坏补偿和流域生态重构与建设补偿。20 世纪 30 年代初期美国实施的田纳西河流域管理计划被认为是最早将流域生态补偿应用于流域管理和规划的实践项目，该项目通过生态补偿筹集到了用于流域管理和综合开发的资金（何俊仕，2006）。之后许多国外的专家学者研究了恢复生态环境中的几种生态系统服务经济价值，并提出在流域生态补偿过程中，如果上游地区对下游地区造成了污染，则上游地区就要对下游地区因其污染受到的损失进行补偿的观点（Kuenzer et al., 2013）。反之，如果上游地区为下游地区因提供良好的生态系统服务而投入了保护成本，则下游地区理应对上游地区给予一定的补偿。国外学者在流域生态补偿方式、补偿标准核算、补偿意愿等方面开展了很多研究，并构建了诸如用于生态预算时空安排的经济模型（Spadavecchia, 2008）、基于管理策略的生态经济效果分析模型（Bohanec et al., 2008）以及通过能值分析法建立了用于比较生态经济效益与成本的分析模型（Brown and McClanahan, 1996）。还有一些研究通过市场价值

法对流域上游为下游地区带来的生态服务价值进行核算，通过生态等值分析法
（habitat equivalency analysis，HEA）构建用于评价和度量生态系统服务的损失程
度，进而明确生态补偿价值（Hanson et al.，2013）。当前，基于市场化的生态补偿
方式已经成为未来研究的发展方向。

近年来，随着我国综合国力的快速提升，党和国家越来越重视生态文明建设。
国家和各级政府相继出台了一系列的生态保护措施，投资兴建了一批大型生态环
保建设工程。2012 年，我国已经有近 20 个省份开展了类型多样的流域生态补偿
实践，其中浙江、福建、辽宁、江西和河北 5 省由国家环保部直接指导实施试点
（程滨等，2012）；江苏、河南、广东、山东等省份也自发开展了若干水生态补偿
的实践。具体案例类型可分为以下几类：①基于国家重大战略项目下的生态补偿
模式，②基于政府引导推动下的生态补偿模式，③基于市场运作的生态补偿模式，
④跨流域环境的生态补偿模式（付意成，2013）。2015 年 10 月 29 日，党的十八
届五中全会通过的《中共中央关于制定国民经济和社会发展第十三个五年规划的
建议》指出"加大对农产品主产区和重点生态功能区的转移支付力度，强化激励
性补偿，建立横向和流域生态补偿机制"。2016 年 5 月，国务院正式发布了《关
于健全生态保护补偿机制的意见》，为我国进一步健全生态保护补偿机制，加快推
进生态文明建设提出了明确的指导意见。2018 年 2 月，财政部发布了《关于建立
健全长江经济带生态补偿与保护长效机制的指导意见》，要求在有条件的地区推动
开展省（市）际间流域上下游生态补偿试点，建立相邻省份及省内长江流域生态
补偿与保护的长效机制，湖北等省份已开展实施长江流域横向生态保护补偿试点
工作。2018 年 11 月，浙江、安徽两省签署《关于新安江流域上下游横向生态补
偿的协议》，标志着新安江流域生态补偿机制完成第三轮续约，全国首个跨省流域
生态补偿机制正在持续推进之中。国内众多学者也针对流域生态补偿问题积极开
展了理论和实践研究，取得了一定的研究成果。进入 21 世纪，我国专家学者对国
内不同类型的生态补偿案例进行了定量估算，在理论层面上一些专家还提出了在
中国实施流域水资源与水环境一体化管理的构想，提出通过准市场和政治民主协
商方式进行水资源配置，并在以三峡库区移民为典型案例的研究中，对其安置补
偿金额和资金来源途径等方面进行了深入的研究和探讨（陈述和蒙锦涛，2018）。
在流域方面，有专家对松辽流域水资源补偿方式进行了研究（秦丽杰和邱红，
2005）。这些研究和思考为我国的生态补偿研究和实践打下了坚实的基础，初步构
建了我国生态补偿的基本框架。由于我国现行的所有制结构及社会主义市场经济
体制与欧美等国的情况不同，所以国内学者更关注于对生态补偿资金的来源和筹
集。由于我国流域的水资源矛盾也十分突出，流域生态补偿问题日益成为我国生
态补偿研究领域的重点。目前流域生态补偿机制的研究重点集中于补偿标准的核
算和跨界协调问题等方面（乔旭宁等，2012；陈进和尹正杰，2021）。涉及跨境流

域生态补偿标准的测算是流域生态补偿研究中的核心问题，其合理性关系到生态补偿的效果和整个机制的可行性，因此成为生态补偿机制研究的关键。目前我国的专家学者们对流域生态补偿量核算方法开展了很多有益的尝试，如提出了基于生态系统服务恢复的条件价值评估法（张志强等，2004）、基于水权成本的水权市场化交易模式（李长杰等，2007）、基于生态服务功能价值的水库工程生态补偿机制（徐琳瑜等，2006）和基于跨境水质水量指标的流域生态补偿量测算方法（徐大伟等，2008）等。

　　整体上，目前我国在流域生态补偿机制的研究方面仍处于初步探索阶段，在研究和实践中还存在许多较难突破的问题，如生态补偿标准相对较低，这在一定程度上影响流域相关利益方从事和开展生态保护的积极性；流域生态补偿模式单一，即以采取单一的政府主导补偿模式或市场化补偿模式；缺乏市场运行的基本保障条件，即缺乏强有力的法律制度约束，相关政府部门和市场对流域生态保护及补偿行为的监督、评估和奖惩力度不够；广大群众对流域生态补偿的认知、了解和参与积极程度极为有限；流域生态补偿存在明显的短期行为现象，即当前我国的大多数流域生态补偿机制是建立在政府短期项目化运作的基础上，流域生态补偿中多元主体的主动性参与程度普遍不高，加之缺乏长效、科学、系统且合理的生态补偿模式和配套机制，使得我国流域生态补偿工作的总体水平不高。

参 考 文 献

白明华. 2014. 跨国水资源的国际合作法律研究[D]. 北京: 对外经济贸易大学.

陈进, 尹正杰. 2021. 长江流域生态补偿的科学问题与对策[J]. 长江科学院院报, 38(2): 1-6.

陈陆滢, 黄德春. 2013. 国际河流开发项目中初始水权分配模型研究[J]. 项目管理技术, 11(12): 34-38.

陈述, 蒙锦涛. 2018. 水电工程建设移民搬迁 Shapley 补偿测算方法[J]. 水力发电学报, 37(6): 15-24.

程滨, 田仁生, 董战峰. 2012. 我国流域生态补偿标准实践: 模式与评价[J]. 生态经济(中文版), (4): 24-29.

冯彦, 何大明. 2002. 国际水法基本原则技术评注及其实施战略[J]. 资源科学, 24(4): 89-96.

冯彦, 何大明, 李运刚. 2013. 基于国际法的跨境水分配关键指标及其特征[J]. 地理学报, 68(3): 357-364.

冯彦, 何大明, 王文玲. 2015. 基于河流健康及国际法的跨境水分配关键指标及阈值[J]. 地理学报, 70(1): 121-130.

付意成. 2013. 流域治理修复型水生态补偿研究[M]. 北京: 中国水利水电出版社.

何大明. 2017. 全球变化下跨境水资源国内外研究进展[J]. 地理教育, (4): 1.

何大明, Hsiang-teKung, 荀俊华. 1999. 国际河流水资源分配模式研究[J]. 地理学报, (S1): 47-54.

何大明, 刘昌明, 冯彦, 等. 2014. 中国国际河流研究进展及展望[J]. 地理学报, 69(9): 1284-1294.

何大明, 刘恒, 冯彦, 等. 2016. 全球变化下跨境水资源理论与方法研究展望[J]. 水科学进展,

27(6): 928-934.

何大明, 冯彦, 陈丽晖, 等. 2005. 跨境水资源的分配模式、原则和指标体系研究[J]. 水科学进展, 16(2): 255-262.

何俊仕. 2006. 流域与区域相结合水资源管理理论与实践[M]. 北京: 中国水利水电出版社.

何艳梅. 2006. 国际水资源公平和合理利用的法律理论与实践[D]. 上海: 华东政法大学.

胡兴球, 刘晓娴, 刘宗瑞. 2015. 澜沧江—湄公河流域水资源开发多主体合作机制研究[J]. 水利经济, 33(6): 34-36, 44, 80.

华坚, 吴祠金, 黄德春. 2013. 上下游型国际河流水资源分配冲突的博弈分析[J]. 水利经济, 31(3): 33-36, 74-75.

黄德春, 陈陆滢, 吴祠金. 2015. 基于演化博弈的国际河流水量调整策略分析[J]. 中国农村水利水电, (4): 90-93, 96.

康立芸, 孙周亮, 刘艳丽, 等. 2021. 水利益共享理论及其应用概述[J]. 人民黄河, 43(1): 77-81.

匡洋, 李浩, 夏军, 等. 2018. 气候变化对跨境水资源影响的适应性评估与管理框架[J]. 气候变化研究进展, 14 (1): 67-76.

李奔. 2010. 国际河流水资源开发利用决策方法研究[D]. 武汉: 武汉大学.

李奔. 2015. 水冲突视角下的国际河流水权及其分配原则[J]. 中国科技论文, 10(7): 825-828.

李长杰, 王先甲, 范文涛. 2007. 水权交易机制及博弈模型研究[J]. 系统工程理论与实践, 27(5): 90-94, 100.

李芳, 吴凤平, 陈柳鑫, 等. 2021. 基于加权破产博弈模型的跨境流域水资源分配研究[J]. 地理科学, 41(4): 728-736.

刘艳丽, 孙周亮, 刘冀, 等. 2020. 澜沧江—湄公河流域可分配水量计算与水利益共享[J]. 人民长江, 51(8): 111-117.

刘艳丽, 赵志轩, 孙周亮, 等. 2019. 基于水利益共享的跨境流域水资源多目标分配研究: 以澜沧江—湄公河为例[J]. 地理科学, 39(3): 387-393.

乔旭宁, 杨永菊, 杨德刚. 2012. 流域生态补偿研究现状及关键问题剖析[J]. 地理科学进展, 31(4): 395-402.

秦丽杰, 邱红. 2005. 松辽流域水资源区域补偿对策研究[J]. 自然资源学报, 20(1): 14-19.

水利部国际经济技术合作交流中心. 2011. 国际涉水条法选编[M]. 北京: 社会科学文献出版社.

水利部国际经济技术合作交流中心. 2015. 北美跨界河流管理与合作[M]. 北京: 中国水利水电出版社.

水利部国际经济技术合作交流中心. 2018. 跨界水合作与发展[M]. 北京: 社会科学文献出版社.

屠酥, 胡德坤. 2016. 澜湄水资源合作: 矛盾与解决路径[J]. 国际问题研究, (3): 51-63.

王恒伟, 孙雯. 2017. 湄公河流域水资源合作开发利益协调机制研究[J]. 重庆理工大学学报(自然科学版), 31(8): 103-108.

王志坚. 2017. 权利义务对等原则在国际河流水体利用中的适用: 兼及国际河流水权制度的构建[M]. 南京: 河海大学出版社.

吴迪, 赵勇, 裴源生, 等. 2013. 气候变化对澜沧江—湄公河上中游径流的影响研究[J]. 自然资源学报, 28(9): 1569-1582.

吴凤平, 季英雯, 李芳, 等. 2021. 跨境水资源分配典型模式特征评述及中国主张思考[J]. 自然资源学报, 36(7): 1861-1872.

徐大伟, 郑海霞, 刘民权. 2008. 基于跨区域水质水量指标的流域生态补偿量测算方法研究[J]. 中国人口·资源与环境, (4): 189-194.

徐琳瑜, 杨志峰, 帅磊, 等. 2006. 基于生态服务功能价值的水库工程生态补偿研究[J]. 中国人口·资源与环境, (4): 125-128.

许正中, 赖先进. 2009. 我国生态补偿的研究现状与走势[J]. 环境保护与循环经济, 29(1): 7-9.

杨恕, 沈晓晨. 2009. 解决国际河流水资源分配问题的国际法基础[J]. 兰州大学学报(社会科学版), 37(4): 8-15.

于洋, 韩宇, 李栋楠, 等. 2017. 澜沧江—湄公河流域跨境水量-水能-生态互馈关系模拟[J]. 水利学报, 48(6): 720-729.

袁亮, 沈菊琴, 何伟军, 等. 2018. 基于主体不平等的跨国界河流水资源分配的破产博弈研究[J]. 河海大学学报(哲学社会科学版), 20(2): 65-69, 91-92.

张长春, 樊彦芳. 2018. 跨界水资源利益共享研究[J]. 边界与海洋研究, 3(6): 92-102.

张长春, 刘博. 2017. 哥伦比亚河跨界水利益共享实践研究[J]. 边界与海洋研究, 2(6): 105-115.

张凯, 李万明. 2018. 基于破产博弈理论的流域水资源优化配置分析[J]. 统计与信息论坛, 33(1): 99-105.

张小波. 2016. 国际组织研究的发展脉络和理论流派争鸣[J]. 社会科学, (3): 30-40.

张亦弛, 曹辉, 陈江龙, 等. 2019. 国际河流流域组织研究述评与展望[J]. 热带地理, 39(6): 919-930.

张志强, 徐中民, 龙爱华, 等. 2004. 黑河流域张掖市生态系统服务恢复价值评估研究：连续型和离散型条件价值评估方法的比较应用[J]. 自然资源学报, 19(2): 230-239.

郑晓云. 2018. 国内外澜沧江—湄公河水管理问题研究综述[J]. 东南亚南亚研究, (2): 77-81, 110.

周海炜, 郑力源, 郭利丹. 2020. 国际河流流域组织发展历程及对中国的启示[J]. 资源科学, 42(6): 1148-1161.

朱丹. 2016. "整体性治理"：国外生态补偿政策的执行经验与启示[J]. 生态经济, 2016, 32(11): 175-178.

朱强, 曹政. 2020. 国际河流水权分配方法与适用：以中东两河为例[J]. 水利经济, 38(2): 68-73, 84.

Abbott K W, Snidal D. 1998. Why states act through formal international organizations[J]. Journal of Conflict Resolution, 42(1): 3-32.

Arjoon D, Tilmant A, Herrmann M. 2016. Sharing water and benefits in transboundary river basins[J]. Hydrology & Earth System Sciences, 20(6): 2135-2150.

Bernauer T, Böhmelt T. 2020. International conflict and cooperation over freshwater resources[J]. Nature Sustainability, 3: 350-356.

Bohanec M, Messean A, Scatasta S, et al. 2008. A qualitative multi-attribute model for economic and ecological assessment of genetically modified crops[J]. Ecological Modelling, 215(1-3): 247-261.

Bouckaert F, Wei Y, Hussey K, et al. 2018. Improving the role of river basin organizations in sustainable river basin governance by linking social institutional capacity and basin biophysical capacity[J]. Current Opinion in Environmental Sustainability, 33: 70-79.

Brown M T, McClanahan T R. 1996. Emergy analysis perspectives of Thailand and Mekong River dam proposals[J]. Ecological Modelling, 91(1-3): 105-130.

Costanz R, d'Arge R, de Groot R, et al. 1997. The value of the world's ecosystem services and nature eapital[J]. Nature, 387(15): 253-260.

Degefu D M, He W, Yuan L. 2017. Monotonic bargaining solution for allocating critically scarce transboundary water[J]. Water Resources Management, 31(9): 2627-2644.

Dinar S, Katz D, De Stefano L, et al. 2019. Do treaties matter? Climate change, water variability, and cooperation along transboundary river basins[J]. Political Geography, 69: 162-172.

Do P, Tian F, Zhu T, et al. 2020. Exploring synergies in the water-food-energy nexus by using an integrated hydro-economic optimization model for the Lancang-Mekong River basin[J]. Science of the Total Environment, 728: 137996.

Eliasson J. 2015. The rising pressure of global water shortages[J]. Nature, 517(7532): 6.

Fauzi A, Anna Z. 2013. The complexity of the institution of payment for environmental services: A case study of two Indonesian PES schemes[J]. Ecosystem Services, 6: 54-63.

Fennessy M S, Jacobs A D, Kentula M E. 2007. An evaluation of rapid methods for assessing the ecological condition of wetlands[J]. Wetlands, 27(3): 543-560.

Fu J, Zhong P A, Chen J, et al. 2019. Water resources allocation in transboundary river basins based on a game model considering inflow forecasting errors[J]. Water Resources Management, 33(8): 2809-2825.

Gann G D, McDonald T, Walder B, et al. 2019. International principles and standards for the practice of ecological restoration[J]. Restoration Ecology, 27: S1-S46.

Geng Q, Wardlaw R. 2013. Application of multi-criterion decision making analysis to integrated water resources management[J]. Water Resources Management, 27(8): 3191-3207.

Gunasekara N K, Kazama S, Yamazaki D, et al. 2014. Water conflict risk due to water resource availability and unequal distribution[J]. Water Resources Management, 28(1): 169-184.

Hanson D A, Britney E M, Earle C J, et al. 2013. Adapting habitat equivalency analysis (HEA) to assess environmental loss and compensatory restoration following severe forest fires[J]. Forest Ecology and Management, 294: 166-177.

Johst K, Drechsler M, Wätzold F. 2002. An ecological-economic modelling procedure to design compensation payments for the efficient spatio-temporal allocation of species protection measures[J]. Ecological Economics, 41(1): 37-49.

Kampragou E, Eleftheriadou E, Mylopoulos Y. 2007. Implementing equitable water allocation in transboundary catchments: The case of River Nestos/Mesta[J]. Water Resources Management, 21(5): 909-918.

Keskinen M, Guillaume J H A, Kattelus M, et al. 2016. The water-energy-food nexus and the transboundary context: Insights from large Asian rivers[J]. Water, 8(5): 1-25.

Kingston D G, Thompson J R, Kite G. 2011. Uncertainty in climate change projections of discharge for the Mekong River Basin[J]. Hydrology and Earth System Sciences, 15(5): 1459-1471.

Kucukmehmetoglu M, Guldmann J M. 2010. Multiobjective allocation of transboundary water resources: Case of the Euphrates and Tigris[J]. Journal of Water Resources Planning & Management, 136(1): 95-105.

Kuenzer C, Campbell I, Roch M, et al. 2013. Understanding the impact of hydropower developments in the context of upstream-downstream relations in the Mekong river basin[J]. Sustainability Science, 8(4): 565-584.

Kundzewicz Z W, Kowalczak P. 2009. The potential for water conflict is on the increase[J]. Nature, 459: 31.

Lee S. 2015. Benefit sharing in the Mekong River basin[J]. Water International, 40(1): 139-152.

McIntyre O. 2015. Benefit-sharing and upstream/downstream cooperation for ecological protection of transboundary waters: Opportunities for China as an upstream state[J]. Water International, 40(1): 48-70.

McKenney B A, Kiesecker J M. 2010. Policy development for biodiversity offsets: A review of offset frameworks[J]. Environmental Management, 45(1): 165-176.

Mianabadi H, Mostert E, Pande S, et al. 2015. Weighted bankruptcy rules and transboundary water resources allocation[J]. Water Resources Management, 29(7): 2303-2321.

Molle F. 2009. Water, politics and river basin governance: Repoliticizing approaches to river basin management[J]. Water International, 34(1): 62-70.

Narayan P K, Sharma S S. 2015. Is carbon emissions trading profitable?[J]. Economic Modelling, 47: 84-92.

Ojea E, Loureiro M L, Alló M, et al. 2016. Ecosystem services and REDD: Estimating the benefits of non-carbon services in worldwide forests[J]. World Development, 78: 246-261.

Paisley R. 2002. Adversaries into partners: International water law and the equitable sharing of downstream benefits[J]. Melbourne Journal of International Law, 3: 280-300.

Rai S P, Sharma N. 2016. Benefit sharing approach for the transbound- ary Brahmaputra river basin in South Asia-A case study[J]. Water & Energy International, 58(12): 56-61.

Renner T, Meijerink S, van der Zaag P, et al. 2021. Assessment framework of actor strategies in international river basin management, the case of Deltarhine[J].International Environment Agreements, 21: 255-283.

Richardson C J, Flanagan N E, Ho M, et al. 2011. Integrated stream and wetland restoration: A watershed approach to improved water quality on the landscape[J]. Ecological Engineering, 37(1): 25-39.

Roozbahani R, Abbasi B, Schreider S, et al. 2014. A multi-objective approach for transboundary river water allocation[J]. Water Resources Management, 28(15): 5447-5463.

Rowland M. 2005. A framework for resolving the transboundary water allocation conflict conundrum[J]. Ground Water, 43(5): 700-705.

Sadoff C W, Grey D. 2005. Cooperation on international rivers: A continuum for securing and sharing benefits[J]. Water International, 30(4): 420-427.

Schmeier S. 2015. The institutional design of river basin organizations-empirical findings from around the world[J]. International Journal of River Basin Management, 13(1): 51-72.

Sheikhmohammady M, Hipel K W, Kilgour D M. 2012. Formal analysis of multilateral negotiations over the legal status of the Caspian Sea[J]. Group Decision and Negotiation, 21(3): 305-329.

Sommerville M, Jones J P G, Rahajaharison M, et al. 2010. The role of fairness and benefit distribution in community-based payment for environmental services interventions: A case study from Menabe, Madagascar[J]. Ecological Economics, 69(6): 1262-1271.

Spadavecchia L. 2008. Estimation of landscape carbon budgets: Combining geostatistical and data assimilation approaches[D]. Edinburgh: The University of Edinburgh.

Taraky Y M, Liu Y, Mcbean E, et al. 2021. Flood risk management with transboundary conflict and cooperation dynamics in the Kabul River Basin[J]. Water, 13(11): 1513.

Thuy P T, Campbell B M, Garnett S T, et al. 2010. Importance and impacts of intermediary boundary organizations in facilitating payment for environmental services in Vietnams[J]. Environmental Conservation, 37(1):64-72.

UNEP. 2016. Transboundary River Basins: Status and Trends (Summary for Policy Makers)[R]. Nairobi: UNEP: 2-3.

World Bank Group. 2016. High and Dry: Climate Change, Water, and the Economy[M]. Washington DC: World Bank.

World Economic Forum. 2015. Global Risks 2015[R]. Geneva: World Economic Forum.

Wouters P, Tarlock A D. 2007. Are shared benefits of international waters an equitable apportionment? [J]. Colorado Journal of International Environmental Law & Policy, 18(3): 523-536.

Yu Y, Tang P, Zhao J, et al. 2019a. Evolutionary cooperation in transboundary river basins[J]. Water Resources Research, 55(11): 9977-9994.

Yu Y, Zhao J, Li D, et al. 2019b. Effects of hydrologic conditions and reservoir operation on transboundary cooperation in the Lancang-Mekong River Basin[J]. Journal of Water Resources Planning and Management, 145(6): 1-12.

Zawahri Neda A. 2008. Designing River Commissions to implement treaties and manage water disputes: The story of the joint Water Committee and Permanent Indus Commission[J]. Water International, 33(4): 464-474.

Zeng Y, Li J, Cai Y, et al. 2017. Equitable and reasonable freshwater allocation based on a multi-criteria decision making approach with hydrologically constrained bankruptcy rules[J]. Ecological Indicators, 73: 203-213.

Zhong Y, Tian F, Hu H, et al. 2016. Rivers and reciprocity: Perceptions and policy on international watercourses [J]. Water Policy, 18: 803-825.

Zikhali-Nyoni T. 2021. The role of SADC in transboundary water interactions: The case of the Incomati International River Basin[J]. Journal of Southern African Studies, 47(4): 703-718.

第2章　跨境水资源多级权属界定和体系构建

跨境水资源权属是进行水利益共享的法律依据，确定各方接受的水资源权属界定方案是跨境水资源高效利用的基础。对于国际河流中的跨境水资源来说，由于水资源存在多属性共存的特征，因而跨境水资源权属存在多层次性。

2.1　跨境水资源的概念内涵及其属性特征

2.1.1　跨境水资源的概念和内涵辨识

河流、湖泊是淡水资源的重要载体，从逻辑上理解，"跨境水资源"是"国际河流"的从属概念，对"国际河流"较为全面地理解，是正确认识"跨境水资源"的前提。因此有必要进一步梳理跨境河流的相关概念和内涵的演进过程。实际上，国际上最早出现的"国际河流"相关概念经历了一个漫长的演进过程。

广义的跨境水资源既包括地表水体，如界河、国际河流、跨境湖泊等，也包括地下水体，如跨境浅层含水层等。实际上，由于地下含水层中的水体流动缓慢、流动范围较小、不宜大范围调度和跨地区使用。因此，在科研、管理和实践工作中，多使用跨境水资源的狭义概念，即仅指地表水体。对于界河或国际河流等跨境流域而言，跨境水资源实际上就是指河道内河川径流量。

2.1.2　跨境水资源的属性和特征

对于不同国际河流中的水体而言，由于其所处的地理区域、气候条件、地形地势等不同，因此具有不同的水文特征，加之每条国际河流所流经国家的政治文化、经济发展水平不同，不同流域国对国际河流水资源的利用目标和方式不同，从而决定了跨境水资源的多种属性特征。

2.1.2.1　自然属性

1）跨国界性

"跨国界性"是跨境水资源区别境内水的最基本的特征，也是"跨境水资源"这一名称的应有之意。从水文科学的概念理解，跨境水资源所在的国际河流流域是一个有机整体，不能被人为分割。但国家的出现，使河流流域被人为地分割到不同国家，"形成"两国或多国边界的界河或"穿越"不同国家边界的跨境河流，著名的国际河流有尼罗河、恒河、印度河、莱茵河、亚马孙河、湄公河、约旦河等。国际河流的水体流动性打破了流域各国领土的完整性与封闭性，使跨境水资源成为相关流域国共享资源。

2）系统整体性

跨境水资源的系统整体性特征是现代河流流域一体化管理理念形成的基础。实际上，作为跨境水资源的载体，每条国际河流都有自己的流域，流域是指由分水线所包围的河流集水区。一个流域是一个完整的系统，流域的上中下游、左右岸、支流和干流、水质和水量、地表水和地下水等，都是流域不可分割的组成部分。

3）生态阈值性

生态阈值是一个生态学概念。生态学研究表明，生态阈值现象普遍存在于自然生态系统中，不同的生态系统组成各要素的环境因子都存在生态阈值。目前较为实用的生态阈值定义是 Bennett 和 Redford（2003）提出的，他们认为生态阈值是生态系统从一种状态快速转变为另一种状态的某个点或一段区间，造成这种转变的动力来自某个或多个关键环境因子的改变。国际河流是一类特殊的河流，在生态学领域，属于河流生态系统的一种，同样存在生态阈值。

2.1.2.2　社会属性

国际河流流域经济社会发展受到多种因素影响，同一条河流不同的发展阶段、不同河流相同发展阶段，由于影响因素不同，从而呈现出显著的差异性，即经济社会发展的差异性。差异性使得每一条国际河流流域国在进行水资源开发利用时面临的问题和矛盾都不一致，这是造成国际河流"一条河流多种制度"的根本原因，也给国际河流水资源开发利用的普适性原则和制度构建包括水权制度的构建带来一定的困难。

2.1.2.3　共享属性

1）跨境水资源主权的相对性

水权主要是对水资源的所有权、使用权、可分配权等与水资源有关的一组权利的总称。国际河流水资源由于其自然流动跨境而打破了各流域国领土的完整性，使其成为流域内各国的共享资源。根据国际经济法的基本原则"国家对其境内自然资源拥有永久性主权、所有权和不可侵犯权"。因此，国际河流水资源的特殊性决定了各流域国对流经其领土的河流河段享有主权，但各国在行使对水资源的开发利用权时，应考虑到水资源的流动特性而可能产生的跨境影响，应顾及其他流域国对其河流水资源享有相应的主权，因此，各流域国不应滥用其权利，即各国对国际河流水资源享有一定而非绝对的所有权。既然国际河流水资源的所有权是相对的，其使用权之间也就存在相对性。

2）跨境水资源属流域国共同享有

跨境水资源所在的国际河流流域内产水量是跨境水资源的重要组成部分，国际河流流域整体被国界人为割裂后，各流域国境内的产水量仍然是构成跨境水资源的一部分。从这个意义上说，跨境水资源应该属于流域国共同所有。因为单一流域国境内的流域是跨境水资源所在国际河流流域的一部分，是国际河流流域生态系统的有机组成部分，流域因水产生的各项生态服务功能和社会服务功能属于流域国共同享有。

3）公平合理利用

公平合理利用是国际水法中的一项基本原则，也是国际水法赋予跨境水资源的一项基本属性（白明华，2013）。因为跨境水资源为相关流域国共同享有，因此在实际开发利用过程中，不可避免地要涉及水资源量在相关流域国之间的分配问题。而跨境水资源公平合理利用属性就是相关流域国均有权在其领土内公平合理地使用水资源并分享其利益，但这一权利又不能剥夺其他流域国家公平利用水资源权利，这既是权利原则，同时也体现了与之相关联的义务。

4）一体化管理

流域一体化管理既是跨境水资源的一种新型管理模式，也是实现跨境水资源利益共享的必然要求。一体化管理具体是指将各跨境水资源所属国际河流流域作为一个整体进行统一管理，对流域水资源进行统一分配。一体化管理的大致做法是，对于跨境水资源的分配，应当优先保证人类基本需求和生态系统的最小生态需水量，然后在扣除这些需水量后，估算用于发挥水资源的各类效益的可利用水量，由各流域国根据对水量的贡献程度、优先利用情况和现行用水需求等各种要素，顾及不发达流域国对水资源的未来需求，通过协商后予以分配。

2.1.2.4　跨境水资源的基本特征

以上分析表明，与一般的境内水资源相比，跨境水资源除具有一般水资源属性外，还具有一些独有的特征。一是水资源的跨国界性，这是跨境水资源区别于境内水资源的最基本特征，也是导致跨境水资源特殊性的根源；从水资源学的概念理解，跨境水资源所属跨境流域是一个整体，但流域内不同国家的国界线将跨境流域人为分割为不同河段或不同水域，相关国家拥有其境内的河段或水域的主权，使得跨境流域拥有了跨国界性特征。二是水资源的共享性，尽管跨境流域整体被相关国家国界线人为割裂，但各国境内部分流域的产水量仍然是构成跨境水资源总量的组成部分，跨境流域内各国的陆地生态系统与河湖等水生态系统也是跨境流域生态系统的重要组成部分；因此，跨境水资源应该属于相关流域国共同所有，跨境水资源产生的各项水生态服务功能也属于流域国共同享有。三是权利体系的复杂性和影响的广泛性，由于跨境水资源涉及国家主权、所有权、可使用权、可分配权等不同层次,影响国家水安全、能源安全、粮食安全,并涉及政治、经济、外交等多个领域,因此跨境水资源权利体系不仅复杂,而且其影响领域也较广泛(匡洋等,2019)。

2.2　国际水法中水权的基础理论

为了明确跨境水资源的所有权、使用权、可分配权等不同权力在跨境流域各国间的归属,本节将系统梳理国际水法的历史演进,并深入分析已有的跨境水资源开发理论,从而为跨境水资源多级权属界定奠定基础。

2.2.1　国际水法水权基础理论的演变

在国际水法萌芽、形成和发展过程中,围绕着跨境水资源开发利用问题,先后形成了"绝对领土主权论"、"绝对领土完整论"、"有限主权论"和"沿岸国共同体理论"四种水权理论学说(张梓太和陶蕾,2011)。这几种理论学说均试图协调流域国之间的领土主权与跨境水资源开发利用中其他权益的矛盾,但却使跨境水资源权属理论走上了"淡化主权、回避水权"的发展道路,造成跨境水资源权属理论与实践的严重脱节,难以解决跨境水资源竞争性开发利用这一核心矛盾的问题。

2.2.1.1　绝对领土主权论

绝对领土主权论(absolute territorial sovereignty)是完全站在上游国立场上,对上游国家极其有利的理论。该模式主张相关流域国对其境内河段的利用不受任何制约,享有完全的自由利用权。绝对领土主权论的理论根基是:一个流域国可以自由利用和处置流经其领土段的水流,任何沿岸国要求其他沿岸国提供持续的免费流量的要求都是不受支持的。该理论将跨国水资源在本国境内的河段视为内河,不顾其他沿岸国的利益单边开发,体现了狭隘的领土主权观念。

2.2.1.2　绝对领土完整论

绝对领土完整论(absolute territorial integrity)是以国家领土不可侵犯为理论基础,认为应保证水道国历史上流入的水量,水道国同样拥有排他性的绝对权利,但这次不可侵犯的权利对象是其境内的自然资源,以致使理论走向了另外的绝对和极端。该理论又叫"自然水流论",含义是水流作为国家领土不可分割的组成部分,不能对其有水质、水量的任何改变,否则即为侵犯领土完整,因此沿岸国必须严格遵守自然法则,保持水流的自然流淌。该理论甚至还要求上游国家负有在国际河流中为下游国家预留所需水量的义务。

总而言之，绝对领土主权论和绝对领土完整论在观点上针锋相对，而且显然都违反了权利义务对等原则。法律上很少有绝对的权利和绝对的义务，往往是两者相伴相生、紧密相随。著名国际法水法学者 Caffrey 曾发表评论"本质上，这两种在法律上'无法无天'的学说都是鼠目寸光的，它们均片面地漠视了其他国家对国际水道的需要和依赖，忽略了国家主权在赋权的同时还应承担义务的原则"。

2.2.1.3 限制领土主权论

限制领土主权论（limited territorial sovereignty，restricted sovereignty）忽略争端的起因，淡化主权观念，其初衷在于调和前两种与逻辑和实际情况相背离的、完全对立的理论。流域国既有积极的合作义务，还有消极克制的互相制约衡平的义务。限制领土主权论不允许破坏性地、穷尽式地开发资源和不计后果地改变水体流量、特性。每个国家对有跨界影响的活动不能靠损人而利己，要同时顾虑他国相关权益不受重大损害，实现正和博弈，而不是零和博弈。

2.2.1.4 利益共同体论及未来发展趋势

20 世纪初，《国际水法》一书从理论上论证了河流是全体流域国的共有财产。利益共同体论（community of interests）主张流域国基于物权中的共有方式分享水资源，强调流域国应在适当合理的范围内，自我限制并让渡部分国家主权，以流域的政治经济共同体方式合作利用开发跨国水资源。

在司法实践中，利益共同体论最先应用在需要通达航道的航运权上。在 20 世纪初判决的奥得河管辖权案中最早阐述了利益共同体论。常设国际法院认为，坚持沿岸国在国际水道上的共同利益是法律上实现公平正义、政治经济上满足各国现实需要的唯一路径。对可航性国际河流来说，共同利益是沿岸国共同和平等拥有的权利，所有沿岸国完全公平地利用整个河道的航运功能是其本质特征，任何沿岸国相对于其他沿岸国不存在优惠特权。

利益共同体论倡导相关的涉水法律和政策由水道国共同草拟制定，但该目标近期内难以成为现实。没有全体流域国明确的同意和一致肯定的运作，任何流域国不能对跨国水资源进行处置。该理论要求明确的重大合作动作，适用范围局限于一体化式的、有融洽外交关系的"完全发展的法律共同体"。

2.2.2 已有水权基础理论在解决跨境水资源分配问题的局限性

从国际水法水权理论的历史演进过程来看，跨境水资源权属与主权问题紧密联合，互相交织，相提并论，不分彼此。尤其是联合国国际法委员会于 1997 年通过的《国际水道非航行使用法公约》，以及 2006 年联合国国际法委员会通过的《跨界含水层法条款草案》等国际水法文件都多次提到水资源主权而非国际河流水权，使得当前整个国际河流法理论大多围绕国家水资源主权这一核心构建。实践证明，以水资源主权为核心的国际水法水权基础理论在解决跨境水资源问题和指导跨境水资源分配实践中存在着一定的局限性。

2.2.2.1 国际水法水权理论在实践中缺乏可操作性

以水资源主权为核心的国际水法水权理论，容易将水权等同于主权，导致水权绝对化。国际河流水资源利用中的"绝对领土主权论"与"绝对领土完整论"两种极端对立的学说即是明证，其结果是上游国家依据"绝对领土主权论"为自己的竞争性用水寻找理由，而下游国家以"绝对领土完整论"抗议上游国家的合理利用，致使矛盾冲突更加尖锐，进而造成上下游各流域国之间的利益冲突，这也是这两种理论被现代国际水法摒弃的原因。

从国际水法的实践来看，"有限主权论"在处理国际河流争端中的确发挥了积极作用，同时也促进了国际水法的编纂和发展。但"有限主权论"实质上仍然是对主权的承认，对国家主权的限制必须在尊重国家主权的原则下进行，以签订双边、多边条约、公约和一些国家之间公认的原则、惯例加以确定。由于许多国家并不愿意放弃自己既得的对国际河流水资源的利益，协商和谈判的难度很大，最终难以达成一致。而依据法理，不可能为了维护另一个国家的利益，要求某一个国家单方面在主权问题上做出让步，也不能要求一个国家对某一部分资源享有有限主权，却负有完全的责任和义务，这对沿岸国来说是不公平的。更为关键的是，"有限主权"的"限"本身缺乏量化的标准，因而依据该理论建立的国际河流水资源利用的两个基本原则"公平合理利用原则"和"不造成重大损害原则"同样缺乏界定和评估标准，而且存在着理论上如何解释的争议。这两个原则对于何为"公平合理"、何为"重大"都没有进行客观的界定，使人们在国际河流实践中缺乏可以遵循的寻求公平合理利用和避免重大损害的标准，各国均可从本国利益出发对其进行主观解释，其结果是使得基本原则在实践上难以操作，而且引发流域国家之间在国际河流利用问题上的尖锐对立。

2.2.2.2 国际水法水权理论淡化主权的倾向使跨境水资源权属难以界定

流域国对国际河流流经其领土的那一部分跨境水资源享有各种主权权利，包括对属于其领土部分的河流的管辖权、使用权和取得赔偿的权利，以及对整个水域分享水利益的权利。也即流域国可以对"通过其领土的那一部分河流"自由行使主权，有权对此部分河流进行利用和处置。但是，问题在于国际河流的水是自然流动的，从一国流入另一国，对其水体依据断面进行主权分割在实践上无法操作，除非沿岸国在其国界上修筑拦河大坝拦河蓄水，否则无法将国际河流水体在国界断面上分割开来。而拦河利用在国际社会上是难以容忍的，因为会极大损害其他国家的权益。由于国际河流自然形态无法分割，因此难以确定哪些水资源归哪个国家所有。

以可持续发展和流域管理理念为基础的"沿岸国共同体论"，强调国际河流水体的共有财产属性，出于保护人类共同利益的需要，在不区分共同共有和按份共有的情况下，以"共同管理、共享收益"淡化主权的方式，一味强调共同利益与合作，其结果是由于缺乏利益分配的标准，沿岸国之间的合作缺乏基础。利益分配的合理权衡，是以水权为基础的，在跨境水资源所有权归属不明即水权不定的情况下，不加区分的共同利益，往往是以损害国家利益来实现，没有任何一个国家愿意进行合作。因而，合作必须在尊重主权和满足国家利益基础上进行，否则单边开发和竞争性利用就会成为主权国家的理性选择。

2.3　跨境流域水资源多级权属解析与体系构建

2.3.1　产权的概念和特性

跨境水资源作为流域国共享资源，是流域国的共同财产。跨境水资源多级权属问题本质是资源产权问题，也即流域国对跨境水资源这一共同财产的产权关系及其规制问题。为此，有必要首先了解产权的概念和特性。

跨境水资源产权的主体是主权国家，围绕这种产权所发生的一系列关系是在跨境流域各主权国家间进行。跨境水资源权属本质上体现的是"主体"与"主体"之间的关系，不同的是跨境水资源权属的主体首先是主权国家；再者，跨境水资源权属也具有多重属性，即涵盖所有权、使用权、可分配权等。

2.3.1.1　产权的概念

目前，对于产权，理论界尚未有统一定义。产权经济学家从不同角度给出了不同的产权定义。其中，《关于产权的理论》对产权的定义是"使自己或他人受益或受损的权利"。该定义一是通过产权的行为性来强调产权的功能特点，即强调产权是被允许通过采取什么行为获取利益的权力；二是强调产权的社会关系性质，认为产权是"社会的工具"。《产权的经济分析》中从法律角度理解产权，认为"产权包括财产的使用权、收益权和转让权"。通常，法律的权利会强化经济权利，但是前者并不必然是后者存在的充分条件。虽然不同学者从不同侧面给出的产权定义各有不同，但有一个现行的法律和经济研究基本认同的定义：产权不是指人与物之间的关系，而是指由物的存在及由于其使用所引起的人们之间相互认可的行为关系。产权安排确定了每个人相应于物时的行为规范。

2.3.1.2　产权的规定性和构成要素

产权具有以下规定性：第一，产权是依法占有财产的权利，它与资源的稀缺性相联系并体现了人与人之间的关系；第二，产权的排他性意味着两个人不能同时拥有控制同一事物的权利，这种排他性是通过社会强制来实现的；第三，产权是一组权利，一般可以分解为所有权、使用权、收益权和让予权；第四，产权的行使不是无限制的。在产权分解后，每一种权利只能在法律或契约规定的范围内行使，同时会对产权的行使设置一定的约束规则；第五，产权的一个主要功能是引导人们实现将外部性较大地内在化的激励。

产权包括三个构成要素：主体、客体和内容。其中主体享有权利的人、组织或者国家。不同的产权主体不同，取决于产权的制度安排。我国水资源的所有权主体是国家。产权的客体是指特定的"物"，对于跨境水资源而言，客体就是指跨境水资源本身。从权利本身的内容来讲，产权的内容包括以下两个方面，一是特定主体对特定客体和其他主体的权能，即特定主体对特定客体或主体能做什么不能做什么或采取什么行为的权力；二是该主体通过对该特定客体和主体采取这种行为能够获得什么样的收益。

2.3.1.3　产权的特性

适应现代经济社会的交易与资源配置需要而形成的产权概念，具有适用范围的普遍性、权利内容的集合性和可分解性、权利行使的排他性、权利内容的有限和明确性、流转和可交易性等特性。

其中，适用范围的普遍性是指产权既适用于有形财产，也适用于无形财产，既适用于独有财产，也适用于共享财产，既适用于静态财产，也适用于动态财产。

权利内容的集合性是指在不同场合，包含的内容不同，如有时产权就是所有权本身，包含所有权的所有权能，集归属权、占有权、适用权、收益权、处分权为一身，有时它又代表若干财产权的集合体或者财产权与其他权利（如人身权）的集合体，即产权具有集合性。产权的可分解性是指对特定财产的各项权能可以分别属于不同的主体。比如，某项财产的归属权、占有权、使用权、收益权和处分权等权能和利益可分别属于不同主体。并且，同一权利也可分属于不同的所有者。但是，产权的可分解性不同于产权的分解，而只是对产权的现实分解提供了理论前提，产权的现实分解与实际经济条件相联系。产权的可分解性使产权的交易得到进一步细化，对产权交易市场的发展和完善起着重要的作用。

权利行使的排他性是指产权关系具有竞争性。对特定财产的特定权利只能有一个主体，谁拥有对该项财产的权利，就排除了他人对此的权利。权利主体必然会阻止其他主体进入自己的权利领域，以保护自身特定的财产权利，这就形成了产权的排他性。排他性的实质是产权主体对外的排斥性或者说对特定权利的垄断性，激励拥有财产的个体将之用于带来最高价值的用途。

权利内容的有限性和明确性是指产权之间要有边界，而且任何产权都有一定的大小和范围，都具有一个特定的量，都有一个数量限度。产权的有限性和明确性是产权交易的要求。交易的有效进行要求不同财产权利的界限相对明确，即使是同一财产的不同权利也应该相对明晰，从而保证产权交易能够顺利地进行。

流转和可交易性。产权作为一种经济制度，其目的是便利人们的交易，因为明晰的产权本身是可以进行交易的。正是由于产权可交易，资源从生产效率低的所有者向生产效率高的所有者进行流转，达到合理配置资源的目的。

2.3.2　跨境水资源多级权属的概念及其结构

2.3.2.1　跨境水资源多级权属概念和内涵

以上分析表明，跨境水资源水权制度体系也可以划分为所有权、使用权和可分配权等不同级别，而"属"意指归属。所以，跨境水资源多级权属实际上就是指跨境水资源的所有权、使用权和可分配权在相关流域国的归属，其实质是跨境流域相关各国的水资源所有权、使用权和可分配权等不同层次的划分和界定。其主要意义如下：

1）界定所有权，可以解决国际河流水权与主权的冲突与矛盾

纵观跨境水资源开发利用历史，产生争议和冲突的根本原因不是因为主权，而是国际河流所有权不明的问题。国际河流水体所有权不明必然导致各流域国对国际河流水体的掠夺式利用，而只有确定了水资源所有权才能确定谁有权使用水，有权使用多少水，使用水产生的收益如何分配。将国际河流水权界定为国际河流水体所有权，可以解决国际河流主权与水权的矛盾，使国际河流理论走上正视主权、明确水权、权利义务对等的公平合理利用的发展之路。

2）界定所有权，可以通过对水权份额进行划分和确定，构建流域国对国际河流水体这一共享资源的"按份共有"理论框架

国际河流的流动性和水文一体性，使国际河流水资源天然具有共享性质。因此，国际河流域水资源属于流域国家的共享资源，各流域国家是国际河流水资源所有权的共同所有人。但由于国际河流所有权份额不定，沿岸国通过对国际河流水资源的使用权和收益权的争夺，来获取水权，这就导致了国际河流流域国在对国际河流开发利用中的冲突与矛盾。要解决国际上的这种冲突与矛盾，在将国际河流水权界定为所有权的理论前提下，以按份共有理论框架为指导，通过确定国际河流流域国对国际河流水资源所有权的份额，来明确各流域国各自的使用权份额，通过权利与义务对等原则实现国际河流水资源的公平合理利用。在产权明晰

的情况下，也有利于国际河流的共同管理和保护，更好地促进流域国之间的合作。

3）界定使用权，可以充分发挥水资源使用效益

界定为水资源所有权后，即可依据一定的标准对国际河流水权进行划分，但在实践过程中，一个流域国所获得的跨境水资源所有权与实际的利用需求往往不一致，有的国家所有权份额大但需求量少，而有的国家所有权份额小但需求量很大，为了平衡流域国所有权和使用权之间的差异，充分发挥水资源的使用效率，满足流域国社会经济发展需求，需要进一步对使用权进行划分。其划分过程实质上就是所有权的流转过程，重新配置跨境水资源各流域国水资源的使用权，在所有权流转中通过交易获取收益，不但加强了流域国的所有权归属，而且使跨境水资源的使用趋于公平合理，提高利用效率，发挥更大的使用效益。

4）界定收益权，可以为跨境流域生态补偿提供依据

在跨境水资源开发利用过程中，实际上存在"搭便车"的情况，如干旱年份某一跨境流域国需要引水灌溉，通过所有权流转的方式获得一定量的水资源用于境内农田灌溉，在灌溉过程中，这部分流转而来的水资源不仅补充和保障了河道沿线的生态需水，有效避免了沿线生态系统衰退，抬高水位以后，可能还使其他利用方式成为可能，从而可能使得沿途国家受益，反之亦然。因此，有必要通过界定收益权，平衡水资源利用所带来的经济效益、环境效益和生态效益在各跨境流域国之间的分配。

2.3.2.2　跨境水资源多级权属的结构

水资源权属即水资源在不同层面的权力归属，对于我国国内水权制度而言，其建立在物权法的基础上，特点是水权主体明确，且实现了水资源所有权和使用权的分离。按照我国新《水法》规定，水资源属于国家所有，水资源的所有权由国务院代表国家行使；对于使用权而言，国家依靠公权力对水权进行初始分配，把水资源的使用权分配给个人、单位或者集体。但是对于跨境水资源而言，它的跨国界性特征决定了其必然涉及主权问题；同时，跨境水资源权属问题的本质也属于资源产权问题，即流域各国对跨境水资源这一共同财产的产权关系及其规制问题，这种产权的主体是跨境流域涉及的各主权国家，产权的构成涵盖所有权、使用权和可分配权等方面（李奔，2015）。因此，跨境水资源多级权属体系，其实质就是在当前国际水法的框架下，从人类社会的普适价值角度出发，正视跨境水资源的主权问题，并界定所有权、使用权和可分配权等不同层次和级别的权利在跨境流域各主权国家之间的归属。从而为解决跨境水资源的矛盾和纠纷、实现跨境水利益共享提供依据。

主权是国际法的基石。跨境水资源的主权与所有权、使用权、可分配权之间存在密切关系，这是导致跨境水资源权属体系特殊性的主要原因，正视跨境水资

源的主权问题,是构建跨境水资源多级权属体系的基础。所有权是跨境水资源权属体系的根基,从法理上理解,使用权和可分配权均由所有权派生而来,因此,界定所有权归属是跨境水资源权属体系中的最基本、最重要的一环,即第一级权属。当所有权界定后,方能以所有权为依据,按照一定的规则在跨境流域国之间分配水资源的使用权,使用权的分配过程实质上就是所有权的流转过程,可以解决某一流域国获得的所有权与实际利用需求不一致的问题,属于第二级权属。可分配权是伴随跨境水资源所有权和使用权而生的,某一流域国因为拥有跨境水资源所有权和使用权,因此拥有对这部分水资源的处置权,可以根据各国自身条件和需求决定是否进行开发利用、以何种方式进行开发利用等。相关流域国在行使水资源可分配权时,根据分配目的和分配方式的不同,可能会受到额外的约束,因此,分配权属于第三级权属。

2.3.3　跨境水资源多级权属界定的原则和依据

跨境水资源多级权属界定是对国际河流流域国在跨境水资源开发、利用、保护等活动中的权利和义务的规范,它不仅要遵循国际法对国际关系的调整规则,而且还要与国际水法的一些成熟的原则与规则保持一致。

2.3.3.1　尊重主权

国际河流跨越不同国家的边界,边界以内的河段属于有关国家的领土,该国对属于自己领土管辖下的河段享有主权,包括水资源主权。但由于跨境水资源的流动性和所属国际河流的整体性,国家对流经其境内的那部分国际河流水体的主权不具有完全的排他性和绝对性,否则就会影响到相邻国家的主权,甚至造成对他国主权的侵犯。这是由国际河流的特殊性所决定的。因此,在处理国际河流流域国的国家主权问题上要避免两种倾向:一是要避免主权绝对化倾向;二是要防止主权淡化倾向。

实际上,跨境水资源多级权属的理论构建,必须在尊重国家主权的基础上,尊重国际流域的沿岸国之间经济发展的差异性,承认每个主权国家利用国际河流的权利、自主决定是否开发利用和利用开发的形式的权利。只有这样,构建的跨境水资源多级权属体系才能被相关流域国接纳和采用。

2.3.3.2　符合国际水法的基本原则

由于跨境水资源的特殊性,在解析跨境水资源多级权属体系时,不能直接套用某一国家水权的概念,而应在国际水法的基本框架下进行分析,并符合国际水法中形成的被国际社会普遍接受和认可的基本规制,如共有共享原则、公平合理利用原则、不构成重大危害原则等原则。

2.3.3.3　相关流域国可接受性原则

界定跨境水资源多级权属，旨在提供一个切实可行并能有效解决跨境水资源竞争性利用和跨境水纠纷的法律框架。为了促进跨境水资源在各流域国之间的合理配置和高效利用，实现跨境水利益在全流域公平共享，应避免过分强调主权或漠视主权的不利倾向，尽量兼顾跨境流域各国对跨境水资源的不同诉求，使该体系能够被相关流域国普遍接受，从而保证其在实践中拥有良好的可操作性。

2.3.3.4　生态用水优先和生活用水优先原则

为了保护河流生态系统，在界定跨境水资源使用权之前，首先应确定河道内生态需水，并予以优先满足，即先扣除河道内生态需水，剩余的水量才属于可以被人类开发利用的部分，然后再确定跨境流域各国的水资源可使用权。其次，为了保障沿岸居民的基本生存权利，按照以人为本的要求，在优先满足河道内生态需水的前提下，河道两岸居民的生活用水也应予以满足。因此，跨境水资源中，只有扣除河道内生态需水和沿岸居民生活用水后，剩余的水量才能够在跨境流域各国之间和不同行业之间进行合理配置。

2.3.4　跨境水资源多级权属体系构建

2.3.4.1　对跨境水资源主权的分析

跨境河流是跨境水资源的载体，通过分析跨境河流的主权归属，有助于理解跨境水资源的主权归属。河道和水体是跨境河流的两个最基本的构成要素，其中河道的位置相对固定，河道水面面积虽然受到气候等因素影响，但通常情况下，国界划定以后，即确定了河道和水面的主权归属，相关流域国对其境内的河道或水面拥有排他性的绝对主权，该主权属于领土管辖权范畴。对于跨境河流中的水资源而言，河道系统的连通性及水体的流动性特征，打破了跨境流域各国领土的封闭性，使得跨境水资源成为相关流域国的共享资源，即跨境流域各国的共同财产。同时，某一流域国对其境内部分水资源的开发利用可能导致跨境水资源总量减少或时空分布发生变化，从而会对其他流域国的水资源开发利用产生影响。因此，跨境流域各国对其境内部分的水资源主权并不具有完全排他性和绝对性，属于有限主权，跨境水资源主权归属于跨境流域各国。这种有限主权与国际法中常用的某一国家拥有的绝对主权性质不同，属于对其境内跨境水资源的最终处置权范畴，由于跨境水资源的连续性和不可分割性，它实际上是一种无形的、抽象的主权，跨境水资源主权结构的示意图如图 2-1 所示。

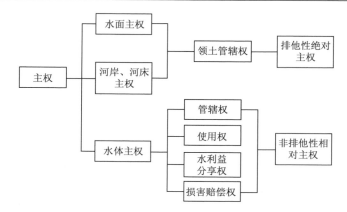

图 2-1　跨境水资源主权结构示意图

2.3.4.2　跨境水资源所有权的界定

界定跨境水资源所有权，首先要明确是哪部分水资源，其次要明确所有权应当归属哪些流域国，最后对各流域国各自享有的所有权份额进行进一步区分和界定。从水资源学的角度分析，跨境水资源总量包括地表水资源量和地下水资源量两部分，但由于地下水资源量难以跨国界调度和使用，因此，通常跨境水资源仅指地表水资源量，本书也沿用这一概念。各跨境流域内的地表产水量之和构成了跨境水资源总量，任一国家对跨境水资源总量均有贡献，受流域气候水文、自然地理等因素影响，不同国家的水量贡献份额可能存在差异。从国际水法的角度分析，跨境水资源属于相关流域国的共享资源这一观点已经得到国际社会和国际水法立法的普遍认可，从法理上理解，相关流域国是跨境水资源所有权的共同所有人，即跨境水资源的所有权归属各相关流域国共同所有。以跨境水资源为纽带，其涉及的各个国家之间具有共有关系，按照产权经济学中关于共有的规定，各相关流域国对跨境水资源的共有关系无法达到共同共有的和谐，而且也不能通过分割共有财产解除这种共有关系，因此，其属于按份共有。可见，任一流域国只拥有一部分跨境水资源所有权，每个跨境流域国所拥有的主权份额，可通过协商谈判等方式确定。

2.3.4.3　跨境水资源使用权的界定

跨境水资源使用权，是指跨境流域各国为满足本国居民生活用水要求和经济社会发展需求，对其境内部分水资源根据开发条件和实际需求进行各种形式的利用并获得相应收益的权利。从法理上理解，使用权属于所有权的派生权能，所有权界定以后，原则上跨境流域各国只能针对所有权归属自己的那部分水资源进行开发利用。实际上，为了实现跨境水资源的可持续利用，按照生态用水优先原则，应首先从归属跨境流域各国所有的那部分水资源量中扣除河道内生态需水量，剩余的部分才能用于满足居民生活和经济社会发展需求。也就是说，跨境流域各国获得的跨境水资源使用权份额是所有权份额扣除各国境内河道内生态需水量后剩余的水资源量。可见，跨境水资源使用权仍归属跨境流域各国，使用权的分配必须受到所有权的约束，同时应优先满足各国境内河道内生态需水要求。

2.3.4.4　跨境水资源可分配权的界定

跨境水资源的可分配权指在水资源使用权的约束下，扣除居民生活用水需求后，对剩余部分水资源进行分配和处置的权利。作为第三级权属，可分配权的界定有助于平衡跨境流域各国间水资源所有权和使用权之间的差异，跨境流域各国行使可分配权的过程，实质上就是所有权的流转过程，通过重新配置跨境水资源，跨境流域各国在所有权流转过程中通过交易获取收益。因此，可分配权的界定是实现跨境流域水利益共享的基础和前提。图 2-2 为跨境水资源多级权属结构示意图。

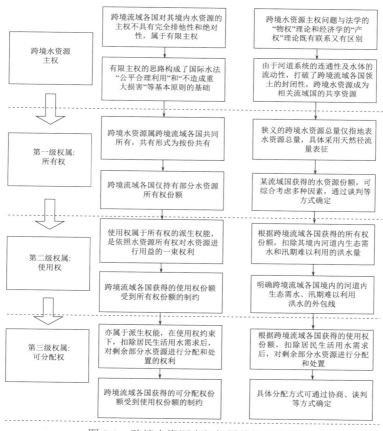

图 2-2　跨境水资源多级权属结构示意图

2.4　跨境水资源多级权属分配方法

通过构建公平合理的跨境水资源多级权属体系，为跨境水资源所有权、使用权和可分配权在各流域国之间的分配提供了国际法基础和可借鉴的思路，但要真正实现跨境水资源的公平合理分配，需要进一步提出跨境水资源权属分配方法，即定量分析计算流域各国享有的水资源所有权、使用权和可分配权份额的方法。主要的技术环节包括跨境流域区域划分与控制断面选取、控制断面天然径流量计算、跨境流域天然产水量计算、河道内生态需水量估算、汛期难以利用洪水量计算等，估算具体流程如图 2-3 所示。

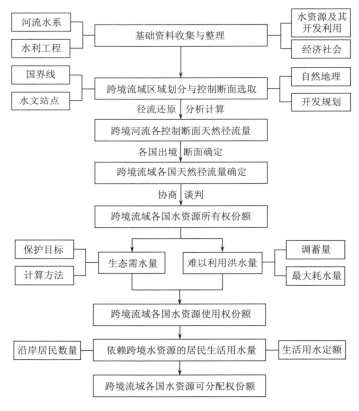

图 2-3　跨境水资源多级权属分配流程

2.4.1　跨境流域各国水资源所有权份额确定方法

依据现代国际水法的水权理论，按照上述跨境水资源界定的原则，在当前人类社会普适价值观念的框架下，对跨境水资源的所有权进行界定：跨境水资源属于相关流域国家的共享资源，跨境流域国是跨境水资源所有权的共同所有人，共有方式类似国内民法意义上的按份共有，相关流域国在跨境流域范围内的公民人人享有平等地获得水利益的权利，同时负有相应保护水资源、维持其可持续利用的义务。

从这个意义上讲，界定跨境水资源所有权的过程，实质上就是跨境水资源的所有权在相关流域国之间的分配过程。其重点和难点问题是以什么样的标准和规则在跨境流域国之间实现公平、合理的水资源所有权的分配，即依据什么样的法律和规则、协议确定跨境流域各国对跨境水资源所有权所占的份额。

2.4.2　跨境流域各国水资源使用权份额确定方法

跨境流域水资源利用方式包括消耗性用水和非消耗性用水两个方面，其中消耗性用水包括工业、农业、生活用水等，非消耗性用水包括水电开发、航行等。跨境河流除向河道外供水以满足沿岸国家生产和生活需要，其自身也需要保留一定的水量以维持河道生态系统健康稳定。为保证跨境水资源的可持续利用和跨境河流多样化生态服务功能得以持续有效发挥，需要优先满足跨境河流的河道内生态需水，因此，在确定跨境流域各国水资源使用权份额时，首先需要扣除河道内生态需水量。其次，由于河川径流年内、年际变化较大，汛期内洪水通常难以被跨境流域沿岸各国全部通过工程措施开发利用，原则上还需要扣除汛期难以被开发利用的洪水，剩余部分的水资源量才可以被跨境流域各国根据实际情况进行开发利用。实际上，汛期内部分洪水虽然难以被跨境流域各国开发利用，但却可以作为河道内生态需水的一部分，用于满足汛期河道内生态需水要求。据此，各相关国家最终获得的跨境水资源使用权份额可按照下式进行计算。

$$W_{ui} = W_{pi} - (W_{ei} \cup W_{fi}) \tag{2-1}$$

式中，W_{ui} 为第 i 个跨境流域国的水资源使用权份额，亿 m^3；W_{pi} 为第 i 个跨境流域国的水资源所有权份额，亿 m^3；W_{ei} 为第 i 个跨境流域国的河道内生态需水量，亿 m^3，根据保护目标，可采用水文学法、水力学法、栖息地模拟法、综合法等进行计算；W_{fi} 为第 i 个跨境流域国境内汛期难以利用的洪水量，亿 m^3，根据其出境断面节点以上的境内调蓄能力和水量耗用程度进行综合分析计算得到。（$W_{ei} \cup W_{fi}$）为河道内生态需水与汛期难以利用洪水量取外包线后的值。

对于跨境流域而言，一般采用两种方式确定水资源使用权份额，一是针对流域天然河川径流量进行分配，二是针对流域可利用水量或可供水量进行分配。由于多数跨境流域的相关流域国的经济社会发展水平存在差异，水资源开发利用能力和开发利用率也不尽相同，为保障相关流域国的发展权，在跨境流域，针对天然河川径流量进行分配相对较为合理。确定跨境流域地表水资源的可利用总量可为进一步确定跨境流域各国获得的使用权份额提供依据。因此，有必要以跨境流域为对象，确定其地表水资源的可利用总量，具体如图 2-4 所示，即在地表水资源的基础上，扣除自然耗损、生态环境用水量和难以利用的洪水，即得到地表水可利用量。

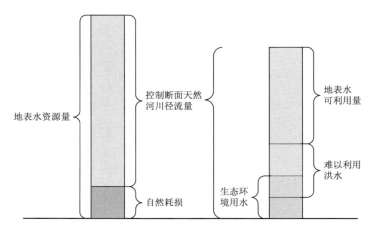

图 2-4　跨境流域地表水可利用量的确定（彩图见文后）

1）自然耗损水量（汇流损失）

自然耗损水量即汇流损失，是指在河道汇流过程中由于蒸发消耗和渗漏损失引起的耗损水量，流域的气候和下垫面情况对自然耗损水量都有影响（陈峰云，2009）。地表水资源量扣除自然耗损水量（汇流损失）为控制断面的天然河川径流量。自然耗损水量的估算往往与天然河川径流量的估算同时进行，相互验证。

在计算自然耗损水量（汇流损失）时，可以通过分析计算河道水面面积估算蒸发消耗量，如果在计算地表水资源量时没有对水库、闸坝的水面蒸发进行还原计算，则不应将这部分水量计入自然耗损水量，同时通过地下水的水均衡分析可以估算河道汇流过程的渗漏损失。两部分水量相加即为自然耗损水量。

另外，对控制断面实测径流量进行还原计算，即将流域内控制断面以上的农业灌溉、工业用水、生活用水耗损的水量加到实测径流量。这里的耗损水量是指在输、用、排水过程中由于蒸发消耗和渗漏损失而不能回归到河流的耗损水量，在进行用水调查时，应将地表水、地下水分开统计，只需还原地表水利用的耗损量。除用水消耗量（输水、用水过程中消耗掉而不能回归到地表水体和地下含水层的水量）外，还包括排水消耗和入渗补给地下水的水量，见图 2-5。

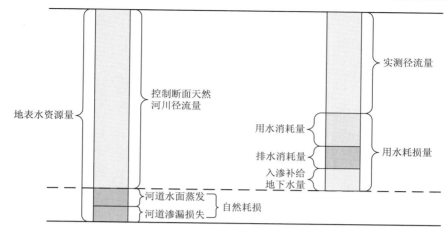

图 2-5　自然耗损水量的估算（彩图见文后）

　　对采用上述两种方法计算得到的天然河川径流量计算结果进行对比，如两者差异较大，需要对各要素进行进一步核对分析，直至两种方法计算的结果基本平衡。

　　2）河道内生态用水

　　河道除向河道外供水以满足人类生产和生活的需要，其自身也需要一定的水量来维持河道内基本的生态环境健康和生态系统的运行，即河道内生态需水量。只有维持河道正常的自然功能，才能提供相应的社会服务功能。为河道内生态环境留出充足的水量，既对社会经济的发展起到了促进和保障作用，又不至于破坏环境。

　　河道内生态用水是指维持河流及通河湖泊、湿地正常的生态功能所必需蓄存和消耗的水资源量。河道内生态环境用水主要包括以下几个方面：一是维持河道基本功能的最小需水量，包括防止河道断流、保持水体合理的自净能力的水量；二是维持通河湖泊湿地生态功能的最小需水量（包括湖泊、沼泽地以及必要的地下水补给等需水）；三是维系河口咸淡水界面稳定的生态环境需水量（包括防潮压咸及河口生物保护需水等）；四是保持与维持河流系统水沙平衡的用水需求；五是特定物种生态栖息地所需的最小生态环境用水量。此外，河道内其他生产活动用水（包括航运、水电、渔业、旅游等）一般来讲不消耗水量，但因其对水位、流量等有一定的要求，且这部分水量往往与上述生态环境用水重叠，因此，在计算河道内生态环境用水时可以一并考虑。

　　上述所提的河道内生态环境需水量具有不同的优先级别，对于水资源的保障程度也有不同要求。如河道内最小生态环境需水量是维持河道最基本的形态和最基本的功能不受破坏，因此必须保证河道内常年有最小水量流动。不同河段的生态环境需水要求也有所差异，如河口、湖泊、湿地、上下游河段、山区河道等的生态环境用水需求都是不一样的。生态环境需水量计算不仅需要考虑生态基流，还需要考虑生物栖息地、湿地和河口补水等不同用水需求，不同的生态环境用水类型所需的水量之间有重叠的部分，如图 2-6 所示。因此，河道生态总需水是通过对各种不同类型的生态用水，如河道生态基流（最小生态环境需水）、特定物种栖息地用水、河口生态需水等取外包所得的。

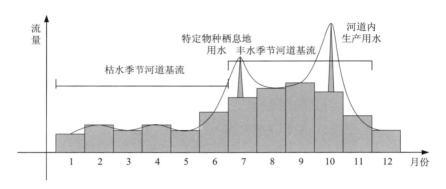

图 2-6　河流生态环境需水示意图

由于自然环境和生态系统的复杂性，生态环境用水的评估方法必须针对具体情况，根据特定环境的具体特点选择不同特性的技术方法。迄今为止，国内外已有许多计算生态环境需水量的方法，其中包括：水文学法、水力学法、生境模拟法、综合法及生态水力学法。

3）难以利用的洪水

由于河川径流的年内和年际变化都很大，难以建设足够大的调蓄工程将河川径流全部调蓄起来，因此，实际上不可能把河川径流量都通过工程措施全部利用，这部分不能控制利用而下泄的水量应予以扣除，但这部分水量的计算与水利工程建设情况有关。

汛期难于控制利用的洪水量是指在可预见的时期内，不能被工程措施控制利用的汛期洪水量。汛期水量中除一部分可供当时利用，还有一部分可通过工程蓄存起来供以后利用外，其余水量即为汛期难于控制利用的洪水量。对于支流而言是指支流泄入干流的水量，对于入海河流是指最终排入海的水量。汛期难于控制利用的洪水量是根据流域最下游控制节点以上的调蓄能力和水量耗用程度综合分析计算而得。将流域控制站汛期的天然径流量减去流域能够调蓄和耗用的最大水量，剩余的水量即为汛期难于控制利用下泄洪水量。

虽然部分洪水难以为人类所用，但却可以作为生态环境用水的一部分。地表水系统及其相关的生态环境系统功能的维护不仅要考虑其最小的生态环境用水要求，还要考虑部分特殊功能对河道内总水量或汛期水量的要求，例如一些洪泛平原和湿地需要洪水淹没以保持生态系统的正常运行,一些河道输沙排沙需要洪水。河道内最小生态环境需水量与难以控制利用的洪水量之和,可以作为河道内生态总用水量。

2.4.3 跨境流域各国水资源可分配权份额确定方法

在跨境水资源开发利用过程中,除需优先满足河道内生态需水外,从以人为本的理念出发,跨境河流沿线居民的生活用水需求应当首先得到满足。按照本书确定的生态用水优先和生活用水优先原则,只有在满足了河道内生态用水和沿线居民生活用水需求之后,剩余的跨境水资源才能够在不同国家之间进行分配。据此,跨境流域各国获得的水资源可分配权份额可按照下式计算。

$$W_{di} = W_{ui} - W_{ci} \tag{2-2}$$

式中,W_{di} 为第 i 个跨境流域国的水资源可分配权份额,亿 m^3;W_{ci} 为第 i 个跨境流域国境内的河道沿线居民生活用水量,亿 m^3,在无统计数据时可根据人口数量和用水定额进行计算。其余符号意义同前。

2.5 澜湄流域水资源多级权属体系

2.5.1 水资源所有权的确定

为确定 6 个流域国的水资源所有权份额,需要对各流域国的天然产水量进行还原计算。实际上,澜湄流域水资源开发方式主要包括两种:一是以水电开发等为主的非消耗性用水;二是以工农业和生活用水等为主的消耗性用水。

对于非消耗性用水,仅对径流过程产生影响,在澜湄流域已建成的 30 余座水电站中,有 25 座水电站位于下湄公河流域支流,这些电站全部为日调节电站,对干流水文过程影响程度有限(中华人民共和国水利部和湄公河委员会,2016);在干流上已建 6 座水电站中,大朝山水电站和漫湾水电站分别于 2003 年、2007 年开始正常运行,景洪、小湾、功果桥、糯扎渡等 4 座干流电站分别在 2009~2014 年开始运行,在 2002 年以前,澜湄流域干流径流过程受水电站影响较小。因此,本次在进行径流还原计算时,不再考虑水电站运行的影响。

对于消耗性用水,在表 2-1 各流域国用水量的基础上,采用耗水系数法计算各行业的耗水量。由于缺乏下湄公河流域各国的耗水率资料,本次均采用我国云南省各行业耗水系数进行估算。其中,灌溉用水以水稻灌溉为主,耗水系数取 0.68,生活用水以农村生活用水为主,耗水系数取 0.8,工业耗水系数取 0.29。据此,计算得到 6 个流域国天然产水量,并以此为依据,确定各国水资源所有权份额。

表 2-1　澜湄流域各国水资源量及其开发利用量情况

国家	流域面积/万 km²	流域人口/万人	多年平均径流量/亿 m³	汛期多年平均径流量/亿 m³	灌溉用水量/亿 m³	工业用水量/亿 m³	生活用水量/亿 m³
中国	16.5	1000	760.01	570.96	14.07	3.58	1.91
缅甸	2.4	50	94.61	80.42	1.16	0.03	0.07
老挝	20.2	490	1661.95	1412.66	29.57	0.12	1.16
泰国	18.4	2460	807.32	686.22	93.52	0.94	9.35
柬埔寨	15.5	1080	901.93	766.64	27.49	0.13	1.27
越南	6.5	2100	523.50	443.98	267.76	0.44	4.43
合计	79.5	7180	4749.32	3960.88	433.57	5.24	18.19

2.5.2　水资源使用权的确定

科学计算河道内生态需水量和难以利用洪水量是确定各流域国水资源使用权份额的前提。对于河道内生态需水量，本次采用 Tennant 法进行计算（郭利丹等，2009），选取上述 6 个流域国多年平均实测径流量的 10%作为各国境内的河道内生态需水量。对于汛期难以利用的洪水量，根据跨境流域各国所处的位置，参考湄公河年度洪水情况报告（MRC，2011），本次采用各国汛期径流量多年平均值的 20%作为汛期难以控制的洪水量。最后，将生态流量与汛期难以利用的洪水量取外包线，并从各国水资源所有权中予以扣除。

2.5.3　水资源可分配权的确定

在计算得到跨境 6 国水资源使用权的基础上，按照生活用水优先的原则，扣除跨境流域各国的生活用水量，即得到各国的水资源可分配权份额。

2.5.4　澜湄流域水资源多级权属的分析结果

按照上述方法分别计算澜湄流域 6 个国家的水资源消耗总量，统计得到多年平均条件下澜湄流域各国的水资源所有权份额，然后按照式（2-1）和式（2-2）分别计算各个国家的水资源可使用权份额和可分配权份额，结果如图 2-7 所示。

不同国家的水资源所有权份额存在较大差异。其中，老挝的水资源所有权所占份额最大，水资源量达到 1683 亿 m³，占 33.3%；其次为柬埔寨和泰国，拥有的水资源量分别为 921.6 亿 m³ 和 878.7 亿 m³，所有权份额分别为 18.2%和 17.4%；中国拥有的水资源量为 773.4 亿 m³，所占份额为 15.3%，位列第 4；越南和缅甸分列第 5 位和第 6 位，其中缅甸水资源所有权份额最小，约 1.9%。按照生态用水优先的原则扣除生态环境需水量和汛期不可利用的洪水水量后，得到各国拥有的

水资源可使用权份额,其中老挝的水资源可使用量仍然最大,为 1375.6 亿 m³,
所占份额为 32.8%;其次为柬埔寨,水资源可利用量为 754.8 亿 m³,所占份额约
为 18%;泰国水资源可使用量为 729.3 亿 m³,占 17.4%;中国的水资源可利用量
为 640.2 亿 m³,占 15.3%;缅甸水资源可使用量为 77.9 亿 m³,占 1.8%。生活用
水在澜湄流域 6 国中各行业用水所占比例较小,仅占 1.6%~9.8%,其对可分配水
量的影响也比较小。按照优先满足生活用水的原则,扣除各国生活用水量后,6
个国家水资源可分配量介于 77.9 亿~1374.4 亿 m³ 之间,其中老挝所占份额最大,
为 32.9%,其次为柬埔寨和泰国,分别占 18.1% 和 17.3%,中国位列第 4,所占份
额为 15.3%,缅甸获得的水资源可分配权份额最小,为 1.9%。

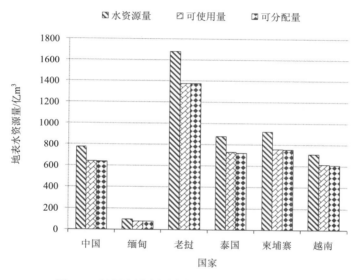

图 2-7 澜湄流域各国水资源多级权属分配结果

　　跨境水资源多级权属问题因涉及国家领土主权、地缘安全等问题而十分敏感,
水资源所有权、使用权和可分配权份额的确定,直接决定跨境流域各国获得的水
利益大小,从而成为跨境各国之间权益博弈的焦点。作为中南半岛最重要的国际
河流,基础资料特别是境外资料稀缺一直是制约澜湄流域水资源多级权属界定及
实践应用的突出问题之一。2016 年,我国水利部与湄公河委员会合作对我国向湄
公河应急补水效果进行了联合评估(张励和卢光盛,2016),并就干流关键水文站
流量、水位等资料进行了共享,开创了良好的合作范例。随着"一带一路"倡议
的深入推进,澜湄流域水资源等领域合作也将不断深入。未来,还需进一步收集
相关基础资料,最终确定被相关流域国广泛接受的水资源所有权、使用权和可分
配权份额。

2.6　本　章　小　结

　　本章从跨境水资源的概念出发，全面分析了跨境水资源的自然属性、社会属性和共享属性，从而明确了跨境水资源不同于一般水资源的显著特征：跨国界性和共享性。跨国界性是跨境水资源区别于境内水资源的最基本特征，也是导致跨境水资源特殊性的根源。尽管跨境流域整体被相关国家国界线人为割裂，但各国境内部分流域的产水量仍然是构成跨境水资源总量的组成部分，跨境流域内各国的陆地生态系统与河湖等水生态系统也是跨境流域生态系统的重要组成部分。因此，跨境水资源应该属于相关流域国共同所有，跨境水资源产生的各项水生态服务功能也属于流域国共同享有。

　　在法律层面，国际水权理论经历了绝对领土主权论、绝对领土完整论、限制领土主权论等多种观点，但实际上这些观点的出发点都只限于跨境流域的某一部分主权方，如流域上游或流域下游。然而，正是由于这些观点的存在，阻碍了跨境水资源的合理共享利用，这些法律理论在解决跨境水资源分配方面存在客观局限性，如缺乏操作性，难以界定水资源权属等。基于此，本章提出了基于产权基础的跨境水资源多级权属体系，从所有权、使用权、可分配权解析并界定了跨境水资源的多级权属，并提出了各级权属份额的计算方法。

　　将所得的跨境水资源多级权属体系应用于澜湄流域，计算得到了流域各国的多级权属份额。结果表明不同国家的水资源所有权份额存在较大差异，未来还需要进一步加强国际合作，进一步收集相关基础资料，最终确定被相关流域国广泛接受的水资源所有权、使用权和可分配权份额。

参 考 文 献

白明华. 2013. 国际合作原则在国际水法中的发展[J]. 甘肃政法学院学报, (6): 60-65.

陈峰云. 2009. 湖北省土地利用/覆被变化及其对自然环境要素的影响[D]. 武汉: 华中农业大学.

郭利丹, 夏自强, 林虹, 等. 2009. 生态径流评价中的 Tennant 法应用[J]. 生态学报, 29(4): 1787-1792.

匡洋, 李浩, 杨泽川. 2019. 湄公河干流水电开发事前磋商机制[J]. 自然资源学报, 34(1): 54-65.

李奔. 2015. 水冲突视角下的国际河流水权及其分配原则[J]. 中国科技论文, 10(7): 825-828.

张励, 卢光盛. 2016. 从应急补水看澜湄合作机制下的跨境水资源合作[J]. 国际展望, 8(5): 95-112, 151-152.

张梓太, 陶蕾. 2011. "国际河流水权"之于国际水法理论的构建[J]. 江西社会科学, 31(8): 13-18.

中华人民共和国水利部, 湄公河委员会. 2016. 中国向湄公河应急补水效果联合评估[R]. 北京: 中国水利部和湄公河委员会: 1-74.

Bennett A, Radford J. 2003. Know your ecological thresholds[M]. Canberra: Thinking Bush.

MRC. 2011. Annual Mekong flood report 2010[R]. Vientiane: MRC: 76.

第3章　水利益共享理论概述与跨境水资源分配模式

水利益共享是利益共享思想在水资源利用领域的体现。虽然目前利益共享机制以及水利益共享机制尚不完善，但无论是从理论上还是从跨境水资源利用实践上看，该理念的合理应用可取得较好的效果。在跨境水资源利用中合理应用水利益共享的理念，不仅能提高水资源利用效益，还能提高水资源安全保障水平，增强对于环境变化的应对能力。本章主要从水利益共享的基本概念出发，从原则与要求等方面论述水利益共享理论，阐述该理念在跨境水资源利用中的应用方法，并基于水利益共享的思想建立了跨境水资源分配指标体系，为跨境水资源利益共享提供理论支撑与实践指导。

3.1　水利益共享基本概念与要求

3.1.1　水利益共享的基本概念与内涵

水利益共享是利益共享理论在水资源领域的引申和应用，即水利益在水资源利用主体之间的共享行为。

从利益的概念上来看，利益是指所有能够满足主体需求的事物，是一个社会学的概念，因此满足需求是其核心条件，只有能够满足主体需求的事物才能称之为利益，也就是说该事物对主体具有一定的价值（何影，2009）。利益的主体和客体是利益的基本要素，利益主体是指利益的拥有者，利益客体是指利益的承担者，即利益形式。利益共享是得到共同认可的利益在各利益主体之间的共同享有，因此利益共享的部分或全部利益主体为利益的创造者。利益主体的边界性是利益共享的存在性基础，因此利益共享多数涉及跨界问题，由于利益的创造者通常享有利益的绝对主权，因此一个完整的利益共享过程还包含利益补偿机制（杨丽莎，2013）。

水利益是利益的一个方面，是指由于水资源满足了主体的某些需求而体现出来的利益。从利益形成途径来看，可分为水资源的消耗性利用和蓄存性利用两个方面，对于水资源的消耗性利用来说，水利益是指由于对各利益主体共享的水资源的消耗而带来的利益，主要是指满足生活供水、工业、灌溉等方面的需求；对于水资源的蓄存性利用来说，水利益是指因水资源的存在性而带来的利益，如满足生态维持、养殖、航运、发电、防洪、景观维持等方面的需求（防洪是对水蓄存情势的调控所带来的效益)。

水利益是具有多种形式的,从广义上讲,一切因水资源的存在而满足的需求,都可称之为水利益。有的水利益是可量化的(包括目前还难以量化但理论上认为可量化的),如发电、灌溉、防洪、供水、航运等常见的水资源开发利用形式;有些水利益是不可量化的,如提高生态健康性、保障居民生活供水、改善社会宜居环境、发展水文化等;有些水利益是有形的,如灌溉、防洪、发电、供水、旅游等;有些是无形的,如文化价值、社会和谐和维持地区稳定等。Sadoff 和 Grey(2002)根据跨境合作类型将所产生的水利益分为以下四类:①增加河流获得的利益,指改善水质、河流流量特征、土壤保护、生物多样性和流域整体可持续性;②从河流获得的利益增量,指加强水电、农业生产水资源管理、旱涝灾害管理、航运、环境保护、水质、休闲娱乐等方面的建设;③依靠河流而减少的成本,政策转向合作与发展,避免争端/冲突,从粮食和能源自给自足到粮食和能源安全,减少争端、冲突风险和军事开支;④增加河道外的利益,区域基础设施、市场和贸易一体化。

水利益共享则是基于利益共享的理念,在不同水利益主体之间进行水利益共享和补偿,本书主要指跨境(界)水资源中的水利益共享,跨境水利益主要是指水资源带来的效益,包含社会效益和经济效益。根据前述利益共享的理论,跨境水利益的共享主体为各流域国,共享客体为流域整体水利益。

水利益共享实践比理论研究起步早,目前对水利益共享较为常见的定义是"重新分配基于合作所产生的成本与收益"(张长春和樊彦芳,2018),其目标是为了通过流域国之间的利益共享,提高利益主体(或全部流域国)的利益量,实现流域水资源开发利益的最大化。其成本主要是指部分利益主体为了给其他利益主体共享流域的水利益,相对于以往未共享而多付出的部分,收益主要是指因共享行为相对于未共享而增加的收益。值得说明的是,水利益的多元化特征在跨境流域中十分显著,即为了增加某种形式的水利益而进行的共享有时会损害到其他形式的水利益,因此利益补偿也是利益共享中的重要一环,利益共享机制和利益补偿机制是利益共享理论的两大核心理论基础,但目前的研究基础还较少(张长春和刘博,2017)。

水利益总是随水资源而存在,从水资源利用的方式来看,水利益共享通常有两种方式,即水资源跨区转移利用共享和非跨区转移利用共享。水资源跨区转移利用共享是指将一定的水资源量转让给其他利益主体进行利用,通过受让方对转让方进行适当的利益补偿从而使双方获得利益增量,如灌溉、供水等消耗性用水方式。非跨区转移利用共享是指部分利益主体通过对流域的水情进行调控,改善了其他利益主体的水利益获取条件,从而提高了各利益主体的水利益量,如通过上游水资源调控改善下游通航条件、缓解水资源与利用需求的时空分布不匹配(如发电、生态等)、缓解洪灾压力等 (马永喜, 2016)。从本质上看, 这两种水利益共享形式并不互斥, 可同时存在, 即可通过水资源调控同时实现水资源的跨区转移利用和改善其他利益主体 (一般是下游国家) 的水利益获取条件。

水利益共享的补偿机制是水利益共享机制的保障机制, 相应的利益补偿既能保障利益主体 (尤其是利益让出方) 的利益, 又能促进利益主体主动参与利益共享。利益补偿是对各共享主体获得利益的均衡, 很大程度上取决于利益创造者的成本, 即成本的增加是补偿诉求的主要起因, 这种"成本"是指为了实现利益共享而增加的那部分成本, 与通常所指的成本不同。从成本变化的角度来说, 水利益共享又可分为付出型和共享型, 付出型是指利益创造者纯粹为了满足其他主体的利益需求而付出了高于现状的成本, 或者现状既得利益受到了损害, 因而利益创造者作为利益受损方向利益获得者要求补偿, 这种形式的利益补偿诉求通常能得到普遍认同; 共享型是指利益创造者在为自身创造利益的同时也为其他主体带来了利益, 这种情形下的利益补偿诉求还存在较大的争议, 一方面是由于利益创造者付出更大的成本并非纯粹地满足其他利益主体的需求而未得到认可, 另一方面是由于为其他利益主体所创造的利益在多种因素综合影响下尚未得到认可, 更甚者将其看作利益损害而反向要求补偿。因此, 利益补偿问题影响因素错综复杂, 在理论和实践方面都缺乏基础依据 (何大明等, 2016)。目前关于水利益补偿方面的研究还限于跨区调水的补偿 (马永喜, 2016, 2013) 和流域生态补偿方面 (卢新海和柯善淦, 2016; 曹莉萍等, 2019), 对于水资源利用之间的利益补偿研究尚浅 (陆文聪和马永喜, 2010)。

3.1.2　水利益共享的基本要求

水利益共享理念要求流域国家与其他国家进行必要的利益交换或合作与共享, 根据利益共享的理论基础和利益共享的实施过程和目的来看, 水利益共享有以下几项基本要求 (张长春和樊彦芳, 2018)。

1) 各国合作意愿

跨境流域的水利益共享往往是多方参与的过程, 各参与方作为共享利益主体共同构成一个整体, 因此合作是实现水利益共享的基本条件。从理论上讲, 跨境水利益共享主体为利益共享的参与国, 但跨境流域分布在各国的各个组分原是一个整体, 因此为了实现跨境水资源的合理利用, 流域各国应该进行合作, 以维持流域的连通性和整体性, 即跨境水利益共享主体应为流域各国。

从各国受益的角度来说, 跨境流域分布在不同的国家境内, 作为一个自然流域同样地会出现旱涝灾害, 以及水资源及水能资源的流失, 反过来说如果都不进行合作的话, 单靠一国的力量是无法有效抵抗灾害和高效利用, 只有各国合作起来, 对跨境流域进行综合性开发, 一方面可以共建水利工程、互通信息以共享其利益，另一方面也可以通过提高资源利用效率，从而减少对流域的开发程度，以维护生态系统健康和可持续性发展。

2）利益共识一致

利益共识一致是指对同一种利益的相同认可和具有可以同时满足的利益需求，无论是对同一种利益形式的认可存在互斥性时，还是不同流域国之间的利益需求具有互斥性而无法同时满足时，都无法实现利益共享。从根本上讲，各国在跨境流域上实施的一切活动都是为了满足自身利益，对于跨境水利益共享也是一样的，即只有当流域国之间具有一致的利益共识时，才会积极参与利益共享行为。因此，利益共识一致是实现跨境水利益共享的基本动力条件。利益共识一致既是对利益创造者的价值认同，也是利益共享各国形成联盟的前提。

3）总体利益增加

从博弈论的角度来说，任何联盟稳定存在的基本条件是成员的利益有所增加，甚至是在所有可存在的联盟中，成员在当前联盟中的可获得利益是最大的，才能保证当前联盟不被其他联盟代替。因此，各国水利益增加是水利益共享的核心所在。如果一国所得利益未得到增加时，那么当前的利益共享也将不复存在。

在实际共享过程中，无法保证每个利益共享参与国都能实现利益增加，而是通过各个国家之间的利益核算进行利益协调，从而使得每个参与国获得比单独行动时更多的利益，因此会涉及部分国家需要放弃部分利益转而获取其他形式利益。无论是直接获得利益增加还是间接获得利益增加，各参与国的利益总量都是增加的。

4）利益公平分配

无论是水资源共享还是水利益共享，其本质都是利益的分配问题，利益共享参与国家之间存在利益创造与享有，因此实现水利益共享的核心问题就是利益的公平分配，尤其需要保证利益创造者或付出方的利益，这是水利益共享基本保障条件。"公平"一词实际较为笼统，并非指绝对的利益分配平均，而是指主权上的平等，最初出现于国际河流利用涉水条法中（同国际水道、跨境河流等概念），是国际水法的最基本原则之一，支持流域各国都有权公平合理利用国际河流及其利益。在跨境水资源利用实践中，到底什么是公平，达到何种分配情形可称作为公平尚无定论，需要各参与国进行密切协商而确定。

3.2　水利益共享理念在跨境水资源利用中的应用

整体性和共享性是跨境水资源的典型特征（何艳梅，2012），这决定跨境水资源利用通常具有牵一发而动全身的效应，这两个典型特征既是跨境水资源极易出现争端的原因，也是可以实现水利益共享的条件，其中整体性特征是水利益共享的必要条件，共享性特征则对水利益共享提出了要求。水利益共享是一种实现利益最大化进而提高整体利益的理念,更具有补齐短板的作用,通过流域国之间的合作,可以在提高流域整体水资源利用效率的同时,更能满足一些社会经济发展中急需的水利益需求。因此,在跨境流域进行水利益共享具有理论可行性和现实必要性。

3.2.1　水利益共享理论框架

1) 理论解释

跨境水资源具有公共池塘资源性质,一国对水资源的利用必然会对另一国的水资源利用产生影响。1990 年,埃莉诺·奥斯特罗姆(Ostrom, 2002)提出了公共池塘资源(common pool resources,CPRs)概念(McKean, 2000),归纳了公共池塘资源自主治理的八条原则(张长春和樊彦芳,2018),包括明确公共池塘资源的边界和有权使用公共池塘资源的主体、制度安排和监督、冲突解决等。1966 年《赫尔辛基规则》第 4 条规定,"每个流域国在其领土范围内有权合理且公平地分摊国际流域水资源的利用效益"。跨境河流的流动性,使得流域各国水资源的利用紧密相连,一国的使用会对另一国产生外部性影响,如果外部性不能"内部化",就会降低水资源使用的整体效益(Qaddumi, 2008)。在水电开发利益共享理论方面,其主要针对一国范围内的水电开发,而跨境水利益共享与国内的水利益分配有所不同。Sadoff 和 Grey(2002)将跨境河流利益共享定义为"对通过合作产生的成本与收益进行重新分配的行为"。因为它涉及不同的国家,而不同的国家在政治制度、文化理念、法律法规等方面都会有差异,并且跨境水合作产生的利益哪些可以共享、谁有权利共享和如何实现共享等问题,需要利益相关者广泛协商才能达成共识。

水利益共享理论要求将水利益相关者视为一个整体,目的在于促进跨境水利益的最大化,强调的是各利益相关者都能获得最佳利益。对于跨境水资源开发利用与保护带来的正外部性和负外部性问题,如跨境水合作开发带来的水电、防洪等经济利益,应坚持公平、平等原则,在利益相关者之间进行分配,实现利益共享;如造成了利益相关者利益的损失,应与利益相关者友好协商,保证利益相关者实现利益最优化(Bhaduri and Liebe, 2013; Diop et al., 2009; Suhardiman and Giordano, 2014)。因此,利益共享不仅是缓解跨境水资源利用冲突的有效途径,而且还是跨界水合作的基本原则。

2) 基本理论要素

跨境流域与境内河流在开发模式上存有一定的共性,但由于跨境流域穿越了国界,其开发利用产生的影响被国际化,从而受到国际利益关系大环境的制约。在国际交往中,各国的利益诉求、内部固有分歧以及外来力量的制约等,都将成为跨境流域开发利用利益协调与利益共享的制约要素,主要包括:

①流域内地理、气候、生态和其他自然性质要素;

②水资源要素，包括河流水量、水质和水生态等特性要素；

③社会经济发展需求要素，包括水需求要素及非水需求要素；

④政治法律体制要素；

⑤传统文化理念要素；

⑥流域规划战略要素；

⑦周边关系环境要素；

⑧国际水法要素。

在跨境流域开发利用的利益协调过程中，必须综合考虑各种因素，兼顾彼此关切，这些必须考虑的要素就构成了跨境流域开发利益共享理论框架必须考虑的因素。通过权衡上述各类因素，在各流域国之间求同存异，调和冲突，达成共识，形成互利共赢的开发格局。因此，必须正视跨境流域问题的复杂性和艰巨性，把各种要素统筹考虑，寻求合理科学的解决途径，特别是要形成正确的思想理念，并辅以行之有效的对策措施加以调解，走出一条利益关系平衡、社会和谐稳定、周边关系良好的开发之路。

3）利益共享原则

从全世界范围内看，跨境流域利益争端解决的途径基本可分为三种类型：一是以强权甚至武力解决，压服、消灭其一方，满足战胜一方的利益；二是协调与共享，双方互让，和平解决，争取双赢局面；三是等待，搁置争议，顾大局，存小异。这第三种是时间上的拖延，并没有解决问题，但对创造条件，再协调解决极为有利，不失为一种"方式"。随着文明的进步和社会的发展，协调与共享逐渐成为解决利益冲突的主流方式。尤其是国家之间的利益冲突的解决，利益协调共享或利益制衡成为解决方式的首选。

（1）国际河流利益共享的主要环节

一般认为，利益共享主要有三大环节。第一环节是利益表达或利益诉求。只有利用有效的制度进行规范的利益表达，才能充分反映各自的意愿，进而维护、实现各自的切身利益。利益表达的主体和利益表达的渠道是国家利益表达两项基本的要素。国家利益表达的主体可以是政府及其部门、议会、地方当局、民间组织、个人或团体，利益表达的渠道可以是公开的或秘密的，有各个主体之间、国内外媒体舆论或第三方转达等。第二环节是利益平衡或利益比较。利益比较、平衡环节的任务是多方面的：不同时期、不同地区、不同类别、不同利益群体的相互比较；利益格局与措施效果的比较等。这个环节大可发挥专业人士的作用，使利益协调成为一个有准备、有深度，经得起时间与实践考验的成熟的方案。第三环节是利益调整，包括利益分配、利益调节和利益补偿，以及利益引导、利益制约和利益监督等内容。为保障利益调整结果延续下去、长期发挥作用，需要将利益的分配、调节和补偿措施，尤其是区域和群体利益调整的措施实现规范化、制度化、法律化。但国际利益调整中，国家主权是否属于利益调整的范畴是一个需要受到高度重视、严肃对待的问题。

（2）国际河流利益共享的主要原则

（a）公平合理利用原则

公平合理利用原则是国际水法中最基本的原则之一，源于多国共享水资源的水量分配原则。这一原则既是权利原则，但也体现了与之相关的义务。公平合理利用的概念具有普遍意义，在许多重要的国际公约和国际条约中都有直接或间接的反映，1966 年，国际法协会制订的《赫尔辛基规则》第二章国际河流水的公平利用第 4 条，"每个流域国在其领土范围内都有权合理且公平地分摊国际流域水资源的利用效益"；第 5 条，……"'享有合理、公平'的含义取决于每一特定情况下所有相关因素，相关因素包括以下几个方面……"；第 6 条，"任何国家在用水上不享有固定的比其他国家优先的权利"；第 7 条，"……不得取消任何流域国目前合理的用水……"。《航运行使用法》第 5 条，"公平合理地使用和参与……河流沿岸国家在它们各自的领土内以公平和合理的方式利用国际河流……河流沿岸国家应以公平合理的方式参与国际河流的使用、开发和保护……"等。这些都表达了一个共同的主题，即承认当事国在对有关国际河流的使用和收益方面有着平等的、相关的权利。

（b）不造成重大损害原则

这是国际水法中另一个重要的基本原则，该原则是指一个或多个国家应以不对其他流域国家造成损害的方式利用国际水道的水，这是相关国家的行为义务。《国际水道非航行使用法公约》第 7 条，"不造成重大损害的义务：ⅰ）水道国需做出适当努力，以不致对其他水道国造成重大损害的方式利用国际水道；ⅱ）在做出适当的努力后仍对另一个水道国造成重大损害的情景下，如果没有有关使用的协议，使用引起损害的国家应同受害国就下列事项磋商：（ⅰ）顾及第 6 条所列因素，证实这种使用为公平合理的限度；（ⅱ）对使用方法进行特别调整以消除或减轻所造成的损害问题，以及斟酌情况给予补偿的问题。"

作为一个否定性条款，"无损害"原则在一定程度上限制了国家在开发其境内水资源的主权自由，其限制程度依赖于对"无损害"的规定。

（c）一般合作原则

鉴于国际河流的整体性，以及流域内各国开发利用间的相互关联性与相互影响，为实现国际河流的可持续发展或为实现国际河流水资源的永续利用，其基本条件和重要基础是各国间进行合作。《国际水道非航行使用法公约》第 8 条，"一般合作义务是指水道国应在主权平等、领土完整和相互得利的基础上进行合作，以便实现国际水道的最佳利用和充分保护"。《国际水道非航行使用法公约》首次在国际水法中规定合作义务，并将其作为最根本的原则之一。它体现了国际水法在推动国际河流的综合开发与管理中,国家间合作的必要性与重要性的发展趋势。

（d）互通信息与资料原则

互通信息与资料是对流域基本概况进行分析和了解的基础,是对全流域进行统一规划与管理的基本条件。该原则在《国际水道非航行使用法公约》中是以"定期交换数据和资料"的方式提出来的。互通信息与资料的义务原则是为确保公平合理利用国际水道,对各水道相互交换必要的数据和资料的最一般的、最起码的要求。该原则是"一般合作义务"的具体应用和体现,对有效保护国际水道、保持水质和防止污染具有特别重要意义。

（e）维持与保护水资源及其生态系统原则

淡水资源作为人类及其他陆地生物生存与发展的必需资源,维持和保护淡水资源及其生态系统的基本生态进程,实现其永续利用不仅具有重大意义,而且是实现可持续发展战略的重要组成部分。《赫尔辛基规则》第三章"污染",第 4 条,"……要求每个国家:必须防止在协约国领土内产生新的污染或增加原污染的程度,以免造成严重损害……,应当采取各种合理措施来减轻国际河流现有的污染,至少在协约国领土内不引起重大损害"。第 10 条,"为了与在国际河流中平等用水原则一致,要求每个国家:①必须防止在协约国领土内产生新的污染或增加原污染的程度,以免造成严重损害;②应当采取各种合理措施来减轻国际河流现有的污染,至少在协约国领土内不引起重大危害。"

随着经济的发展,水生态系统和人类活动之间的相互作用已变得越来越复杂,在流域的开发活动中有可能损害和摧毁流域生态系统作为生命维持系统的功能,破坏生态系统的平衡,从而导致其发展不能持续,在国际水法中制定本项义务就是针对这一问题而提出的。

（f）补偿原则

这一原则是根据国际河流水资源作为多个国家共享资源的特点而制定的。在国际水法中承认补偿原则,不但是保证他国的经济利益不受损害,而且也是尊重有关国家的主权权利的具体表现。《赫尔辛基规则》第 1 条第 1 款,"……并赔款由于水污染而受到损害的协约国的损失";《国际水道非航行使用法公约》第 7 条第 2 款,"……以及斟酌情况给予补偿的问题"。

需要说明的是,尽管上述 6 条原则已为跨境流域各流域国所熟知,但"公平合理利用"和"不造成重大损害"原则始终居于中心位置,它们是国际水法的基础。而实际上,即使是这两条基础原则,在实践中往往互相矛盾,因为有时合理的利用也不可避免对其他流域国的现状用水及既得利益产生影响甚至损害,这在地处上游、开发利用程度相对下游仍较低的流域国表现十分明显。因此,在当前的跨境流域利益协商中,各国一般都强调对自身有利的原则,尤其对拥有多条特点各异的跨境流域国家来说,难以就上述原则形成一个相对一致的总框架,而是根据具体的河流情况，分别强调不同的侧重点。

3.2.2　水利益共享模式

在跨境水利益共享中，创造利益的形式主要有维护水资源系统而创造利益、通过项目建设而创造利益，获得利益的形式主要有通过参与项目建设而分得利益、通过其他利益主体项目建设或维护而获得利益、通过其他利益主体因补偿损失而获得利益。从共享主体创造利益和获得利益的形式可将水利益共享分为以下几类模式。

1）共同维护，共同享有

流域国共同承担维护跨境河流水资源系统的义务，使其不发生重大变化，保持可利用状态即可，各流域国共同享有水利益。这种模式多出现在流域国共同维持流域生态健康和环境保护方面，尤其是对于利用条件较好的跨境流域，只需要保持好现状就可以满足流域国的水利益需求，其中最为典型的是共享界河。

2）共同建设，共同享有

流域国共同承担参与项目建设的责任，按一定比例分摊项目建设与维护成本，并按一定比例分配建设项目所产生的水利益。一般成本分摊比例考虑参与国的经济水平，利益分配比例则考虑受益方对项目的贡献水平，包含分摊的成本和不可替代的贡献，如占地贡献或径流贡献等。这种模式较多出现在共同开发的水资源开发利用项目中，如水电项目、灌溉项目等。

3）建设项目，受益补偿

部分流域国或单独建设水资源开发利用项目，所建设的项目同时为其他国家（通常是下游用水国家）带来利益，受益国家对项目建设国家进行成本补偿。这种利益共享模式是目前最受争议的，对项目建设方的成本认可尚任重道远。

4）建设项目，受损补偿

相关流域国建设的水资源开发利用项目对其他流域国带来了不利影响，使得部分国家（一般是下游国家）的利益受损，从而要求项目建设国家进行赔偿。这种模式实质上是利益受损国家配合项目建设国家，提高整体水利益，而受损国家通过利益补偿获得利益。

5）跨区利用，利益补偿

通过在利益共享主体之间转移水资源利用，是转让方将原属自身利用的水资源转移至其他受让方所在地进行利用，受让方对转让方进行利益补偿，满足受让方的利益需求或提高水资源利用效率。这种利益共享模式在跨区域调水或水权交易中较为多见。

以上各水利益共享模式是为了提高人们对水利益共享的认知和应用，从水利益共享理论和实践中抽象出来的结果，这些水利益共享模式并不是一成不变的，随着人类社会的发展及其对水资源需求的变化，未来还会有新的利益共享模式出现。

　　由于水资源的多功能性，流域国在跨境流域的利益通常是多种利用目标同时存在的，以建设项目为代表的水资源利用在带来利益的同时，不免会对其他形式的利益造成不利影响，因此受益与利益补偿往往同时存在，即水利益共享模式并不是单一存在的，而是具有多种模式的特征，如根据国际水法中的无害利用和维持河流生态健康的原则，各流域国都有维持河流生态健康、保护环境的义务，即在跨境流域中都存在共同维护、共同享有的水利益共享模式，又如项目建设通常会带来一系列的影响，包含正面影响和负面影响，因而会同时存在受益补偿和受损补偿模式。

　　对跨境流域而言，各流域国因水一脉相承，各国虽在社会、经济、文化、科技、地理位置等诸多方面存在差异性，但都在流域中享有相同或不同的水利益，具体采用哪种水利益共享模式需要根据各国实际需求，以及流域实际情况进行因地制宜地具体分析。

　　澜湄流域自然地理及水系条件多变，各国利用目标多元化且存在竞争性，适宜开展水利益共享开发。典型的利用目标主要分为水量消耗类、水量调控类，水量消耗类目标主要有灌溉、工业用水、生活用水等，水量调控类目标主要有航运、养殖、生态、防洪、发电等，从流域整体层面来说，不同的利用目标可采用不同的水利益共享模式。如生活和工业用水用以支撑居民基本需求和工业发展需求，均为一国的硬性水资源需求，可通过以本国供水为主、他国供水为辅的模式满足需求；灌溉用水追求的是粮食产量或产值，尤其当水量不足以满足流域各国的粮食需求时，可采用优先满足农业生产效率较高国家的灌溉目标，而后通过初始水权进行粮食产量或产值补偿与共享，以提高流域粮食总产量；航运、生态、防洪是河道水量维持性利用目标，由于澜湄流域水资源时空分配不均，因此可采用因地制宜地蓄放水、上游补充下游的模式满足河道水文条件；水电开发是一类较为特殊的利用目标，通常体现为改变水量时间分配而较少影响水量，以建库建坝蓄水的形式较多，可采用合作开发、补偿调节、兼顾其他利用目标等模式。不同的利用目标对水文条件需求也不同，对水资源利用的跨境影响也不同，在实际水资源开发利益共享时需要具体情况具体分析。

　　从澜湄流域水资源利用目标来看，灌溉用水是全流域的"耗水大户"，也是用水矛盾性最显著的领域，结合澜湄流域各国水资源利益诉求差异大的问题，本书考虑在灌溉用水方面进行尝试与探索，即打破国界限制，从流域层面考虑整体灌溉目标的满足水平，提高现状灌溉满足水平，实现灌溉效益的最大化。

3.2.3　水利益共享的实现过程

　　跨境水利益共享实践中通常需要完成利益共享领域判识、利益共享模式确定、成本和利益核算、利益补偿与协调分析等过程。

1）利益共享领域判识

根据各国的实际水利益需求，判别可能进行水利益共享的领域，如预先确定可能产生的水利益形式及其可共享性，并向相关流域国提出合作意向，共同商讨合作的可能性。重点磋商对预期增加利益的一致性认识，只有预期的利益得到各方的一致认可时，才能讨论共享事宜，从而实现水利益共享。

2）利益共享模式确定

一旦确定了利益共享领域，那么各利益共享主体在该利益共享中的获益情况也就基本确定了，因而水利益共享模式主要根据利益共享领域确定。水利益共享模式的确定对于建立水利益共享机制和水利益补偿机制具有重大作用。

3）成本和利益核算

成本和利益核算是进行公平利益共享与补偿的基础。其中成本包括建设成本和维护成本，建设成本又包括直接经济支出和支撑项目的资源消耗性支出。利益主要是计算合作带来的总利益增量，包括经济利益和社会利益。相对于成本计算来说，利益核算更加复杂，甚至很多形式的利益难以进行量化描述，此时只能通过各参与国家进行商议确定。其中利益与成本的关系也决定着利益共享合作的可行性。

4）利益补偿与协调分析

利益补偿主要根据各国在合作中的成本支出和获利益量，对于可量化的经济利益通常重点考虑成本分摊比例进行分享或补偿，对于难以计算的利益则只能通过国家之间进行商议，从而确定一种各方都能接受的补偿方式。

从上述水利益共享的实现过程来看，对水利益的量化是其中的难点。同一利益形式在不同国家中的存在价值存在一定的差异性，即水利益的量化受到各国对该利益形式的需求程度的影响。一般而言，水利益共享合作中所产生的水利益是多样化的，不同形式水利益的量化和统一使得水利益的核算显得尤为困难，也是阻碍跨境水合作的重要原因之一。

3.2.4　水利益计算及共享机制

3.2.4.1　水利益计算

很多研究只是指出了水利益计算的理论或者分析框架，并没有具体的计算方法（Lee, 2015; Qaddumi, 2008; Escobar et al., 2016），主要原因是很多跨境河流涉及水量、发电、防洪、灌溉、航运等复杂的水利益，尤其是可分配水量、流域水利益的计算是进行跨境流域水利益共享的主要技术障碍之一（刘艳丽等, 2019）。本书从流域的水资源开发利用或保护活动对水利益的影响角度，通过水利益的变化来度量全流域水利益和水利益分配,创新性地解决跨境流域水利益计算的难题。

水利益除了生态环境保护是其自然利益以外,其他都是由对河流的开发利用所产生的。澜湄流域水资源的主要开发利用目标,根据其利用方式的不同可分为以下 6 种形式:发电、航运、灌溉、防灾(防洪和抗旱)、城市生活用水和旅游等。

但这些利益是相互依存和相互制约的,当澜湄流域内某一国家为某一水利益目标进行水资源开发利用时,可能会改变整个流域内水资源的总量和分布状态,也会对流域内其他国家的水资源开发利用产生影响。而全流域水利益共享的关键,就是在兼顾各国公平合理地利用水资源的基础上,统筹整个流域的水资源开发,使全流域总的水利益最大化。

受流域各国各种水资源利用方式以及水资源量统计方法的影响,流域总的水利益很难估算。但是,可以通过评估流域水资源开发利用活动带来的全流域的水利益变化量来予以估算。具体阐释如下:

发电效益主要是指水电站修建前后的经济差别。假设流域内各国水电的处理不会相互影响,则发电效益为

$$E_f = \sum_{i=1}^{N} \Delta VE_i \tag{3-1}$$

式中,ΔVE_i 为水电站修建前后的效益差,N 为流域国家数。

航运效益主要体现为通航里程 L、保证率 GS 和通航吨位 T 发生的变化。假定航运效益 S_f 与 L、GS、T 呈线性比例关系(文云冬,2016;李奔,2010),其系数是 L、GS、T 变化率的指数函数,那么

$$S_f = \lambda_s \times \Delta V_s$$
$$\lambda_s = (\frac{L'}{L})\alpha_s (\frac{GS'}{GS})\beta_s (\frac{T'}{T})\gamma_s - 1 \tag{3-2}$$

式中,ΔV_s 为流域在水电工程开发、疏浚等工程之前的航运效益;L'、GS'、T'分别为流域在水电工程开发、疏浚等之后的通航里程、保证率和通航吨位;α_s、β_s、γ_s分别为归一化后的边际效应常数。

灌溉效益是指在灌溉工程修建和上游水源涵养(水土保持)后,农作物产品交易后所增加的产值。水利工程开发、上游流域水土保持等可增加灌溉面积和提高保证率,从而增加灌溉效益。类似地,假定灌溉效益 I_f 与灌溉面积 A、灌溉保证率 GI 呈线性比例关系,那么

$$I_f = \lambda_I \times \Delta V_I$$
$$\lambda_I = (\frac{A'}{A})\alpha_I (\frac{GI'}{GI})\beta_I - 1 \tag{3-3}$$

式中,ΔV_I 为水电站建设、上游水土保持等流域开发或保护活动后增加的灌溉效

益；A'、GI'分别为流域开发或保护活动后的灌溉面积和灌溉保证率；α_I、β_I分别为归一化后的边际效应常数。

防灾效益包括防洪效益和抗旱效益。防洪效益表现为流域内各国多年平均洪灾损失的减少值。在此采用频率法来计算防洪效益，用 f_1、f_2 分别表示有、无水电工程时流域所能抵御的洪水频率，相对应的淹没损失为 u_1、u_2，那么流域的年平均防洪效益为

$$F_f = (f_1 - f_2) \times \frac{f_1 + f_2}{2} \times \frac{u_2 + u_1}{2} \tag{3-4}$$

类似地，抗旱效益为水电工程建设后同等旱灾频率下所能减少的旱灾损失，抗旱效益为

$$D_f = (\mathrm{d}f_2 - \mathrm{d}f_1) \times \frac{\mathrm{d}f_2 + \mathrm{d}f_1}{2} \times \frac{h_2 + h_1}{2} \tag{3-5}$$

式中，$\mathrm{d}f_1$、$\mathrm{d}f_2$ 分别为有、无水电工程时流域所能抵御的干旱频率，相对应的旱灾损失以 h_1、h_2 来表示。

旅游效益包括酒店、景点门票、餐饮和交通等与旅游相关的收入。客流量的大小是关键因素，因而应用客流量的变化来反映旅游效益的变化，则旅游效益为

$$T_f = \lambda_T \times \Delta V_T$$
$$\lambda_T = \left(\frac{P'}{P}\right)^{\alpha_T} - 1 \tag{3-6}$$

式中，ΔV_T 为水电站建设、上游水土保持等流域开发或保护活动后增加的旅游效益；P、P'分别为流域开发或保护活动前后的客流量；α_T 为归一化后的边际效应常数。

工业用水和生活用水效益的增加体现在供水量增加和供水保证率提高。与灌溉效益类似，工业用水效益的增加可表示为

$$C_f = \lambda_C \times \Delta V_C$$
$$\lambda_C = \left(\frac{WC'}{WC}\right)^{\alpha_C} \left(\frac{GC'}{GC}\right)^{\beta_C} - 1 \tag{3-7}$$

式中，WC、WC'为流域开发或保护活动前后的供水量，m^3；GC、GC'表示流域开发或保护活动后的工业供水量和供水保证率；α_C、β_C 分别为归一化后的边际效应常数。

生活用水效益的增加可表示为

$$L_f = \lambda_L \times \Delta V_L$$
$$\lambda_L = \left(\frac{WL'}{WL}\right)^{\alpha_L} \left(\frac{GL'}{GL}\right)^{\beta_L} - 1 \tag{3-8}$$

式中，WL、WL'表示流域开发或保护活动前后的供水量，m^3；GL、GL'表示流域

开发或保护活动后的生活用水供水量和生活用水保证率；α_L、β_L 分别为归一化后的边际效应常数。

流域水资源的开发利用活动对生态环境保护造成了影响，主要是为保护水生动植物和珍稀物种所支付的社会成本之和，即

$$CT = \sum_{i=1}^{N_k} CS_i + \sum_{j=1}^{M_k} CR_j \tag{3-9}$$

式中，CS_i 为为保护第 i 种不可自行修复的普通物种付出的社会价值，N_k 表示不可自行修复的普通物种数，CR_j 表示为保护第 j 种不可自行修复的珍稀物种付出的社会价值，M_k 表示不可自行修复的珍稀物种数。

综上所述，考虑到发电、航运、灌溉、防洪和抗旱效益的互相依存和制约，这些利益存在着博弈关系，生活用水和工业用水是需要优先保障的水利益；为保护水生动植物和珍稀物种所支付的社会成本之和是必须要支出的成本。那么全流域对水资源的开发利用或保护活动带来的总体水利益（变化）为

$$BW_f = (E_f, S_f, I_f, F_f, D_f, T_f) + (C_f + L_f) - CT \tag{3-10}$$

式中的各项水利益的计算，具体是转换为货币形式的。利益计算中的单位效益即是其市场价格的体现。最优决策是实现式（3-10）的利益最大化，也就是求得的极大值。

应用水利益的变化量来表达全流域水利益，不仅解决了流域整体水利益难以计算的难题，也可以用于评估流域的水资源开发利用和保护活动，以推进全流域水资源可持续管理的决策。同时，也便于计算流域各种活动的效益和成本，促进全流域水利益共享。

3.2.4.2　水利益共享机制

跨境流域合作是水利益共享的重要前提，包括冲突解决和利益协调，其本质是要实现流域各国的共同利益最大化，彼此之间拥有的共同利益越多，开展流域合作的可能性就越大，越容易实现流域各国因合作而产生的收益共享与责任分担，从而能降低潜在的冲突程度（Turton et al., 2003）。哥伦比亚河的开发就是美国和加拿大两国寻求共同利益的典型，美国有防洪需求，加拿大需要电力，两国于 1961年达成了《加拿大和美国关于合作开发哥伦比亚河流域水资源条约》，更好地开发了哥伦比亚河的防洪和发电效益，基于合作共赢的目的，在满足双方各自利益的同时实现了共同利益最大化。据统计，2003 年之后加拿大平均每年可分得 50 万 kW装机的相应电量，约合 2 亿美元，1972 年哥伦比亚河洪水中由于上下游水库联合调度，使下游范库佛市的洪水位比天然情况降低了 3 m，避免了 2.5 亿美元洪灾损失（钟勇等，2016）。

水利益共享并不是要将全流域所有的水利益共享，基于水利益共享的水资源

分配主要有以下原则：①"不造成重大损害"和"公平合理利用"原则下，共享的是流域国水资源的使用权；②作为第一重要次序的生活用水利益要优先保证；③承认已有的水资源利用；④基于水利益共享的水资源分配，主要是共享由于一国的水资源开发为流域带来的水资源利益，通常是指上游的水资源开发利用对下游河道流量的积极影响；⑤水资源的开发利用或者保护活动，需要利益获取方对利益受损方以补偿。

　　跨境流域的水资源分配，除了工农业生活用水等消耗性用水以外更多的是水资源利益的分配。对流域内的水资源开发利用或用水规划，可通过使式（3-10）中 BW_f 最大来实现流域利益最大化，在兼顾流域各国用水基本需求的前提下，求得流域的最佳水资源分配方案。值得注意的是，使得式（3-10）中 BW_f 最大化，求得的是各种在原有基础上水资源分配增量的变化，并不是水资源分配的绝对量。

　　目前国际上并没有通用跨境水分配方案（Wolf，1999；Salman，2007），主要原因是流域国之间的社会经济和环境差异（Degefu et al.，2016）。上游国、后开发国家主张"公平合理己用原则"，而下游国、先开发国家则力主"不造成重大损害"原则，大多数情况下，由于水的流向是单向的，人们往往认为只有上游损害下游，但实际上下游国家特别是冲积平原地区的国家，由于其优越的自然条件，其在灌溉、城市建设和经济发展等方面对水资源的开发历史较长，具有先期优势，这种对既得用水权的保护有可能对上游国家的水资源利用权益亦造成损害。因而，上述提出的基于水利益共享的水资源分配原则，主要在兼顾上、下游水资源利用权益的前提下，尽可能地在流域内的水资源开发利用或保护活动中求得全流域水利益最大化，通过相应的水利益分配和补偿等实现全流域公平合理利用。

3.3　跨境水资源分配的主要原则及分配模式

3.3.1　跨境流域水资源分配的主要原则

　　随着全球跨境流域人口的不断增长，跨境流域水资源压力不断加大，对现有水资源的争夺引发的矛盾日益增多，因此明晰水量（权）分配一直是跨境流域开发利益协调问题的重中之重。在长期实践中，先后出现了以下十二条跨境流域水资源分配的"常见原则"。

　　1）以需求为基础的原则

　　典型的例子是埃及与苏丹、以色列与巴勒斯坦的水量分配案例。这些水量分配成功案例，既不是以水文地理学的"权力"为基础，也不是特别基于利用的年代，而是以"需求"为基础。埃及与苏丹于 1929 年、1959 年分别签署的关于尼罗河水量分配协议，主要是依据农业用水需求达成的——埃及由于其人口较多、灌溉工程大而分得较多的尼罗河水量。1995 年，以色列第一次承认巴勒斯坦在西海岸的水权，通过临时协议方式，以色列同意在过渡期内每年从约旦河向巴勒斯坦提供 2860 万 m³ 的淡水。

2）尊重现状用水原则

即尊重历史，保护居先利用，时先权先，不使已有的权利受到损害。例如，在尼罗河的 6 个条约均体现了保护埃及、苏丹的居先利用；1944 年秘鲁与厄瓜多尔边界划定后，秘鲁仍继续向厄瓜多尔供水以保护其居先利用；美国与加拿大及墨西哥之间的边界水协议，均包含了居先利用条款，实际上强调尊重现状用水原则。尊重现状用水原则看似合理，但在各流域国开发利用不平衡的情形下（绝大多数跨境流域都是如此），对后开发的流域国是不公平的。

3）自主开发利用原则

自主开发利用原则的典型案例是美国与加拿大于 1909 年签订的《边界水域条约》，该条约第二条规定各方有权"独自管理和控制边界线以内以及沿自然水道流经或流入边界水域的所有水的利用"。美国和墨西哥之间的边界水协议也有类似条款，美国利用这一原则成功维护了其作为上游国的利益。可以看出，尽管该原则强调了主权平等，但常与以需求为基础的原则、尊重现状用水原则相悖。

4）平均分配水量原则

指在跨境流域各流域国之间尽量均分水源，即基本上实行平均分配的原则。例如，印度和孟加拉国间的恒河分水就是采取在国界处水量等分的方法。这与"公平"的最低层次——"绝对数量相等"一致，但与以需求为基础的原则相悖。

5）优先利用顺序原则

1997 年《国际水道非航行使用法公约》建议"重要的人类需求"应给予"特别的关注"。对于优先顺序的规定案例，美国与加拿大之间的《边界水域条约》中确定"生活、卫生、航运、发电、灌溉"是一个典型。美国与墨西哥之间的边界水协议中"生活、农业、电力、其他工业、航运、渔业和其他有效利用"则主张了另外 7 个因素。该原则在跨境流域利益协调中具有一定的合理性，但会与各流域国开发利用的目标冲突，在实践中难以取得一致。

6）按产水贡献量比例分水原则

即以国际河流上下游国的产水比例作为两国之间水量分配比例，进行国际河流水量的分配。但考虑到生态需水问题，为保证河道生态需水，可对这一比例及时进行调整。如加拿大的州际分水，各州允许的用水量为州内流域产水量的一半加上上游来水量的一半，但在跨境流域各流域国间的分配，目前尚未见有据此原则的报道。因此，该原则仍只停留在理论层面。

7）按流域面积分水原则

在流域国家分处左右岸的国际河流，即界河，按流域面积分水比较合理。

8）支流绝对主权原则

国家对非跨境流域水资源（包括支流）享有自主开发的权利。如印度和尼泊尔 1996 年 2 月 12 日就马哈卡河达成了有效期限为 75 年的分水协议。支流并不纳入国际河流范畴，而由自己决定开发利用。该原则试图兼顾主权平等与跨境流域各流域国的公平利用，但对那些支流汇入水量较大的跨界河干流而言，对非跨境流域水资源（包括支流）的自主开发，可能违背"不造成重大危害的原则"。

9）预留生态需水原则

在水资源紧缺地区，由于水资源承载力十分有限或进一步开发利用水资源余地不大时，应保障生态环境用水需求。在现实用水中，水资源紧缺后最容易使生态环境用水被侵占。为此，应将生态需水的分配纳入较前的宏观分配的原则之中，使其在逻辑顺序上超越于社会经济部门用水。澳大利亚墨累河流域的水权实践中，首先设定生态需水量对流域社会经济水权进行"封顶"的做法已经获得成功，其中正反映了生态需水预先分配的原则。

10）地域优先原则

一般说来，地区对本地产水量优先拥有使用权，它主要适用于跨界的流域上下游之间的水权分配。尤其是对共同流域的水权进行初始分配，需要在高度独立的几个利益主体之间进行协调。如果现状用水跨越国界的地区分配高度不平衡，就必须考虑地域优先原则。对于确定流域内不同地区在水权分配中的优先顺序，地域优先原则是必要的。

首先，水权分配涉及地区长远的用水利益，必须从发展的观点进行权衡，保障现在社会经济落后而用水较少的地区在水权期限内增加用水发展的正当要求。这是尊重地区发展权利和兼顾发展需水基本要求。其次，以两国为例，即使仅考虑现状用水，也不能局限于当地的水资源供需情况，而应该在大的流域单元水平上考虑区内统筹的要求。地域优先原则并不必然和提高用水效率的目标冲突。从表面看来，由于地域优先原则主要是针对那些相对落后和用水较少的少有地区的利益而设立，而这些地区的水资源开发利用率一般较低，且在短期内不会迅速增加其用水需求，是否会因此发生因水资源配置高度不平衡而严重浪费的问题？实际上，在建立明确的水权制度之后，上游和下游地区之间的水资源约束一松一紧，必定通过市场流转的方式交换水权。同时，由于在社会经济落后而水资源相对于过剩的上游地区，用水的边际效益一般远远低于下游地区，水权流转的交易价格必定较低，下游地区易于接受。这样，既保障了上游地区的发展权，又不会发生水资源的闲置浪费，符合效率目标。

11）第三方无损害原则

由于水资源的诸多特殊性质，它的开发利用常常会影响当事人之外其他人的利益。或者说，水资源的开发利用具有外部性。在经济学中，为了消除外部性，就必须尽可能明确产权，对水权交易中的外部影响在交易中进行补偿。这是针对可能明确产权交易而言的第三方无损害原则。在目前大的国际社会背景下，双边协议的执行基本上以不影响第三方利益为原则，这已成为国际社会的普遍共识。

12）合理补偿原则

由于开发损害了其他国家利益，造成发电量损失或淹没土地而进行必要补偿是常见的。

由于必须根据用水量的约束和提高效率的要求等在各地区各部门和各用水户之间进行显著的调整，因此涉及对受损者进行必要补偿的问题。合理补偿原则是提高效率原则的配套原则或保障原则，它的执行将保证提高效率原则顺利实施，并保证节水目的最终实现。对于流量短缺的河流来说，如果按照以上原则对水权进行界定导致流域不同地区水资源利用上的损益，获益的国家应向受损害方进行适度补偿。在水资源总量不足情况下对部门用水按照一定顺序进行消减，也会导致某些排序靠后的用水部门发生严重损失，而造成实施困难的局面。通过适当的补偿，可以有助于化解矛盾和冲突，使分配方案顺利落实。

合理补偿原则还涉及水质问题。在向工业部门分配水资源使用权时，必须注意可能造成的水质污染对周边相关农业和生活用水的不利影响，在对水质和水量统筹的基础上进行水权分配，也意味着对水质影响做出合理安排，即规定水污染责任方对其他用水者的补偿方案。

一定程度上，合理补偿原则是针对提前发生的水权交易的原则。在前述原则体系的框架内，如果当前的分配方案难以使相互冲突的各国利益达到一致，在水权分配之外，可通过其他形式的经济补偿平衡各方利益。从根本上说，要兼顾公平与效率，兼顾现实需要和未来发展，都不可避免涉及补偿原则的运用。

3.3.2 　跨境流域水资源分配模式

若将流域水系作为一个整体系统，其水分配模式可分为三种：全局分配、项目分配和按整体流域规划进行分配。三种模式所涉及的范围和考虑的因素各不相同。实践中，采取何种模式，除与流域水资源的开发和管理状况（特别是流域各国的取水方式，如：从边界河流取水、跨流域取水或上下游取水、从共建项目取水等）有关外，还与流域各国相互间的关系和合作程度有关。

1）全局分配

全局分配是根据各国都能接受的准则，通过协议将某种标准下的流域水资源量分配给各流域国。流域各国在其分配的水量的额度内，可较自由地利用，不必考虑地区的共同利益。此种分配一般适用于流域各国间没有密切的合作关系、其流域管理机构和相应的法律或政策建设都不完善的情况。

此种分配最大的优点是流域各国都知道其所能使用的水资源的数量，不需要政治上的密切合作，在没有完善的水管理法律条文和机制下也能操作，避免漫长的协商过程和一些难以处理的利害关系。由于简单易行，全局分配成为国际河流水分配的主要模式，如美国和墨西哥对科罗拉多河和格兰德河的水分配、印度和巴基斯坦对印度河的水分配、埃及和苏丹对尼罗河的水分配。但该分配的不利之处在于，这种分配不能适应流域各国社会和经济发展对水需求的不断变化。同时，由于全球环境变化，流域水资源系统本身也在变化。当这些变化导致供需双方失衡时，就需要重新分配水资源。如果有一个流域国不打算根据协议放弃它的部分水权，就会发生冲突。那时若无联合机构和合作精神，情况就会复杂化。例如，埃及与苏丹对尼罗河水的分配，就完全没有考虑上游国的用水，随着上游国的发展，必然产生流域的用水矛盾，而且也不利于河流生态的维护。

同时，由于水的流动性和多用途性，流域各国（特别是流域的上游国家）在利用时如若不考虑对毗邻地区的影响，不能使有限的水资源最佳利用，还会带来跨境的负面影响，影响发挥其最大的整体综合效益。因此，全局分配不利于流域国家间相互合作，留有隐患。并且打破了流域水系的整体性和不可分割性，不符合当前国际河流合作开发和协调管理的趋势。大多数情况下，此类分配出现在一个强大的和一个弱小的国家之间。

2）项目分配

项目分配是在不考虑流域综合规划和全流域水分配的情况下，为满足沿岸国家的水需求，而按某一个专门项目所开发和控制的水资源进行分配。参与项目的各方通过协商，签署协议共同分配项目的水资源。这类分配不考虑流域规划，只考虑个别的项目，是一种局部的合作分配。

按项目分配最多见于双边合作，有时是项目的水资源和项目投资一齐分配的。沿岸国家不得不根据各专门项目进行会谈和不时地修改法律文件，因此，它需要有足够的财力支持，并要参与方密切合作才能成功。有时为了适应整体流域合作开发和保护的需要，特别是当有下游国家提出异议或上游国家的开发改变了项目的水资源条件时，就要不时地修改有关分水法律文件。因此，此种分配方法会减缓流域水资源的开发过程。目前许多国际河流的合作方一般不接受此类分配。

项目分配，各方分得的水资源视项目的性质和大小而定，双方可以协商各自所需要的水资源量，不一定相等，但项目的费用一般则按水分配比例分摊。例如，美国和墨西哥之间在边界河流格兰德河上合建的法尔松水库，其水量分配比例为：美国占库容的 58.6%，墨西哥占库容的 41.4%。同时，该水库工程兴建和运营的费用也按此比例分摊。

3）整体流域规划分配

整体流域规划分配是依据协约方认可的流域开发规划方案，或者为了实施协议的计划，为满足沿岸各国水需求而进行流域水资源分配。这一过程要求从最基本的社区和最小生态环境用水到流域区、流域国直至全流域用水，逐级满足目标，递进求解。此种分配的前提是要有协议各方认可的综合流域规划，并要求流域各国之间有友好的协作关系并密切合作，流域各国间的信任和合作程度、技术支撑能力和综合流域规划方案的完备程度，是此类水分配模式是否成功的关键。一般而言，由于制定或实施为各方认可的综合流域规划方案，涉及更广泛的国际政治、经济和环境关系，比单独分配水资源更难。一旦有了此综合规划方案，沿岸国家进行水资源分配的合作只是协调性的，相对容易。因此，此类水资源分配模式，一般适用于流域各国关系友好，有较完善流域法律和管理机制的情况。只有这样，流域各国之间才能充分地交换资料、分享信息、协商意见，并充分考虑各方的利益和义务。采用此分配模式，较能最大限度地照顾各方的利益，符合流域整体开发和可持续发展的趋势，为许多国家所接受。

按此模式分配水资源，为确保公平合理和最优利用，流域各国的水规划专家组必须在与总体流域方案相协调的基础上，制定共享水资源的规划。规划要能充分考虑各沿岸国不断增长的水需求，以使分配方案具有较长的适用时期，能促进流域各国持续的合作。由于利害关系的冲突，目前很多国际河流不是按此方式进行合作和分配水资源的。例如，自 1948 年以来缔约的 23 个国际河流流域组织中，只有 15 个国际河流组织的沿岸国家，进行了整体水资源规划和开发合作。可借鉴的一个类似案例是澳大利亚的 Murray-Darling 河流域的水分配（Bellamy et al.，2002），它虽然不是国际河流，但每年都按整体流域规划在各州间进行水分配。

3.4   澜湄流域水资源复合分配模式探讨

水资源分配模式是一种概念性模式，反映跨境水资源整体利用与共享的程度。水利益共享中的共享利益源于水资源的分配利用，因此合理的水资源分配是水利益共享的基础。澜湄流域贯穿整个东南亚并联系着各国的经济社会发展，根本原因在于水资源的连通性和共享性，因此水资源的公平合理共享与分配是地区合作与稳定发展的关键与基础（何艳梅，2012；Dinar，2002）。澜湄流域目前尚无全流域水资源分配方案，水资源利用效率较低，容易发生用水矛盾，为了提高水资源利用效率和促进澜湄合作进程，急需建立适合澜湄流域的水资源分配模式，为开展水资源及其开发利益分配与共享打下基础（雷建锋，2014）。相比于其他跨境流域水资源研究进展，澜湄流域水资源综合利用方面研究较为滞后（Hirsch，2012；陈丽晖和何大明，2001），尤其在水资源分配方面涉足较浅（屠酥，2016）。在澜湄合作机制下，合作发展趋势对与之相适应的水资源分配模式提出了要求，同时也对这种水资源分配模式的实施提供了国际环境。

首先从历史的角度梳理澜湄流域合作的发展历程，明确了水利益共享理念在澜湄流域的合作基础，基于国际上已有的跨境水资源基本分配模式的特点，并针对澜湄流域实际水资源利用问题，提出一种适应性的澜湄流域水资源复合分配模式，以满足澜湄流域的水资源利用需求，为澜湄流域的水资源利用与利益共享提供支撑。

3.4.1　跨境水资源基本分配模式在澜湄流域的适用性分析

经过长期实践，已经形成了以各国有权利用并有责任防止对他国水资源利用造成实质性危害为总原则的一系列跨境水资源共享原则，在不断发展和完善这些原则的实践中形成了三种基本分配模式，即全局分配、项目分配和流域整体规划分配，但是否可用于澜湄流域尚未可知。由于各分配模式具有不同的适应性要求，因此，在选择适合流域的分配模式时，需要针对流域自然、社会等特点具体分析（何大明等，2005）。

全局分配模式在澜湄流域应用的一个优势是可以形成基本分配框架，避免出现较大的开发利用矛盾，鉴于流域内尚无水分配方案，因此建立全流域分配方案是合理分配水资源关键一步，有助于促进流域内水资源开发良性发展，提高水资源利用效率和保障流域生态健康。因此，采用全局分配模式既具有适应性，也有必要性，但应用时需针对其局限性予以考虑。

考虑到湄公河干流有多个河段为界河，两岸国家间存在经济利益关系，即在自然和社会两方面都具有应用基础，因此项目分配模式在澜湄流域具有较好的局部适应性，既能实现局部水资源共享，还能提高水资源利用效率。

基于澜湄流域合作水平现状及流域国家发展水平差异性等因素，整体规划分配模式在实施上还有客观难度，但可以借鉴其中的发展理念和分配思想，如基于河流健康的可持续发展、水利益共享、均衡满足各方需求等思想，建立适当的分配指标体系，科学评价分配结果的合理性，可在实际操作中进行合理参考，逐步实现整体规划分配。

综上所述，三种基本分配模式在澜湄流域均无法直接应用，各自存在不同的局限性，因此需要针对澜湄流域建立适用的分配模式，以应对流域实际需求。

3.4.2　澜湄流域合作进展

澜湄流域水资源问题经过了一个世纪的发展与合作，如今已经形成了以"澜湄合作机制"为典型代表的系列流域合作机制（刘卿，2018；卢光盛和罗会琳，2018），并有大湄公河次区域经济合作、东盟—湄公河流域开发合作、湄公河委员会、中老缅泰"四角"经济合作计划等系列辅助合作机制，逐步形成了以"3+5"框架为代表的澜湄合作基本框架，开始进入了澜湄全面合作时期，并孕育着澜湄合作高潮期（邢伟，2016）。自澜湄合作机制建立以来，各国已在政治安全、可持续发展与社会人文等关键领域达成展开务实合作的共识（周士新，2018），并在基础设施建设、科学技术、公共卫生、扶贫、环境治理等方面优先取得了成果（戴永红和曾凯，2017）。当前所形成的澜湄合作框架主要是宏观及基础层面，在实际执行与推进操作的层面进展还较少，尚不足以支撑流域的实际需求，如在核心领域——水资源利用方面还未形成分配与共享机制（He et al.，2017；Ringler，2001）。

澜湄水合作可追溯至 20 世纪 20 年代，根据流域内水资源开发合作水平，此后澜湄流域合作发展历程大致可分为三个阶段，即局部合作阶段、流域综合管理阶段和全面合作阶段，其合作发展进程梳理和总结如表 3-1 所示（何大明和冯彦，2006）。

表 3-1　澜湄流域合作发展历程

阶段	主要事件	主要进展
1995 年以前 湄公河局部合作阶段	湄公河流域局部开发，在数据收集、航运、水电、防洪、灌溉领域进行了合作尝试	开始出现了合作机构，搭建了合作平台，积累了丰富的合作经验
1995～2015 年 澜湄流域综合管理阶段	新湄公河委员会成立并提出流域水资源综合管理的理念和方法，《湄公河可持续发展合作协定》签署	湄公河流域四国的合作逐渐凸显成型，流域综合开发合作基础形成
自 2015 年以来 澜湄流域全面合作阶段	澜湄合作系列外长和领导人会议，"一带一路"倡议发起	合作机制正式建立，形成系列合作计划，澜湄全面合作快速发展

第一阶段主要是在流域局部合作上踏出了从无到有的关键一步；第二阶段则形成了流域综合开发合作基础，从流域局部开发模式开始进入整体开发模式。第三阶段最大的进展是澜湄合作机制的正式建立，其间流域各国用实际行动充分表明了合作态度，各国人民尤其在水资源、扶贫、卫生、农业等民生领域获益，充分体现了澜湄合作进展成果和发展愿景。

经过了一个世纪的实践和发展，各国在争端与合作过程中积累了丰富的经验，先后在平台搭建、机制建立、合作计划和条约等方面打下基础，各国的实际合作需求也为进一步深化全面合作起到了促进作用。澜湄流域各国因地缘关系而形成依存关系，水资源合作是澜湄流域合作的基础层面和核心层面，从流域实际来看，提高水资源利用效率和保障水资源安全已是各国头等大事，从国家层面到民生层面都具有客观必要性，澜湄命运共同体初现雏形（邢伟，2016）。在澜湄合作机制框架下，作为五大优先发展领域之一的水资源合作理应也必将得到快速发展，作为解决水资源问题的先行手段，跨境水资源优化配置将成为前沿问题（Houba et al.，2013）。

澜湄水资源合作主要是流域内各个国家之间水资源的合作开放管理及水资源公平合理地可持续利用。具体项目包括水电、灌溉、养殖、防灾、航运等。在电力方面，湄公河段流域的水能开发还不到 5%，合作开发潜力巨大。2009 年 3 月，世界银行公布的新的水电政策意味着利益分享成为此轮水资源开发投资浪潮中的核心概念（王恒伟和孙雯，2017）。在湄公河三角洲地区，引水灌溉和淡水养殖是投资与合作的重点。在防灾方面，澜湄流域各国可通过合作有效地规避或减轻灾害，比如东南亚地区 2015 年末罕见的严重干旱灾害，2016 年 3 月中国通过云南景洪水电站持续向下游紧急补水，大大缓解了下游国家的旱情（李妍清等，2017）。在航运方面，自湄公河委员会成立以来，实施了疏浚湄公河航道、维护和改善航道通航条件的措施，改变了原来由于巨大的上下游落差而导致澜湄流域不能通航的状况；同时，在促进贸易和旅游方面也取得了一定的成效。

澜湄流域国家具有合作意愿和较大的合作潜力，通过流域各国合作实现全流域水利益最大化及水利益共享在理论上是可行的。同时，受全球气候变暖的影响，近年来，澜湄流域厄尔尼诺气候现象频繁出现，使得澜湄流域出现了较为严重的用水矛盾或冲突。澜湄次区域因地缘战略优势突出，经济发展潜力巨大，是实施"一带一路"衔接的重要门户（卢光盛等，2018）。澜湄流域跨境水资源合作开发问题是大湄公河次区域合作开发的难点，也是影响"一带一路"倡议下打造"大湄公河次区域经济合作新高地"和建设"中国—中南半岛经济走廊"的重要因素（文云冬，2016）。因此，澜湄流域亟须进行全流域规划与合作开发，在农业灌溉、航运及水电开发等多方面对水资源进行合理地分配和利用，实现全流域整体利益最大化，达到流域各国水利益共享和流域水资源的可持续利用。尽管研究跨境水资源及澜湄流域水资源合作的项目已有不少，然而对于其中大多数合作项目，从法律、政治、政策、环境、框架或某一具体方面来进行定性分析，尚缺乏具有可执行性的研究方案。

跨境水争端的核心是利益问题（Wolf，1999），从发展的角度来看，水资源开发利用需求可分为当前阶段和未来阶段。对于澜湄流域而言，当前阶段水资源问题主要是开发利用需求无法得到满足，即水资源分配问题，除去自然因素导致的水资源量变化外，不均衡的开发会影响其他区域水资源可利用量（Kucukmehmetoglu and Guldmann，2010），如泰国、越南等农业大国的灌溉水量矛盾，上游水利工程开发对越南三角洲水生态的影响等，目前还缺少公平合理的水资源分配方案。未来阶段水资源问题是已有的水资源利用无法得到保障，即水资源安全问题，一国的自行开发行为会对其他国家水安全造成威胁，人口、经济的快速发展将会显著增加用水需求，如果原有分配水量得不到保障，相关领域就可能成为未来水资源利用主要矛盾领域（赵萍等，2017），如泰国、柬埔寨等渔业大国对水位保障的要求，而目前还缺少用水保障机制。因此，解决澜湄流域水问题可着眼满足和保障两方面，形成既满足需求又保障安全的分配方案。

3.4.3 　澜湄流域水资源复合分配模式

澜湄流域合作的良好进展态势为需要进一步紧密合作的水资源分配模式提供了可能。澜湄流域的主要水资源利用领域有灌溉、供水、水电、航运、渔业等，其中灌溉和供水是主要消耗性用水。对于农业用水而言，最大的问题不在于流域水资源量不足，而是来水与用水的不匹配，如典型的问题是枯季（1～5月份）时期下游来水流量不足 4000 m³/s，在 2～4 月时甚至低至 2000 m³/s，而除去河口冲咸所需的 1500 m³/s 外，所剩可供引水的流量约为 500 m³/s，因而实际获得有效灌溉的耕地面积约为 50 万 hm²，同越南三角洲 270 万 hm² 可耕地面积或现状 192 万 hm² 灌溉面积相比还有很大的缺口。相比枯季来说，湿季来水则相当充足，大量径流直接入海而没有得到充分利用，由于缺少足够的水资源控制性工程，缓解径流时间分布不均匀性。

从全流域的角度来看，泰国、柬埔寨、越南等都是农业大国，需要消耗大量水量，柬埔寨对渔业保障水量有较大需求，除缅甸外的其他 5 国对电力都有较大需求，同时各国对通航均有较大需求。因此，澜湄流域各国对水资源需求既有共同需求又有特殊需求，而且上下游之间的需求差异性较大，同时还存在一定的竞争性。无论是消耗性用水还是保障性用水，都取决于径流过程。当前各国的水资源利用较为随意，并没有公认的用水约定。因此，需从全流域的角度建立水资源共享利用方案，兼顾不同的利用目标，提高分配的合理性和利用效率。根据前述适用性分析结果，全局分配模式和项目分配模式各自存在有条件的适用性，因此可考虑将两种分配模式结合，进行优势结合和劣势互补，其基本思想为在不同的尺度层面采用合适的基本分配模式或复合分配模式，从流域尺度到河段尺度等，逐层分配并逐步满足需求，如图 3-1 所示。首先在全流域尺度采用全局分配模式将流域内可分配水资源量分配到各个国家，初步形成分配框架与额度限制，在此分配额度内，各国可单独开发或合作开发，局部河段的合作开发可采用项目分配模式。在全局分配模式框架的控制下，项目分配模式相比直接应用时效果更加显著，极大避免了水量使用的盲目性对其他国家造成的影响，对于协调局部水资源供需矛盾起到了桥梁作用（Feng et al.，2004），同时各国可用额度对合理安排合作开发计划提供了依据。

考虑到自然和社会环境的快速变化，各国经济发展水平和水资源需求也在急剧变化（Gu et al.，2012; World Bank Group,2016），因此，跨境流域各国执行的分水方案也应随之做出适应性改变。从分水方案有效性原则和避免水资源供需矛盾累积深化的角度出发，分配模式也应存在有效期，区别于国际上分水协议有效期的是，分配模式中的有效期是指在科学预测流域内气候条件和经济发展水平较稳定的时期，主要体现在来水条件和用水需求相对稳定，在此期间经合理预测所得的可分配水量即为有效期内的可分配水量。

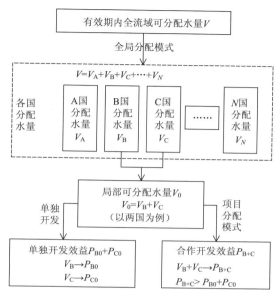

图 3-1　澜湄流域水资源复合分配模式

　　该复合分配模式的应用还要求一定的支撑条件和保障措施。从跨境水资源分配实践过程来看，其应用流程应由三部分构成：供需预测部分、额度分配部分和利用与保障部分，如图 3-2 所示，详细说明如下。需要说明的是，该复合分配框架同样应在有效期内应用，当流域内自然或社会环境发生较大变化时应重新拟定。

　　①供需预测部分由可分配水量预测和各国需水量预测组成，各国需水量预测是通过分析历史用水资料，结合社会经济发展需求预测当前阶段以及未来阶段的水资源需求量，从而尽可能均衡满足各国用水需求；可分配水量预测是为了避免用水过量风险，根据历史来水信息和河道与生活需水预测，为遵循河流生态可持续和以人为本的基本原则，可分配水量应为天然来水扣除河道与生活需水的剩余部分。

　　②额度分配部分由分配原则与准则、指标体系、分配模型、评价体系构成，是分配方案公平合理性的具体体现，也是水分配方案能够均衡满足需求的核心所在。其中原则与准则是基于国际水法体系和流域实际情况确定，指标体系根据流域各国对流域水资源的贡献与需求确定，评价体系根据流域内各国商定的公平合理性评价指标确定，分配模型是分配方法的具体体现，是在确定可分配水量的基础上应用复合分配模式，进而得到各国可用水量额度限制。

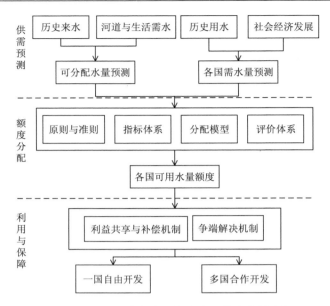

图 3-2　澜湄流域水资源复合分配模式应用流程

③利用与保障部分由利益共享与补偿机制、争端解决机制及各国开发利用行为构成，目的是提高水资源利用效率和协调水利益均衡分配，保障各国水资源利用权益，是水安全保障的核心所在。各国在单独开发或在局部进行项目合作开发时需严格执行分配额度红线，以避免对其他国家的利用造成影响，当一国水资源可用量有盈余或合作开发效益更高时可采用项目分配模式进行局部开发。

从结构上看，复合分配模式主要由全局分配模式和项目分配模式构成，满足需求体现在预先充分考虑了各国实际需水量，分配结果可均衡满足各国需求；保障安全体现在明确了各国可用水量额度，在利益共享与补偿机制、争端解决机制等相关水资源管理措施管控下，严格执行该额度限制可极大缓解水资源开发利用的跨境影响，从而保障了各国用水安全；优先考虑了居民生活用水和河流生态用水、分配指标体系与评价体系，以及提倡流域水利益共享与补偿则体现了流域整体规划的理念和思想，在水分配实践和完善的过程中可逐步实现流域整体规划分配和水利益最大化开发。

相比于单一分配模式，该复合分配模式具有多种优势：第一是采用了多种基本分配模式嵌套，更具有灵活性，能够适应变化环境和多种分配需求；第二是更加考虑了自然和社会两方面的变化，更具有安全性，减小了因实际水资源供应不足却盲目大量利用而导致较大需求缺口的风险，从而提高了水资源利用效率，避免了水资源矛盾给流域合作造成负面影响；第三是考虑了未来流域整体规划模式的应用可能性，更具有前瞻性，融入了全流域水利益共享的思想，便于形成水利益市场，为实现流域水利益最大化利用留有余地。

为了实现流域水利益合理分配，各国应继续加强流域合作、增强互信，提高水资源利用效率。未来应更多关注环境变化对跨境水资源利用的影响、分配指标确定及其阈值变化，重点研究水利益共享与补偿理论、公平性评价体系，提高水资源分配方案公平合理性。

3.5　本　章　小　结

本章主要阐述了水利益共享的基本理论及其在跨境水资源管理中的应用。首先从利益和共享的概念出发，阐释了水利益及水利益共享在跨境流域水资源利用中的基本概念和内涵，指出了相应的利益共享主体和客体，明确了水利益共享在跨境流域实施的各国合作意愿、利益共识一致、总体利益增加、利益公平分配等基本要求。从共享主体创造利益和获得利益的形式出发，提出了：①共同维护，共同享有；②共同建设，共同享有；③建设项目，受益补偿；④建设项目，受损补偿；⑤跨区利用，利益补偿等五种基本的水利益共享模式，并阐述了水利益共享在跨境流域水资源利用中的实现过程，主要包括：①利益共享领域判识；②利益共享模式确定；③成本和利益核算；④利益补偿与协调分析等四个方面。

针对跨境流域总体水利益难以计算的问题，创新性地提出了应用水利益的变化量来表达全流域水利益，不仅解决了流域整体水利益难以计算的难题，也便于计算流域各种活动的效益和成本，可用于评估流域的水资源开发利用和保护活动，以推进全流域水资源可持续管理的决策和全流域水利益共享。同时，提出了水利益共享机制下的跨境水资源分配原则。

梳理了澜湄流域水资源合作发展历程，分析了已有的跨境水资源基本分配模式在澜湄流域的适用性与局限性，并针对澜湄流域水资源合作实际条件，提出一种更适合澜湄流域的水资源复合分配模式。该分配模式的核心之处在于充分完善利益共享与补偿机制作为保障体系，同时充分考虑可分配水量和合理需水量，获得更合理的水量分配方案，在此基础上各流域国可以充分发挥保障体系的优势，从而获得更大的水利益。

参 考 文 献

曹莉萍, 周冯琦, 吴蒙. 2019. 基于城市群的流域生态补偿机制研究: 以长江流域为例[J]. 生态学报, 39(1): 85-96.

陈丽晖, 何大明. 2001. 澜沧江—湄公河整体水分配[J]. 经济地理, 21(1): 28-32.

戴永红, 曾凯. 2017. 澜湄合作机制的现状评析: 成效、问题与对策[J]. 国际论坛, 19(4): 1-6, 79.

何大明, 冯彦. 2006. 国际河流跨境水资源合理利用与协调管理[M]. 北京: 科学出版社.

何大明, 冯彦, 陈丽晖, 等. 2005. 跨境水资源的分配模式、原则和指标体系研究[J]. 水科学进展, 16(2): 255-262.

何大明, 刘恒, 冯彦, 等. 2016. 全球变化下跨境水资源理论与方法研究展望[J]. 水科学进展, 27(6): 928-934.

何艳梅. 2012. 国际河流水资源公平和合理利用的模式与新发展: 实证分析、比较与借鉴[J]. 资源科学, 34(2): 229-241.

何影. 2009. 利益共享的理念与机制研究[D]. 长春: 吉林大学.

雷建锋. 2014. 大湄公河合作开发与综合治理: 兼论国际水法理论的发展[J]. 太平洋学报, 22(8): 53-64.

李奔. 2010. 国际河流水资源开发利用决策方法研究[D]. 武汉: 武汉大学.

李妍清, 李中平, 戴明龙, 等. 2017. 2016 年澜沧江梯级水库对湄公河应急补水效果分析[J]. 人民长江, 48(23): 56-60.

刘卿. 2018. 澜湄合作进展与未来发展方向[J]. 国际问题研究, (2): 43-54, 132.

刘艳丽, 赵志轩, 孙周亮, 等. 2019. 基于水利益共享的跨境流域水资源多目标分配研究: 以澜沧江—湄公河为例[J]. 地理科学, 39(3): 387-393.

卢光盛, 罗会琳. 2018. 从培育期进入成长期的澜湄合作: 新意、难点和方向[J]. 边界与海洋研究, 3(2): 18-28.

卢光盛, 段涛, 金珍. 2018. 澜湄合作的方向、路径与云南的参与[M]. 北京: 社会科学文献出版社.

卢新海, 柯善淦. 2016. 基于生态足迹模型的区域水资源生态补偿量化模型构建: 以长江流域为例[J]. 长江流域资源与环境, 25(2): 334-341.

陆文聪, 马永喜. 2010. 水资源协调利用的利益补偿机制研究[J]. 中国人口·资源与环境, 20(11): 54-59.

马永喜. 2013. 水资源转移利用的利益补偿测算: 模型构建与应用[J]. 自然资源学报, 28(12): 2178-2188.

马永喜. 2016. 基于 Shapley 值法的水资源跨区转移利益分配方法研究[J]. 中国人口·资源与环境, 26(10): 116-120.

全洪云. 2014. 关于利益共享的理论分析[D]. 北京: 中共中央党校.

屠酥. 2016. 澜沧江—湄公河水资源开发中的合作与争端(1957—2016)[D]. 武汉: 武汉大学.

王恒伟, 孙雯. 2017. 湄公河流域水资源合作开发利益协调机制研究[J]. 重庆理工大学学报(自然科学版), 31(8): 103-108.

文云冬. 2016. 澜沧江—湄公河水资源分配问题研究[D]. 武汉: 武汉大学.

邢伟. 2016. 水资源治理与澜湄命运共同体建设[J]. 太平洋学报, 24(6): 43-53.

杨丽莎. 2013. 当前我国利益共享理论及其实现路径研究[D]. 银川: 宁夏大学.

张长春, 樊彦芳. 2018. 跨界水资源利益共享研究[J]. 边界与海洋研究, 3(6): 92-102.

张长春, 刘博. 2017. 哥伦比亚河跨界水利益共享实践研究[J]. 边界与海洋研究, 2(6): 105-115.

赵萍, 汤洁, 尹笋. 2017. 湄公河流域水资源开发利用现状[J]. 水利经济, 35(4): 55-58, 77-78.

钟勇, 刘慧, 田富强, 等. 2016. 跨界河流合作中的囚徒困境与合作进化的实现途径[J]. 水利学报, 47(5): 685-692.

周士新. 2018. 澜沧江—湄公河合作机制: 动力、特点和前景分析[J]. 东南亚纵横, (1): 70-76.

Bellamy J, Ross H, Ewing S, et al. 2002. Integrated catchment management: Learning from the Australian experience for the Murray-Darling Basin [J]. Brisbane: CSIRO Sustainable Ecosystems.

Bhaduri A, Liebe J. 2013. Cooperation in transboundary water sharing with issue linkage: Game-theoretical case study in the Volta Basin [J]. Journal of Water Resources Planning and Management, 139(3): 235-245.

Degefu D M, He W, Yuan L, et al. 2016. Water allocation in transboundary river basins under water scarcity: A cooperative bargaining approach[J]. Water Resources Management, 30(12): 4451-4466.

Dinar S. 2002. Water, security, conflict, and cooperation[J]. SAIS Review, 22(2): 229-253.

Diop M D, Diedhiou C M, Niasse M. 2009. Sharing the benefits of large dams in West Africa: The case of displaced people[J]. Water Alternatives, 3(2): 463-465.

Escobar M, Carvajal B S, Rubiano J, et al. 2016. Building hydroliteracy among stakeholders for effective water benefit sharing in the Andes[J]. Water International, 41(5): 698-715.

Feng Y, He D, Bao H. 2004. Analysis on equitable and reasonable allocation models of water resources in the Lancang-Mekong River Basin[J]. Water International, 29(1): 114-118.

Gu S, He D, Cui Y, et al. 2012. Temporal and spatial changes of agricultural water requirements in the Lancang River Basin[J]. Journal of Geographical Sciences, 22(3): 441-450.

He D, Chen X, Ji X, et al. 2017. International Rivers and Transboundary Environment and Resources[M]// The Geographical Sciences During 1986-2015. Springer Singapore.

Hirsch P. 2012. River Hardware and Software: Perspectives on National Interest and Water Governance in the Mekong River Basin[M]// Perspectives on Environmental Management and Technology in Asian River Basins. Springer Netherlands: 31-43.

Houba H, Do K H P, Zhu X. 2013. Saving a river: A joint management approach to the Mekong River Basin[J]. Environment & Development Economics, 18(1): 93-109.

Kucukmehmetoglu M, Guldmann J M. 2010. Multiobjective allocation of transboundary water resources: Case of the Euphrates and Tigris[J]. Journal of Water Resources Planning & Management, 136(1): 95-105.

Lee S. 2015. Benefit sharing in the Mekong River Basin[J]. Water International, 40(1): 139-152.

McKean M A. 2000. Common property: What is it, what is it good for, and what makes it work?[J]. People and forests: Communities, institutions, and governance: 27-55.

Ostrom E. 2002. Common-pool resources and institutions: Toward a revised theory[J]. Handbook of Agricultural Economics, 2: 1315-1339.

Qaddumi H. 2008. Practical Approaches to Transboundary Water Benefit Sharing[M]. London: Overseas Development Institute.

Ringler C. 2001. Optimal water allocation in the Mekong River Basin[R]. ZEF-Discussion Papers on

Development Policy.

Sadoff C W, Grey D. 2002. Beyond the river: The benefits of cooperation on international rivers[J]. Water Policy, 4(5): 389-403.

Salman S M A. 2007. The Helsinki rules, the UN watercourses convention and the Berlin rules: Perspectives on international water law[J]. International Journal of Water Resources Development, 23 (4): 625-640.

Suhardiman D, Giordano M. 2014. Legal plurality: An analysis of power interplay in Mekong hydropower [J]. Annals of the Association of American Geographers, 104(5): 973-988.

Turton A, Ashton P, Cloete E, et al. 2003. Transboundary Rivers, Sovereignty and Development: Hydropolitical Drivers in the Okavango River Basin[D]. Pretoria: University of Pretoria.

Wolf A T. 1999. Criteria for equitable allocations: The heart of international water conflict[J]. Natural Resources Forum, 23(1): 3-30.

World Bank Group. 2016. High and Dry: Climate change, water and the economy[M]. Washington DC: World Bank.

第 4 章　基于水利益共享的跨境水资源分配指标体系和多目标分配方法

　　跨境流域水资源分配问题是水资源配置研究中较为复杂的一个领域，主要原因在于涉及众多的影响因素，如基础数据收集困难、水资源跨境影响不清、各国用水方式和效率存在较大差异、水资源开发利用利益矛盾、国际法规不完善、缺乏统一管理机构等。

　　传统的水分配或水资源分配模式已不能解决变化环境下的跨境国家之间的水资源纠纷，从水资源利用效率和全流域水利益上分析也缺乏充分的公平性。以水利益共享代替分水的理念有利于充分发挥水资源效益和减少区域矛盾冲突，但由于缺乏具体可实施的分配模式一直停留在思路阶段。本书基于水利益共享理念，建立跨境流域水资源多目标分配指标体系，并结合澜湄流域跨境水资源利用现状及需求，提出了澜湄流域跨境水资源多目标分配模型，为基于水利益共享的跨境水资源多目标分配提供具有充分可操作性的指标体系和分配模型，有助于推进跨境流域水利益共享的实施，实现区域双边或多边在水资源利用上的共赢和发展目标。

4.1　跨境流域各国水资源开发利用现状特征和未来需求分析

4.1.1　水资源时空分布概况

　　大气降水是澜湄流域主要水资源补给，澜沧江上游的融雪径流也补充了部分来水量。其中澜沧江流域的径流量主要来自降水，地下水和冰雪融水所占比重较小，且两者中地下水补给量占有相当比重，有时上游部分年径流的 50%以上来自地下水（杨婧等，2009）；湄公河水量补给则主要来自降水和上游澜沧江来水，降水量约占径流量的 1/2 以上，因此降水量变化对湄公河的径流量影响较大（何大明和张家桢，1996）。从径流量上看，河源地区地表径流与地下径流所占比重相当，地下径流量呈现沿程减小的趋势，澜沧江河段水资源总量达到 $418.67 \times 10^8 \, \mathrm{m}^3$（云南省水利厅，2013），年平均径流量约为 $741 \times 10^8 \, \mathrm{m}^3$，平均地下径流量约为 $160 \times 10^8 \, \mathrm{m}^3$，占径流总量的 21.5%，湄公河年平均径流量约为 $441 \times 10^8 \, \mathrm{m}^3$。据我国水力资源复查成果的数据显示，澜沧江的平均功率理论蕴藏量为 $3656 \times 10^4 \, \mathrm{kW}$，其中干流为 $2545 \times 10^4 \, \mathrm{kW}$，支流为 $1111 \times 10^4 \, \mathrm{kW}$，是我国西部地区水能资源最丰富的河流之一

（耿雷华等，2007）。

受季风和地形的影响，澜湄流域两岸水系发育不均，左岸水系较右岸更发育，向河道的补给量也大于右岸，左岸来水量约占流域总来水量的 70%。据统计，左、右岸流域面积超过 5000 km² 的支流数量分别为 15 条、7 条，在流域面积超过 10 000 km² 的支流中，左、右岸分别有 7 条、4 条（唐海行，1999）。

由于澜湄流域在中国和东南亚各国面积分布以及降水量分布差异，流域各国产水量分布亦有差异，各国水资源分布见表 4-1（刘稚，2013）。

从表 4-1 可看出，澜湄流域水资源量空间分布十分不均，总体上呈现水资源下游多于上游、左岸多于右岸、平原多于谷地的空间分布特征。从水量上看，全流域 35%的年径流量来自老挝，来自泰国和柬埔寨的径流量各占年径流量的 18%，来自这三个国家的径流量构成了湄公河水量的主体部分。另有 16%的径流量来自中国，11%的径流量来自越南，而来自缅甸的径流量仅为 2%。

表 4-1   澜湄流域各国水资源分布

国别	流域面积/10⁴km²	流经里程/km	占全流域/%	平均产水量/(m³/s)	径流贡献率/%	占全流域/%
中国	16.5	2161	21	2410	16	16
缅甸	2.4	265	3	300	2	2
老挝	20.2	1987	25	5270	35	35
泰国	18.4	976	23	2560	18	18
柬埔寨	15.5	501	20	2860	18	18
越南	6.5	229	8	1660	11	11
总计	79.5	4880*	100	15 060	100	100

*数据去除了各国里程中界河重复部分。

区间产水量可更加具体地反映水资源的空间分布情况，表 4-2 列出了 1960～2015 年干流的径流特征，从表中可知各区间多年平均产水量差异较大。从空间上看并无明显分布规律，总体上呈现下游比上游大的现象。径流模数最小的是穆达

表 4-2   澜沧江—湄公河区间来水沿程变化

区间	流域面积/10⁴km²	年平均流量/（m³/s）	径流模数/[10⁻³m³/(km²·s)]
景洪—清盛	48 807	897.5	18.4
清盛—琅勃拉邦	78 200	1207.9	15.4
琅勃拉邦—廊开	34 000	700.8	20.6
廊开—那空拍侬	71 000	2823.9	39.8
那空拍侬—穆达汉	18 000	469.6	26.1
穆达汉—巴色	154 000	1979.9	12.9
巴色—上丁	90 000	2705.4	30.1

汉—巴色区间，仅有 12.9×10⁻³m³/(km²·s)，最大的是廊开—那空拍侬区间，为 39.8×10⁻³m³/(km²·s)，相差近 2 倍。

　　澜湄流域的径流年内分配也很不均匀，如图 4-1 所示。径流主要集中在 6～11 月，最大径流发生在 8～9 月。在所示干流站点中，径流年内分配差异从上游到下游依次增大，同时径流量也从上游到下游依次增大。从图中还可明显看出，以那空拍侬站为界，其上下游部分径流量差异明显，从表 4-1 亦可得到印证，其原因可能是湄公河中下游受西南季风影响较大，导致降雨较多。

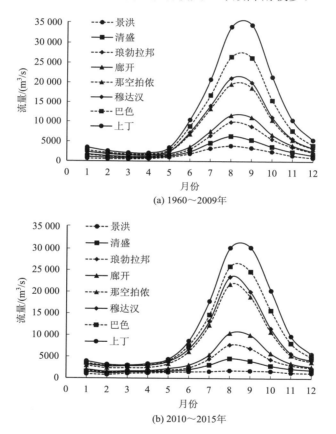

(a) 1960～2009年

(b) 2010～2015年

图 4-1　澜沧江—湄公河干流部分站点不同时期径流年内分配

　　对比已有的数据成果可知（唐海行，1999），干流大部分站点及区间年平均径流（1960～2015 年）相比 1992 年（唐海行，1999）以前有所减小，其中下游减小幅度比上游大，从图 4-1 亦可看出 2010～2015 年平均径流比 1960～2009 年显著减小，年内分配差异也有所减小，可能是受到水资源开发等人类活动的影响（赵萍等，2017）。

澜湄流域水能资源分布也存在不均匀分布的特征，如表 4-3 所示（唐海行，1999）所示。澜沧江流域的水能蕴藏量约有 $3656×10^4$ kW，可开发量约为 $2737×10^4$ kW，分别占全流域蕴藏总量的约 40.6%、全流域可开发量的约 42.5%，可开发利用率约为 74.9%。由此可见，中国拥有澜湄流域内大部分水能资源，可开发利用率也高于全流域（约 71.5%）。

表 4-3　澜湄流域水能资源分布概况

区域	蕴藏量		可开发量		可利用开发率/%
	总量/10^4kW	占全流域/%	总量/10^4kW	占全流域/%	
澜沧江	3656	40.6	2737	42.5	74.9
湄公河	5350	59.4	3700	57.5	69.2
全流域	9006	100	6437	100	71.5

4.1.2　跨境流域各国现状用水类别及多功能特征

由于澜沧江—湄公河流经各国经济发展水平、自然地理环境存在差异，各国对澜湄流域水资源的开发利用水平、方式等均有不同（表 4-4），以下分别对各国的水资源开发利用情况展开论述。

位于中国境内的澜沧江干流的水力资源丰富，地形、地质条件良好，水电蕴藏量以及可开发电量均相当可观，高达 5060 m 的落差使得澜沧江水能资源可开发量高达 $2700×10^4$ kW，水资源开发利用形式主要是水电开发和航运。在水力开发方面，现已在干流规划建设的大型水电站共有 8 座，但实际开发程度较低，平均水力资源开发利用率（定义为河道外供水量和多年平均水资源量的比值）仅为8.7%；中、老、缅、泰四国于 2000 年签署的《澜沧江—湄公河商船通航协定》使得湄公河正式通航在 2001 年 6 月得以实现，至 2007 年 9 月，澜沧江景洪以下河道通航标准已达到 300 t 级（刘稚，2013；全国水力资源复查工作领导小组，2003）。

缅甸境内部分的湄公河水资源可开发量极少，仅有 4% 的流域面积位于缅甸境内，对湄公河径流量的贡献率也仅为 2%，主要利用湄公河的航运和水电开发效益，近年来缅甸正在积极加入国际合作并加速水电开发进程，现仅有少量小型农业灌溉工程（刘稚，2013）。

老挝拥有湄公河大部分水力资源，水能储量十分丰富，其 97% 的领土位于流域内，对湄公河水资源的利用主要侧重于水电开发，但利用率尚且不高，现状开发水平仅占据 $1.8×10^4$ MW 蕴藏量的 4%（赵萍等，2017）。自澜沧江以下至万象为湄公河上游，这部分河段流速大、河床稳，是进行水力发电的优越地段，每年发电量预计可达 $400×10^8$ kW·h。已建的最大水电站是南俄河工程，装机容量为

15×10^4 kW，大部分发电量供给泰国使用。虽有充足的地表水资源，但老挝农业灌溉工程少，现有超过 70×10^4 hm² 耕地，丰水期最大灌溉面积约为 15×10^4 hm²，枯水期则仅有 4%的耕地能得到灌溉。

泰国现状开发利用形式主要为水电和灌溉，总装机容量超过 70 万 kW，最大的水电站是林塔孔抽水蓄能电站（Lam Ta Khong Pumped-storage Plant），装机容量为 100 万 kW。泰国已建灌溉项目 6388 个，总灌溉面积 141.2 万 hm²，占湄公河总灌溉面积的 35.3%。根据湄公河委员会公布的计划，当地水资源利用水平将逐步提高，总有效库容达 92×10^8 m³（文云冬，2016）。

柬埔寨对支流的开发程度大于干流，水电站总装机容量为 20×10^4 kW，列入湄公河委员会开发计划的主要是支流水电开发规划，预计有效库容可达 136×10^8 m³，装机容量为 92×10^4 kW，灌溉面积为 58×10^4 hm²。柬埔寨境内的洞里萨湖是东南亚最大淡水湖，具有良好的洪、枯水自然调节能力，对于支撑渔业发展具有不可替代的作用，对全国产鱼量贡献率在 60%左右，在不同程度上保障了超过百万居民的生活（李晨阳，2016）。

表 4-4　各国对澜湄流域的水资源开发利用及需求概况

国家	开发条件	开发利用概况	水资源效益需求情况
中国	良好	水能丰富，侧重水电和航运，实际总体开发程度较低，航运功能开发较好，灌溉利用较少	利用干流开发水电和航运，支流用于灌溉和工业用水，灌溉和生活用水需求较小
缅甸	较差	可开发量极少，侧重航运和水电开发，但开发程度低，灌溉利用水平低	航运和水电开发方面有一定需求
老挝	较好	水能丰富，侧重水电开发，但利用率较低，农业灌溉利用率低	水电和航运需求较大，农业、渔业需水量较大
泰国	一般	水能较好，侧重水电和灌溉，总体开发程度一般	水产养殖和农业灌溉需水量较大，水电需求缺口较大
柬埔寨	一般	侧重水电和农业、渔业，水电和灌溉利用率较低，渔业开发水平较高	洞里萨湖维持蓄水量需求较高
越南	良好	水能丰富，水电开发水平较高，航运功能开发水平较高，灌溉利用率较低	生态和农业灌溉需水量较大

越南境内湄公河流域水能蕴藏丰富，年平均径流量达 4750×10^8 m³，可通航 3000 t 级轮船。理论水能蕴藏量可达 925×10^4 kW，现状年发电量为 34.23×10^8 kW·h，总装机容量已逾 120×10^4 kW，有效库容达 38×10^8 m³。流域内水资源及开发利用条件均较好，水流平稳、地势平缓，流域面积达 6.5×10^4 km²，约占湄公河总流域面积的 8%，占越南国土面积的 18%。一方面由于缺乏资金导致利用率低；另一方面，由于越南存在较为严重的海水入侵问题，需要消耗大量淡水资源，剩余可

用水量较少，因此，越南主要利用湄公河水资源进行农业灌溉，现有耕地约有 $240×10^4\,hm^2$，可灌溉耕地面积仅有 $50×10^4\,hm^2$（雷宇，2016）。

综上，澜湄流域的水资源主要用于航运、水电开发、农业灌溉、渔业养殖等，但是不同的利用方式对水资源带来的影响各不相同，如航运属于非消耗性用水，水电开发改变了水资源的时空分配和水动力特征，农业灌溉对水资源消耗程度最大，渔业次之。

由于各国经济发展水平的差异，在水资源利用效率上存在较大差异，水资源时空分配不均匀也是阻碍水资源开发效率提升的重要原因。总体上，中国主要在水电、航运方面进行开发利用，对水资源质量消耗性影响较小。作为流域上游国家，中国也承担着保护流域水生态系统的责任，即在开发利用水资源的同时充分考虑下游需求及其水环境问题。如中国在 2016 年采取的湄公河应急补水措施后，增加了下游湄公河干流的流量，抬高了水位，并且缓解了湄公河三角洲的咸潮入侵，有效地支持了下游的水资源利用和水生态可持续发展。老挝和越南均拥有较多的水力资源，但水电开发水平均不高，同时农业灌溉也是两国对水资源的主要利用方式，但在使用程度上大有不同，老挝灌溉用水量少，而越南则有大量水资源用于农业灌溉。泰国和柬埔寨的水资源占有量相当，水资源灌溉利用水平也较为类似，柬埔寨对支流进行渔业利用程度较高。缅甸水资源可开发量和现状开发程度均较小，主要用于航运和水电开发。

4.1.3 澜湄流域可分配水量计算

4.1.3.1 分析方法

图 4-2 给出了澜湄流域水资源可分配水量计算的示意图。流域多年平均水资源总量包括流域消耗的水量和河口入海的水量。同时，从具体的消耗和河道流量上进行分类，流域多年平均水资源总量则包括水资源可分配基数、生活和工业用水量、用于航运和生态保护的水量（两者均为河道剩余流量，有交叉，取其最大值）以及农业灌溉用水量。需要说明的是：此处的水资源可分配基数是指扣除流域各国用水量和河道生态需水量之后的结余水量，也就是维持现有运行之下多余的可供再次分配的水资源量。

关于流域水资源总量，一般以多年平均径流量作为计算基准或者可分配水量，比如澜湄流域按其多年平均径流量 4750 亿 m^3 计算（文云冬，2016；陈丽晖等，2001），但该流量是河口也就是入海的多年平均径流量，并没有包括流域消耗的生活、农业灌溉和工业用水量等。因而在分析流域水资源总量时，应将这部分消耗的流量还原。即

$$W = W_{\text{sea}} + WC \tag{4-1}$$

$$WC = WC_{\text{life}} + WC_{\text{ind}} + WC_{\text{agr}} \tag{4-2}$$

式中，W 为流域多年平均水资源总量，W_{sea} 为河口（入海口）多年平均径流量，WC 为流域各国消耗的水量，包括生活用水量 WC_{life}，工业用水量 WC_{ind} 和农业灌溉用水量 WC_{agr}。

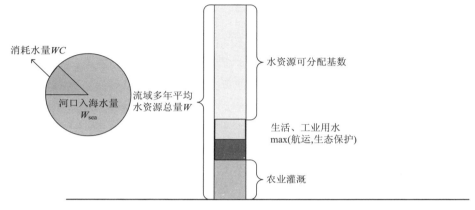

图 4-2　澜湄流域水资源可分配水量计算示意图（彩图见文后）

　　流域可分配水量包括可利用的地表水资源量和地下水资源量两部分。可利用的地表水资源量包括蓄水工程控制的水量和引水工程引用的水量；可利用的地下水资源量是指技术上可行，而又不会造成地下水位持续下降的可开采地下水量。考虑到地下水资源量计算的复杂性，在跨境流域的水量分配中，所分配的水量主要是指地表水资源量。

　　地表水资源量中有一部分是难以利用或需留给生态环境的水量，需要扣除自然损耗、生态环境用水量和难以利用的洪水。自然耗损水量是指在河道汇流过程中由于蒸发或渗漏引起的耗损水量，它受流域气候和下垫面的影响，自然耗损水量从另一方面也补给了生态环境用水。河道除了满足人类生产和生活需要外，自身需要一定的水量来维持河流及通河湖泊、湿地的正常生态功能，这部分为河道内生态环境需水量。此外，由于河川径流的年内和年际变化很大，难以通过有限的调蓄工程将河川径流全部调蓄起来，这部分不能控制利用而下泄的水量应作为难以利用的洪水等扣除，但可作为生态环境用水的一部分。因此，自然损耗水量、生态环境用水量和难以利用的洪水可作为生态保护用水统一计算。

　　航运不消耗水量，因为与河道内生态环境需水量有重叠，可以求取航运指标和生态保护用水的最大值作为河道内需要保留的本底流量。从全流域和全年的尺度上，假定水电站运行不消耗流量，以流域多年平均水资源总量为总值，扣除本底流量、城镇生活用水量以及农业灌溉用水量，即为流域水资源可分配水量，也

就是可分配的水资源量。图 4-2 给出了澜湄流域水资源可分配水量计算的示意图，即

$$W_{al} + W - WC_{life} - WC_{ind} - WC_{agr} - \max(WS, WE) \qquad (4\text{-}3)$$

式中，W_{al} 为流域水资源可分配的水量，WS 为保障河道航运需要的流量，WE 为流域生态保护用水量。

同时，生态环境用水量还要考虑到河口地区防止海水倒灌的临界点水量等。可见，跨境流域的水资源可分配水量并不能等同于入海口的水量。如果直接按照入海口多年平均径流量来计算，总分配水量就会超过流域的承载能力。近年来，澜湄流域各国对旅游业等行业的重视，使得景观等用水量激增，因此这部分用水量也不容忽视。

4.1.3.2 总径流量还原与可分配水量计算

目前，澜湄流域的水资源开发利用主要有发电、航运、灌溉、旅游、工业和生活供水（城镇生活用水）等。假定水电运行不消耗用水，航运和旅游等不影响总径流量，那么重点需要还原的是灌溉和城镇生活用水。表 4-5 给出了澜湄流域各国用水情况。其中，中国的数据来自 2008 年统计，下湄公河国家的数据来自 2007 年湄公河委员会和世界银行资料整理（农业用水为 2004 年数据）。基于流域各国的生活用水量、工业用水量和农业灌溉用水量，由于缺乏澜湄流域下游各国的用水效率等数据，参照 2017 年云南省水资源公报（http://www.wcb.yn.gov.cn/artiid=66713）数据换算，按生活用水耗水率 46.0%、工业用水耗水率 34.6% 和农业灌溉用水耗水率 69.6% 计，澜湄流域共消耗水量约为 368 亿 m³，这部分消耗水量应计算在总径流量内，从而澜湄流域总的径流量为 5118 亿 m³，并不是以往研究中所用的 4750 亿 m³。

表 4-5　澜湄流域各国用水情况　　　　　　　　（单位：亿 m³）

国家	生活用水	工业用水	农业灌溉用水	总用水量
中国	4.09	2.15	21.43	27.67
柬埔寨	5.20	0.20	89.54	94.94
老挝	2.39	0.20	39.44	42.03
泰国	11.23	1.40	98.09	110.72
越南	5.45	1.22	259.14	265.81
合计	28.36	5.17	507.64	541.17

澜湄流域航运保障用水一般认为是河道流量为 504m³/s，折算多年平均水量为 158.9 亿 m³；最小生态流量一般按多年平均天然流量的 10% 计（黄拥军和鲍喜

蕊，2017；徐志侠等，2003）。Bo 等（2009）的研究表明，澜沧江上游的生态流量占河道天然流量的 18.63%，综上保守估计，按河道天然流量的 20%计算澜湄流域生态流量需求，则计算结果为 1023.6 亿 m^3；河口处最小生态流量涉及河口地区防止海水倒灌的临界点水量，尽管被很多文献作为水量分配的约束指标提及，但目前并没有一个具体的数据，那么水资源分配基数为 4094.4 亿 m^3。需要说明的是，此处生态流量计算只是按照河流健康的标准做出的初步估计，实际的生态流量还包括流域范围内为维护景观等的引水量等，所以实际水资源分配基数要小于 4094.4 亿 m^3。可见，以往澜湄流域水资源可分配总量按照 4750 亿 m^3 来计算，得出的结果偏大，可能导致各国获得的水资源份额都偏大，从而对流域生态安全造成风险。

4.1.4　跨境流域各国未来水资源需求趋势

了解各方水资源需求是保障水资源科学调控和促进区域和谐发展的基础，各国在澜湄流域的水资源开发利用需求差异较大，见表 4-4。

中国境内的澜沧江流域干流主要用于航运和水电开发，支流主要用于灌溉和工业用水。由于流域内山地和峡谷居多，不适宜发展农耕，农用地资源较少，地区内居住人口数量也较少。流域内约有耕地 57×10^4 hm^2，有效灌溉面积为 18×10^{4}hm^2，各类水利工程 5 万余座，规划建设水电站 14 座（白明华，2014）。

老挝是东南亚唯一的内陆国，湄公河自北而南穿越老挝全境，长达 1877 km，是老挝交通的大动脉和经济交流的轴心，因此水位变化对其航运有直接影响。作为世界最不发达国家之一，老挝政府十分重视水电资源的开发利用，据湄公河委员会数据显示，为了摆脱贫困，老挝政府计划将大力发展水电，在湄公河干支流上新建多个水电站，以满足实现现代化和工业化的需求。农、渔业方面也是老挝未来重点发展行业，农业产值占国内生产总值的 26.7%，农用地占国土面积的 10.11%，约 6×10^4 hm^2 土地需要引湄公河的水灌溉（世界银行，2013）。

泰国是东南亚渔业大国，从事渔业的人口约有 100 万，渔业是农业的重要组成部分。捕鱼和水产养殖是泰国在湄公河水资源利用的重要组成部分，平均每年从湄公河获得的鱼类近 80×10^{4}t，从湄公河渔业资源中获得的收入是泰国东北部农民的主要收入之一，也是当地居民重要食物来源。同时，渔业的发展也带动了制造业、加工业、运输业等渔业相关行业的发展。泰国东北部的呵叻高原是一个干旱缺水、水质盐碱化严重的地区，同时又是一个重要的农业产区，该地区收入水平低、生产力落后，其农业生产严重依赖低产指、高耗水的水稻，850×10^4 hm^2 的可耕地存在缺水，仅有 6%得到灌溉，因此引湄公河进行灌溉对该地区的农业发展至关重要，其农业（含渔业）年用水量约为 93.52×10^8 m^3（表 4-6），仅次于越南。泰国还是大湄公河次区域五国中经济最发达的国家，但由于电力匮乏，经济发展受到了制约，水电需求存在较大缺口。

表 4-6　湄公河委员会成员国的全年农业用水量估计

国家	年用水量/$10^8 m^3$	备注
柬埔寨	27.49	
老挝	29.57	稻米生产约占总用水量的 78%，渔业
泰国	93.52	生产占总用水量的 20%，其他农作物
越南	267.76	生产用水约占 2%。
总计	418.34	

数据来源：Mekong River Commission. 2010. Multi-functionality of Paddy Fields over the Lower Mekong Basin。

　　柬埔寨在内战和冲突之后，一度处于贫困之中，经济恢复十分依赖自然资源。全国 60%左右的捕鱼量来自洞里萨湖，支撑了百余万居民的生存问题，而洞里萨湖则依赖于湄公河每年的雨季补水，以此保证一定的蓄水量供枯季释放，并提高土壤肥力。此外，柬埔寨尚有巨大的水力资源有待开发，政府也已经将水电开发列入大力发展项目中，由中国投资的 6 个水电站项目于 2015 年前后建成投产，投产后年平均发电量共 39.98×10^8 kW·h（文云冬，2016）。

　　越南在湄公河的用水需求主要体现在生态安全和农业灌溉方面。越南三角洲是越南的大粮仓，种植着世界上的优质水稻，产量占越南水稻总产量的一半以上，水稻产值占国内生产总值的 27%，是 90%出口水稻的原产地（邓恒，2011）。由于近年来越南下游频繁遭受严重海水倒灌，加之旱季时湄公河水量急剧下降，因此湄公河水量补给对该地区的农业生产和经济发展至关重要。

　　由于湄公河主要以老挝和缅甸界河的形式流经缅甸，且流程较短，因而缅甸水资源可利用量较少。缅甸主要在航运和水电方面存在用水需求，但均属于非消耗性用水。

　　根据世界粮农组织公布的数据（赵萍等，2017），如表 4-7 所示，各国在充分利用本国水资源的基础上，对来自澜湄流域的外部水资源需求总量和依赖程度上差异均较大。其中对外部来水依赖程度最大的是柬埔寨，其次是越南、泰国、老

表 4-7　澜湄流域国水资源占有和依赖状况

国别	国内可持续水资源总量/$\times 10^8 m^3$	外部流入的可持续水资源总量/$\times 10^8 m^3$	对外部水资源的依赖度/%
柬埔寨	4761	3555	74.67
中国	28 400	273.2	0.96
老挝	3335	1431	42.91
缅甸	11 680	1650	14.13
泰国	4386	2141	48.81
越南	8841	5247	59.35

挝，缅甸和中国则相对较小。从空间上看，对澜湄流域来水依赖较大的国家主要集中流域下游区域，一方面说明下游国家对澜湄流域水资源需求量较大（相对于本国总水资源需求量而言），另一方面也说明这些国家对水资源敏感性较大，更容易受到澜湄流域水资源变化的影响。

4.1.5　水资源利用问题解析

澜湄流域是典型的多目标利用跨境流域，根据前述分析，流域内的水资源利用目标主要有灌溉、发电、航运、养殖、旅游、生态、防洪、供水等。由于流域内均为发展中国家，以农业用水为主要利用方式，且国家之间经济技术水平差异大，灌溉耗水量大且效率较低，这导致各国的用水时段较为集中。此外，各国对水电需求较大，而水电站的建设会产生显著的跨境影响，因而灌溉与水电开发成为澜湄流域水资源共享与利用的主要矛盾点。澜湄流域的典型特征是水资源分布与人类用水需求时空不匹配，导致流域中下游用水不断增多，尤以农业用水矛盾最为显著，同时还伴有河道生态变化问题的争议（郭思哲，2014；屠酥，2016）。当前存在的水资源利用争端主要是农业用水矛盾和工程建设的跨境影响两方面。

1）农业用水分配争端

从表 4-4 可知，灌溉用水是澜湄流域的主要水量消耗领域，作为全球重要的粮食生产地区和优势基地，湄公河国家农业得到了快速发展，尤其以越南和泰国为代表。从统计角度来说，澜湄流域水资源总量丰富，年径流量足以满足灌溉需求，甚至每年都有相当多的入海径流，但从时间分配（图 4-3）上来看，灌溉用水争端的原因为：径流时间分配与灌溉需求时间分配不匹配。最典型的就是澜湄流域的枯季灌溉问题，尤其是在 1～5 月期间当灌溉用水需求较大时，径流量却较小。据统计，湄公河流域总灌溉面积约为 $400×10^4$ hm^2，但因为水量限制而无法得到灌溉的土地面积约为该灌溉面积的 1.5 倍，尤其在枯季时仅有 $120×10^4$ hm^2 耕地得到灌溉，同时湄公河流域国家的灌溉面积以每年 5%左右的比例增加，因此枯季灌溉水量缺口极大。

目前存在的主要用水问题是越南三角洲与泰国东北部呵叻高原的灌溉用水争端。越南三角洲地区是越南乃至整个澜湄流域的水稻重要生产基地，也是澜湄流域枯季用水最多的地区，同时因为地域上靠海而极易受到海水倒灌的影响。在 4～5 月期间，进入越南三角洲的径流量约为 2000 m^3/s 左右，但由于冲咸需要约 1500m^3/s，因此可供灌溉的径流量仅剩 500 m^3/s 左右，约能灌溉 $50×10^4$ hm^2 的耕地，这相对于拥有着近 $400×10^4$ hm^2 耕地的越南三角洲来说可谓是远远不够的。同越南三角洲一样，呵叻高原也是重要的粮食生产基地，可耕地近 $1000×10^4$hm^2，但因为缺水而导致实际有效灌溉面积只有 $50×10^4$ hm^2，于是泰国计划从湄公河干流引水灌溉，为此引发了一系列与越南的用水纠纷。除了泰国和越南外，老挝也是一个灌溉潜力较大的国家，湄公河干流沿岸分布着约 500×10^4 hm^2 的可开发耕地，目前实际灌溉面积占耕地面积约为 18%。因此，未来老挝的灌溉需求扩大将会使得湄公河干流灌溉用水更加紧张和复杂。

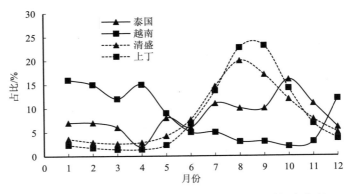

图 4-3　泰国、越南农业用水及清盛、上丁断面径流分配

2）水电开发等工程建设对环境影响的意见分歧

众所周知，以水电开发为典型代表的水利工程建设会对下游水资源造成一定影响，尤其是在改变水文情势方面。湄公河国家都是发展中国家，对电力能源需求较大，湄公河流域水能资源蕴藏不少，目前支流上已有部分开发利用量，虽然干流还未有水电站建设，但已有不少干流电站处于规划阶段。澜湄流域是世界上生物多样性最大的流域之一，渔业是湄公河国家的重要食物来源和重要产业，以鱼类为代表的水生生物是湄公河国家的重点关注对象。首先，由于电站大坝建筑物对河道的阻断，原本可以在河道上自由通行的鱼类被限制在一定区域而无法到达适合生存的场所，一方面影响了渔民的收成，另一方面也严重影响了鱼类的正常洄游繁殖。其次，大坝的建设大大削弱了洪水过程，使得原来依靠洪水条件而发生的一系列过程受到影响，如水流携带营养物到下游、鱼类依靠洪水脉冲过程进行繁殖等。

澜湄流域的水资源问题由来已久，虽然流域的水资源总量丰富，但由于各国的利用目标差异大、相关基础研究滞后、合作水平有限等因素，水资源问题难以妥善解决。就当前国际环境而言，澜湄流域各国尚未就水资源利用问题进行国际谈判，仅建立有综合性的澜湄合作机制等合作框架，在水资源公平利用方面还没有公认的分配方案。从研究的角度来看，当前成果主要集中于国家之间的水量分配，并且较多关注各国的自身利益，对流域整体利益关注较少。从全球变化对水资源的影响和人类发展对水资源需求的角度来看，未来的水资源需求将持续加大，矛盾将更加显著，尤其在跨境流域表现将更为突出。因此，跨境流域的水资源合理利用及利益分配研究十分迫切。

一直以来，澜湄流域的水资源合理利用问题都未能得到及时解决，综合来看，澜湄流域的水资源利用问题的解决难点主要体现在以下三个方面。

（1）水资源权属不清及利益分配机制缺乏

目前，澜湄流域仅下游四国签署了《湄公河流域可持续发展合作协定》，位于上游的中国和缅甸尚未参与，更重要的是该协定只针对流域的开发、利用和保护给出了宏观规划，对于一些具体的开发行为并未做出明确说明与章程，争端解决机制的建立也不完善，该协议对于流域的实际开发指导作用十分有限。虽然流域内成立有湄公河委员会，但是由于该机构的权限有限，相关的法律条文缺乏执行力，对流域内出现的水资源争端问题不能及时解决。一直以来，澜湄流域缺乏有效的水资源利用协议和管理机构，而最新的澜湄机制还缺乏完善、合理的利益分配机制。其中，利益分配主要考量成本问题，水资源权属就是其中最重要的一点，而目前澜湄流域水资源权属不清，水资源利用的初始权益难以确定，即为了考虑流域的整体利益目标，各方到底付出了多少，从而确定应得多少利益的问题。明确的权属体系、合理的利益分配机制以及具体的流域合作机制，是促进流域合作、保障水资源高效合理利用的基本前提。

（2）水资源利用的跨境水文生态影响机制不清

跨境流域上的水资源开发必然带来跨境水文生态影响。当前对于澜湄流域的水资源开发利用行为的跨境影响研究滞后，即上游的开发行为是否会对下游产生显著影响，所产生影响的利害性，影响的水资源利用领域、空间范围和持续性等。澜湄流域已存在一些水资源争端均起源于开发利用的跨境影响不清所致，如中国在澜沧江的水电开发引起下游国家的担忧，泰国和老挝在干流的调水计划或开发计划同样引发下游国家的抵触，下游越南和柬埔寨分别对在其共享的湄公河支流进行水电开发也持不同意见（屠酥，2016）。从经济学的角度来看，下游国家受到的影响或有利或有害，有利的影响则需要向相关国家支付成本，有害的影响则需要向相关国家索赔，当影响来自多个国家的开发行为时还需要对影响效应进行成因分解，辨识不同影响因素的影响程度。在明晰水资源开发利用的跨境水文生态影响机制后，各方的开发利用活动将更加规范，利益也将进一步得到保障。

（3）各国水资源利益诉求差异大

由于所处的地理位置与气候条件不同，各国都是基于本国的实际条件进行因地制宜的开发，如中国利用澜沧江的巨大落差进行流域梯级水电开发，柬埔寨则充分利用洞里萨湖和湄公河的水力联系进行大规模渔业养殖，泰国在干流沿岸进行农业灌溉，老挝则利用多条较大的支流进行水电开发以满足其能源需求，越南由于滨海而饱受咸水倒灌影响而对冲咸需求较大，同时各国亦有共同利益需求，如供水、航运、旅游、防洪、发电等。当前各国多是在"关起门来搞开发"，即除了顾忌对他国的重大影响外，各国都只考虑本国的利益需求，其根本原因就是国界的限制，从而带来了诸如利益、社会经济、文化、技术等一系列的差异性，这些差异直接深化了各国对水资源利用效益的差异性需求，降低了流域整体的水资源利用效益。

4.2　基于水利益共享的跨境水资源多目标水分配指标体系和分配方法

4.2.1　跨境流域水资源分配基本原则和准则

水资源分配原则和准则是确定水资源分配方案的根本依据，也是跨境流域中解决水资源争端的水法规的核心所在。迄今为止，国际上以及部分跨境流域的水法规中已经提出或应用了一些水分配原则。这些原则的根据来源可分为两类：国际水法基本原则和国际惯例原则，其中国际水法基本原则是由国际权威机构发布，是水资源分配方案的参考依据，而国际惯例则是基于流域水资源分配实践总结而得，代表着不同国家的利益倾向。

4.2.1.1　水资源分配原则

当前国际上比较有代表性的关于跨境水资源非航行利用的涉水条法有《赫尔辛基规则》（1966 年）、《柏林规则》（2004 年）、《跨界含水层法草案（二读草案）》（2008 年）等，这些法律条文分别来自联合国大会、联合国国际法委员会、国际法协会等多家平台和机构。其中，跨境水资源利用原则代表着国际水法的发展方向，也是跨境流域国家确定跨境水资源分配原则的基本法律依据。依据以上条文文本，整理和提炼出涉及跨境水资源分配的基本原则项（水利部国际经济技术合作交流中心，2011；孔令杰和田向荣，2011），如表 4-8 所示。

从各项基本原则出现频次来说，以国家主权、公平合理利用、不造成重大伤害、国际合作、交换数据和信息、生态环境保护、以人为本、预报预警、利益补偿和可持续性等原则为主，同时也在部分条法中出现了历史和现状利用、优先级、航行自由等原则。各项原则简述如下（冯彦和何大明，2002；李奔，2015）。

（1）国家主权

尊重和维护各流域国的主权是处理国际事务的最基本原则，即国家主权原则，即各国可在本国境内合理开发利用跨境水资源，而其他国不能干涉。

（2）公平合理利用

跨境流域各国均可有权参与跨境水资源的公平合理利用是跨境水资源分配中最重要的原则之一，在国际水法体系和跨境水资源分配实践中得到了广泛应用。

表 4-8　国际水法水资源利用基本原则

序号	基本原则项	赫尔辛基规则	跨界水道公约	国际水道公约	柏林规则	跨界含水层法草案 （二读草案）
1	国家主权	*		*	*	*
2	公平合理利用	*	*	*	*	*
3	不造成重大损害	*	*	*	*	*
4	国际合作		*	*	*	*
5	历史和现状利用	*		✓	✓	✓
6	优先级	*		*	*	
7	交换数据和信息	✓	*	*	*	*
8	航行自由	*			*	
9	生态环境保护	*	*	*	*	
10	以人为本	✓	*	*	*	*
11	预报预警	✓	*	*	*	*
12	利益补偿	*	*	✓	*	
13	可持续性		*	*	*	✓

注："✓"表示一般要求，"*"表示重点要求，空白表示未提及。

（3）不造成重大损害

又称无害利用原则，也是跨境水资源利用中最重要的原则之一，指的是各国的开发利用不应对其他国家造成重大损害，应采取一切措施防止对他国造成损害。

（4）国际合作

跨境流域分布在各国的各个组分原是一个整体，为了实现跨境水资源的高效利用和保护，各国应该进行合作，以维持流域的连通性和整体性。

（5）历史和现状利用

尊重历史和现状利用在国际水法中偶有出现，较少作为重要原则，但在实际中却是不可忽视的一项原则，几乎所有的跨境水资源争端的起源都无不与现状利用遭到损害有关。

（6）优先级

优先级指的是水资源无法满足全部需求时，应确定一定的满足优先级，具体的优先级次序则由流域国协商确定，因此实际的优先级次序根据实际情况确定。

（7）交换数据和信息

基础数据是进行研究的基础条件，因此各国互通信息与数据是了解流域基础概况、进行流域综合研究和规划的前提，是实现水资源公平合理利用的最基本要求。

（8）航行自由

航行是国际河流最初始的利用方式，航行自由是国际水法中最基本的普遍得到认可的原则之一,由于航行需求几乎不消耗水量,因此在水资源分配中较少涉及。

（9）生态环境保护

水资源作为维持河道生态系统健康的必须资源具有不可替代性,在水资源分配时也相应地考虑河道生态需水及水质保护,要给河道生态系统保留足够的水量以维持河道基本生态功能,最常见形式就是保留生态流量。

（10）以人为本

以人为本是一项普遍性原则,在跨境水资源分配中同样适用,指的是分配方案应重点考虑依赖于该国际河流的人口的基本需求,包括水、粮食、能源需求,任何其他因素都不应以剥夺人的生存需求为代价。

（11）预报预警

预报预警原则实际上是对国际合作、不造成重大损害、生态环境保护等原则的补充,可以说是最后一道安全防线。

（12）利益补偿

利益补偿包含两方面内容,一是对于其他国家造成事实损害的应进行合理补偿,二是对于存在利益交换的合作开发行为或者利于其他国家的单独开发行为应获得合理补偿。

（13）可持续性

可持续性逐渐成为国际水法的基本目标和原则,目的是控制开发利用进程,在满足当前利用的同时确保未来需求。

显然,对于澜湄流域来说,以上各项原则都应作为水资源合作的基本原则,根据各项原则与水资源分配方案建立的相关性,国家主权、公平合理利用、不造成重大损害、历史和现状利用、优先级、生态环境保护、以人为本、可持续性等原则是必要遵循的水资源分配技术性原则,其余的原则可作为水资源共享的保障性原则。从国际水法的发展趋势来看,显然这些原则已经成为被广泛接受的基本原则,无论是在单纯的流域水量分配还是水利益共享中都应遵循。

除上述国际法中所提出的基本原则外,在部分跨境流域水资源分配实践中也提出了一些水资源分配原则,其中比较成功的有美国、墨西哥边界的格兰德河和科罗拉多河（1944 年）、印度和巴基斯坦之间的印度河（1960 年）、非洲的因科马蒂河（2002 年）等,这些跨境水资源分配协议中也提出并应用了一些新的原则。其中,格兰德河和科罗拉多河的分水协议中提出:①水资源分配和合作开发工程措施中的费用和受益按权利义务对等原则分配;②水量自然变化时双方分配水量按相同比例变化等原则。印度河从使用权划分、成本与义务承担、预留用水过渡期等方面充分落实了公平合理和无害利用的原则。因科马蒂河中重点考虑了未来社会经济发展的需求,并在分配时预留相应水量,以生态需水为最高优先级。

4.2.1.2　水资源分配准则

水资源分配准则是水资源分配原则的进一步落实和具体化，是分配水资源及其利益合理性的具体体现，因此水资源分配准则的确定主要依据水资源分配原则。基于前述跨境水资源分配原则和澜湄流域的实际情况，现针对澜湄流域提出以下各项准则。

（1）流域国等权参与

由公平合理利用原则可知所有流域国均可平等地参与水资源与利益分配。

（2）各国在本国境内利用

根据国家主权原则，一国的领土（含领水）不受侵犯，各国只能在境内或国界的本国一侧利用水资源，不得越过国界去邻国境内取水，除非另有协议。

（3）维持现状利益

维持现状合理的水资源利用利益不变。现状利益可表示为现状用水量或者现状既得利益量，本书考虑利益量而不是水量。由于澜湄流域水资源利用目标众多，实际利益量化困难，则主要考虑可量化的利益需求和难以量化但必须满足的利益需求。

（4）优先级确定

在水量充足的条件下优先满足生活、生态需水，其次是生活依赖性行业用水——农业用水，最后是其他行业用水。当水量不足以维持生活依赖性行业用水时，按生活需水、生活依赖性行业用水、生态需水、其他行业用水的先后次序满足。

（5）维持河流健康

河流健康评价指标体系较为复杂，从河道生态系统适应性的观点出发，以一定的河道流量作为维持河流健康的代表性指标，即生态流量。越南三角洲是典型的受海水倒灌影响显著的区域，河口入海径流对于保护淡水资源具有重要意义，当入海径流不足以用于冲咸时，受影响区域的居民饮水和耕地都将受害，因此必须满足一定的入海径流。

（6）年内等比例灌溉

考虑到各国在不同阶段的农业需求不同，且作物在不同阶段的需水量也存在差异性，为了使各国的农业灌溉需求在全年不同阶段获得同等程度的满足，假定各国在不同时段内获得相同比例的灌溉水量，以避免出现农业灌溉需求无法在不同阶段获得持续满足的现象。

4.2.2　跨境流域水资源分配指标体系构建

水资源分配指标体系是一系列重要跨境水资源利用方面相关指标和影响因素

的有机组合，是跨境水资源分配中的关键问题，包含对水量供需要素进行量化评价和时空配置的指标，因此水资源分配指标体系是建立分配方案的重要依据。传统的水资源分配指标体系是跨境流域国在国际水法框架下确定水资源分配方案的协商谈判过程中所形成的考虑要素，跨境水资源的分配原则、准则、影响因素等最终均以指标的形式落实到分水方案中，因此建立合适的指标体系是实现水资源公平合理利用的前提。

基于水利益共享的水资源分配指标体系（简称"水利益共享指标体系"）是从传统的水资源分配指标体系发展而来，是基于全流域水利益共享的角度和水利益最大化的目标建立起来的指标体系，不仅考虑了水资源的公平合理利用，更从全流域整体出发考虑了跨境流域的整体性与共享性，该指标体系更适应于跨境流域水资源的合理利用，并符合流域国的利益追求。水利益共享最终也是落实到水资源利用上，因此明确水资源共享利用的影响因素是十分重要的。从传统水资源分配的角度来看，在实践中所考虑到的水资源分配影响因素直接影响水资源分配指标体系的选取，从而决定了水资源分配结果。

4.2.2.1　水资源共享利用的影响因素

在跨境水资源分配实践和国际水法律体系发展过程中，也形成了一些主要考虑因素，如《赫尔辛基规则》《柏林规则》等代表性国际涉水条法（水利部国际经济技术合作交流中心，2011）中均明确规定了跨境水资源利用时应考虑的因素，主要包含了描述流域自然环境条件及其演变的自然因素，以及描述流域内社会经济发展及水资源需求相关的社会因素两方面。

《赫尔辛基规则》中认为：首先应保证每个流域国在其境内有权公平合理分享国际流域内水域和利用的利益，在此基础上应考虑有关因素，其所占分量在全面衡量及其影响因素分析的基础上做出结论。包括但不限于下列各个方面：

①流域的地理条件，特别是各流域国境内水域的范围；
②流域的水文条件，特别是各流域国提供的水量；
③气候对流域的影响；
④过去对流域水系的利用情况，特别是目前的利用情况；
⑤各流域国的经济和社会需要；
⑥各流域国境内依靠流域的水源生活的居民；
⑦各流域国为满足其经济和社会需要所采用的可供选择的方法的费用比较；
⑧可以获得的其他资源；
⑨在利用流域水源时应避免浪费；
⑩对一个或几个流域国之间提供补偿以调整各种用途引起的矛盾；
⑪在不对其他流域国造成重大损害的条件下，对一个流域国的需要可以满足

的程度。

《柏林规则》则是在《国际水道非航行使用法公约》的基础上增加了以下两条：

①提议的或者现有利用的可持续性；

②尽量减少对环境的危害。

从以上内容不难看出，这些公约仅指出了需要考虑的因素类别，并未一一指明具体的操作指标，因此在实践中具有较大的活动空间，还需考虑流域的自然、社会实际因素进行落实。另外，上述影响因素只是基于水资源公平合理利用框架下的要求，然而实际上各跨境流域国很少能达到高度合作而使跨境水资源真正实现公平合理利用，其中还有国际水法体系发展、流域国之间的国际合作水平、各国科学技术发展水平、军事力量和外交等多方面因素的影响，因此任何一个跨境流域的分水方案都是上述各因素共用影响的结果。

4.2.2.2　已有的跨境水资源分配指标体系

国际河流因为流域跨越不同国家，流域开发中存在着诸多的利益冲突，具体体现为：①水域划界争议；②水量分配冲突；③水资源开发利用冲突；④水环境冲突。

参照国际上已有的跨界河流水资源分配模式，以及国际水法当中有关公平合理利用和生态系统维护与保持的原则表述，下游国应承认上游国的合理用水权利，上游国家生态保护行为给下游国带来利益，也有权要求回报。

可以参照的分配指标体系有：

①陈陆滢和黄德春（2013）鉴于目前国际河流水资源分配的原则，集成了对国际河流初始水权分配 5 种因素的影响。①现状性因素：在国际河流初始水权配置时应该尊重各国当前的用水历史和现状；②公平性因素：国际河流初始水权配置要遵循公平原则，保证水资源分配在各国流域之间的公平性；③效率性因素：跨国流域水权分配的目标之一是提高水资源在时间和空间上的利用效率，因此要针对水资源利用效率对各流域国家之间的水权配置进行指导；④生态环境因素：在水资源配置中要有效保护各国流域的生态环境，需要限制各国流域的污染排放容量，使其不超过水资源的承载能力；⑤协调性因素：流域各国对河流的水量贡献量不同，流域内人文环境和经济发展也不同，跨国流域水权分配在公平性的基础上提高国与国之间水权分配的协调性。具体因素的指标体系选取如图 4-4 所示。

指标体系分为四个层次，顶层为目标层 A，实现跨国流域水权分配；第二层为因素层 B，包括现状性因素、公平性因素、效率性因素、生态因素和协调性因素；第三次为指标层，共有 17 个指标；最后一层是区域层 C，表示跨国流域的各个地区。

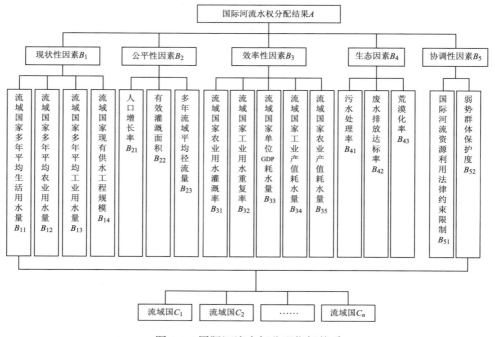

图 4-4　国际河流水权分配指标体系

②何大明等（2006）从分配模式和分配要素上构建了跨境河流的水资源分配指标体系（图 4-5），相对于图 4-4 而言，更加考虑水资源分配的时间和空间上的差别。国际清洁水框架从链接水道和毗邻水道两个角度提出了国际河流水资源分配原则、依据（International Freshwater Treaties Database，https://transboundarywaters.science.oregonstate.edu/content/international-freshwater-treaties-database）。

③郑剑锋等（2006）构建了多层次半结构性多目标模糊优选的水权分配指标体系（图 4-6）。

此外，维护河流健康、遵循国际法的跨境水资源分配将是寻求国际河流水资源公平合理和区域和平与稳定的最终目标，冯彦等（2015）等基于河流健康及国际合约构建了跨境水分配的关键指标，包括 8 个河流健康指标和 3 个国际合约指标。筛选出的河流健康评价的 8 个主要指标为：河岸植被覆盖率、河流连续性、湿地保留率、径流变化率、水质达标率、鱼类生物完整性指数、水资源利用率和土地利用率，并从国际合约中判识出跨境水分配的 3 个主要指标为：多年平均水量、最大取用水量和最小维持水量。

总体上，目前的跨境流域水分配的指标体系有以下特点：①指标多来自非跨境流域或区域的水资源分配，遵循了有效性、公平性和可持续性原则，但未体现出跨境流域国的水利益价值偏好；②指标体系还比较笼统和概括，缺乏具体的可以量化的详细指标，比较难以测度和计算；③已有研究关注到了河流健康和生态保护指标等，但并未与跨境流域的水资源分配关联，也未从全流域水利益共享角度阐释生态环境指标的效益。因而基于国际水法中公平合理的原则，实施跨境流域水利益分配，亟待提出一个基于水利益共享的、具有简明和可操作性的跨境水资源多目标分配指标体系。

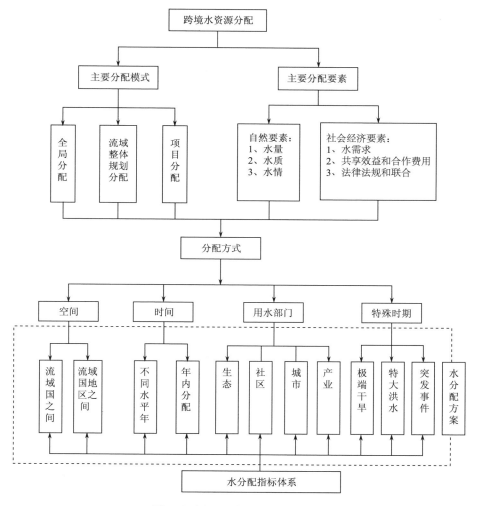

图 4-5　国际河流水分配指标体系

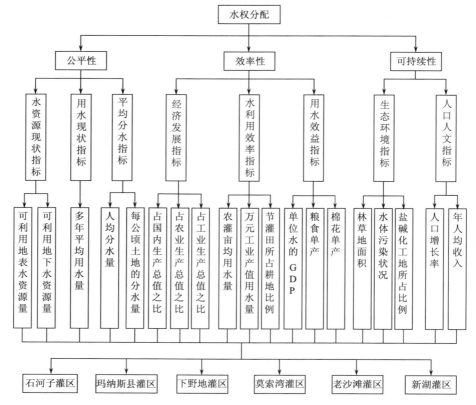

图 4-6　多层次半结构性多目标模糊优选的水权分配指标体系

4.2.2.3　水利益共享指标体系

何大明等（2005）从时空分布差异、用水部门以及特殊时期需求方面提出了水分配指标体系及其确定方法，主要涉及水文特征值、关键生态阈值、水量供需、分水目标和权序、分水原则等方面的指标。陈陆滢和黄德春（2013）考虑了国际河流水资源分配的原则，从现状性、公平性、效率性、生态健康性和协调性等 5个方面的因素建立了国际河流初始水权分配指标体系，其中现状性因素选择了流域国的生活用水、农业用水、工业用水、现有供水规模指标，公平性因素选择了人口增长率、有效灌溉面积和径流贡献量指标，效率性方面选择了灌溉率、工业用水重复率、单位 GDP 耗水量、工业产值耗水量、农业产值耗水量指标，生态因素选择了污水处理率、废水排放达标率和荒漠化率，协调性方面选择了国际法律约束、弱势群体保护指标。Kampragou 等（2007）从自然条件、社会、经济、利用、保护和可持续性等多方面构建奈斯托斯河（Nestos River）流域水资源分配指标体系，其中自然条件方面选择了地理、水文、气候、生态、水文地理等因素，社会方面选择了社会需求、人口、水资源依赖性等因素，经济方面选择了经济需求、成本等因素，利用方面选择了现状利用、潜在利用、经济性、替代资源等因素，保护方面选择了资源保护和生态保护等因素，可持续性方面选择了水资源可持续性因素，并确定了对应的各项指标。冯彦等（2015）基于国际法提出了 3 个跨境水分配关键指标：多年平均水量、最大取用水量和最小维持水量。

从以上已有的指标体系可以看出，虽然形式多样，但总体都对跨境流域的整体性和共享性考虑不够，而是着重考虑公平合理利用的原则，将水资源绝对和直接地分配给用水户。诚然，跨境水资源的公平合理利用原则是一项重要基本原则，源于跨境水资源共享实践，并以国际水法或公约的形式对未来跨境水资源共享提供的指导。但过于追求水资源的绝对公平合理时往往会限制水资源的利用效率，而基于利益共享与补偿的水利益共享理念则可以很好地弥补公平合理性的短板，提高水资源利用效率，增加流域整体水利益，从而为各国带来利益增量。

从起因上说，跨境水资源的争端也是由于水资源利用的跨境影响，水量影响是最具代表性的影响形式，诸如此类的还有生态影响、水情影响、水质影响、水安全影响等。跨境影响中既有有利的一面，也有有害的一面，既然损害赔偿已经成为一项共识性原则，那么利益补偿也同样应该是必要的。在国际合作的大背景下，跨境水资源合作也成为必然的选择，跨境流域国通过水资源合作能够实现水利益增值，所增加的水利益可在流域国之间进行共享与交换（可以预见未来将在流域以外的国家进行利益共享）。因此，跨境水资源分配指标体系中应该考虑水利益共享与补偿，从而形成跨境水利益共享指标体系。

水利益共享指标体系是实现水利益共享所要考虑的影响因素的直接体现，结合跨境水资源利用的基本原则和水利益共享的目的，水利益共享需要重点考虑成本与利益因素，因此水利益共享指标体系应从公平性、现状性、效率性和可持续性方面的影响因素来考虑。

公平性因素主要考虑各国对跨境流域及其水资源的贡献、人类基本需求等。其中贡献方面最重要的是径流贡献率和流域面积贡献率指标，人类基本需求是指支撑流域内人口基本生活保障的需水量，考虑到生活需水受到不同地域的影响，因此人类基本需求需要考虑流域内人口数量和人均需水量指标。

现状性因素主要是从历史沿革的角度，考虑流域国对跨境流域的现状开发利用量，主要分为消耗性利用和保障性利用。对水资源的消耗性开发利用是指引调水至河道外利用，通常有生活用水、工业用水、农业用水等；保障性利用是指河道内利用，如航运保障水量、渔业保障水量、水电保障水量等。河道内的水生态健康维持也需要一定水量，通常来说河道内的流量均可作为生态用水，因此河道生态用水不在现状性因素考虑之列。

效率性因素主要考虑用水产出、成本、用水能力，甚至一种水资源利用可能对其他国家带来的负面影响。用水产出主要考虑单方水用水产值和可重复利用率，用水成本主要考虑单方水用水成本，用水能力主要考虑现状开发水平或利用水平，如有效灌溉面积、装机容量等指标，水资源利用的负面影响则较为多样，可概括为用水额外损失，可根据实际情况考虑。

可持续性因素主要考虑流域内人类和自然所构成系统的可持续发展。自然方面主要考虑维持生态系统健康不受影响的生态保障水量，人类方面需要考虑人口增长率、洪旱灾害以及其他突发事件等，突发事件如水体污染、工程安全性等危及水安全方面的事件。

考虑到跨境流域的水资源利用及其利益与国际水权直接相关（赵志轩等，2018），因此水利益共享的结果是基于跨境水资源权属界定结果的，即首先要确定跨境水资源权属，基于权属确定各国应得利益，从而确定水利益共享与补偿的份额。

从结构上来说，水利益共享指标体系的建立主要从以下几个层次考虑：①目标层：解决问题所期望实现的目标，即通过水利益共享实现跨境水资源的多目标利用；②约束层：为了实现以上目标需要遵循的基本约束，这里主要考虑跨境水资源的权属划分；③协作层：为了实现以上目标，通过流域国之间的协作，实施水利益共享以实现满足各国对水利益的需求，利益共享对象主要包括供水、发电、防洪、抗旱、灌溉、渔业、航运和旅游等方面的效益；④准则层：水利益共享需要考虑的主要因素类型，即公平性因素、现状性因素、效率性因素和可持续性因素；⑤指标层：从准则层出发，所确定的需要具体考虑的各项指标，如前所述。根据以上论述，可建立水利益共享指标体系如图 4-7 所示。

4.2.3　跨境流域水资源多目标分配模型

考虑到澜湄流域各国水资源利用现状及需求状况，根据前述建立的基于水利益共享的跨境水资源多目标分配指标体系，以河流健康发展为约束，以全流域水资源开发利用效益最大为目标，建立如下水资源多目标分配模型：

$$\max Z = \max \left\{ \sum_t \sum_{i=1}^k \left(p_i^e \times x_i^e + p_i^a \times x_i^a + p_i^f \times x_i^f + p_i^s \times x_i^s + Ph_{i,t} \right) \right\} \tag{4-4}$$

即在满足各项约束条件的前提下，寻求全流域发电、农业、渔业、航运和防灾效益最大，其中防灾效益（$Ph_{i,t}$）包括防洪（$Pf_{i,t}$）和抗旱效益（$Pd_{i,t}$），

$$Ph_{i,t} = Pf_{i,t} + Pd_{i,t} \tag{4-5}$$

式中，t 为不同时期，包括平常年份、极端干旱、特大洪水和突发事件；k 为河流分水断面，此处指国家之间分水断面；Z 为全流域水利益；p_i^e 为发电用水单位水

量效益；x_i^e 为发电用水量；p_i^a 为农业用水单位水量效益；x_i^a 为农业用水量；p_i^f 为渔业用水单位水量效益；x_i^f 为渔业用水量；p_i^s 为航运用水单位水量效益；x_i^s 为航运用水量；其中农业用水量为消耗水量，其余均为保障水量。

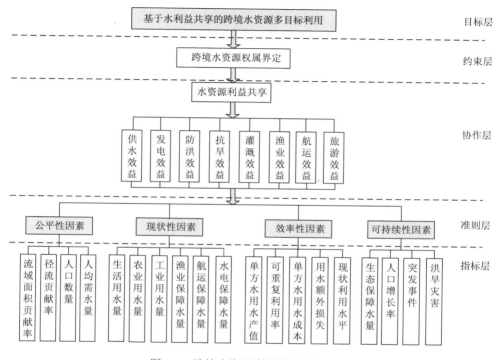

图 4-7　跨境水资源利益共享指标体系

对 t 时期，约束条件为

$$SW_{i,t} + \sum_{h \in UN_i} y_{(h \to i)t} = y_{(i \to j)t} + U_{i,t} \qquad \forall i,t \tag{4-6}$$

$$LU_{i,t} + MU_{i,t} \leqslant U_{i,t} \tag{4-7}$$

$$y_{(i \to j)t} - EnD_{i,t} \times z_{i,t} \geqslant 0 \qquad \forall i,t \tag{4-8}$$

$$\sum_t z_{i,t} \geqslant R \qquad \forall i,t \tag{4-9}$$

$$0 \leqslant x_i^e \leqslant ED_{i,t} \qquad \forall i,t \tag{4-10}$$

$$0 \leqslant x_i^a \leqslant AD_{i,t} \qquad \forall i,t \tag{4-11}$$

$$0 \leqslant x_i^f \leqslant FD_{i,t} \qquad \forall i,t \tag{4-12}$$

$$0 \leqslant x_i^s \leqslant SD_{i,t} \qquad \forall i,t \tag{4-13}$$

$$y_{(i \to j)t} \geqslant 0 \qquad \forall i,t \tag{4-14}$$

$$z_{i,t} = 0 \text{ 或 } 1 \qquad \forall i,t \tag{4-15}$$

式中，UN_i 为断面 i 以上断面（国家）；$SW_{i,t}$ 为第 i 个断面产水量（地表水）；$y_{(i \to j)t}$ 为第 i 到第 j 断面下泄水量；$U_{i,t}$ 为第 i 个断面用水总量；$LU_{i,t}$ 为第 i 个断面生活用水总量；$MU_{i,t}$ 为第 i 个断面重点发展领域用水总量，例如发电、农业、渔业等支柱产业；$EnD_{i,t}$ 为断面 i 在 t 时期的环境需水量；$z_{i,t}$ 为符号常量；R 为河道环境需水总量；$ED_{i,t}$ 为断面 i 在 t 时期的发电需水量；$AD_{i,t}$ 为断面 i 在 t 时期的农业灌溉需水量；$FD_{i,t}$ 为断面 i 在 t 时期的渔业保障需水量；$SD_{i,t}$ 为断面 i 在 t 时期的航运保障需水量；在流域遭遇水污染等突发事件情况下，各项用水指标除了生活用水以外均可分配给环境用水，即

$$U_{i,t} = EnD_{i,t} \times z_{i,t} \tag{4-16}$$

4.2.4　基于水资源共享机制的跨境流域水资源分配方法

跨境流域水资源多目标分配模型的根本目的是解决跨境流域水资源的利用问题。基于上述分配模型，以流域各部分区间产生的径流为输入，沿岸各国根据自身需要进行的取用水为参数，用水效益为输出，输入和输出之间则隐含流域水量平衡、社会经济发展等子系统，以下分别对各部分的功能及其具体实现进行描述。

考虑到澜湄流域水资源利用目标众多，且利益形式多样，难以统一量化，为了权衡多个利用目标之间的竞争性，采用追求主要目标、兼顾次要目标的方法，将生活用水、生态用水作为首要满足目标，以工、农业产值作为主要追求目标，将通航等其他次要目标作为约束条件，对次要目标预先给定一个确定的满足水平，在此基础上以水利益最大为目标进行寻优。鉴于当前条件还难以支撑复合分配模式的实施，因此在模型构建中采用全局分配模式。

4.2.4.1　基本假设

根据澜湄流域水资源分配准则以及研究需要，现提出以下合理性假设：

①根据实际用水资料对观测径流进行还原计算，考虑到观测径流中已经包含各项水量渗漏、蒸发等损失信息，因此基于还原径流的水资源分配不再考虑损失。

②基于以人为本的原则，各国生活用水不计算利益量。考虑到流域的整体性，生态健康性亦存在整体性，即健康的生态系统为流域各国所共享，因此生态效益亦不计算利益量，而作为流域国共享的利益。

③根据游珍等（2014）的研究成果，老挝的人口空间分布较为均匀，假定老挝的各项用水可按面积估算。假定各月工业需水、生活需水相等，农业用水受农时影响较大，因此农业用水按一定时间比例分配。

④根据水利益共享理念对流域国的合作要求，假定所建立的优化分配方案可通过国际协商实现，假定流域各国已达到充分合作水平，全流域的水利益可在相关国家之间进行交换和得到补偿，满足流域水资源及其利益合理利用与共享的条件，以保证能够在流域层面追求利益目标。

⑤考虑到各国的实际用水量处于不断变化之中，且难以获得真实用水数据，因此假定在选取的典型年中各国的用水量保持相对稳定，相应的农业产出水平亦维持不变。

⑥本模型目的在于应用水利益共享理念，以实现流域层面的利益最大化，为了便于对比水利益共享的优点，以相同总用水量作为分配基数。此时模型的本质为协调用水以增加总利益，因而必然出现各国用水增减的现象，为保证各国用水能得到最低保障，以当前用水的一定满足水平作为保障系数，确保满足基本需求。

⑦从流域各领域用水来看，工业用水占比不足 2%且各国接近，考虑到工业对支撑社会经济发展具有不可替代的作用，因此考虑优先满足工业用水，不计利益。

4.2.4.2　目标函数及约束条件

跨境水资源极易出现用水矛盾或争端，其原因之一就在于水量无法满足复杂的需求情形，而提高水资源利用合理性是缓解缺水的有效途径。为了实现跨境水资源的合理配置，提高水资源利用效率，本模型力求在满足各国的基本用水需求的基础上，协调各领域的用水效益目标，将全流域水利益最大作为目标函数，即

$$\max B(\boldsymbol{X}),\ \boldsymbol{X}=(x^1,x^2,\cdots,x^6)^{\mathrm{T}} \tag{4-17}$$

$$B(\boldsymbol{X})=\sum_{n=1}^{6}F_B(x^n WU_0) \tag{4-18}$$

$$\begin{cases} \sum_{n=1}^{6}x^n=1 \\ x^n \geqslant gx_0^n \end{cases} \tag{4-19}$$

式中，$n=1\sim6$，分别代表中国、缅甸、老挝、泰国、柬埔寨和越南；$B(\boldsymbol{X})$为在分配方案 $\boldsymbol{X}$ 下的各国总利益量，亿美元；WU_0 为流域各国总用水量，亿 m^3；$F_B(x^n WU_0)$ 为在分配水量为 x^n 时第 n 国的总利益量，由各利用领域的利益量构成，亿美元；

$F_B(x)$ 为分配水量 x 时的一国总利益计算函数；x^n 为第 n 国水资源分配权重，为待优化变量，%；x_0^n 为当前各国用水相对权重；g 为各国水量分配保障系数，各国取相同保障水平，在 0～1 之间取值，具体可根据协商确定。

根据前述水资源分配原则、准则及水利益共享要求，模型服从以下基本约束：

①根据维持现状利益的原则，各国当前水资源利用总利益不减少，各国最终获益通过利益协调与补偿实现，各国最终实际获益量不在本书讨论范围，因而其实质是全流域总利益增加：

$$B(X) > B_0 \tag{4-20}$$

式中，B_0 为各国当前用水总利益，亿美元。

②根据河流健康的原则，河道剩余水量应满足河道生态目标的基本需求，河道维持径流量不小于最低生态保障水平：

$$W \geqslant W_{eco} \tag{4-21}$$

式中，W 为河道余留水量，亿 m^3；W_{eco} 为河道生态最低保障水量，亿 m^3。

由于各利用目标之间存在明显的竞争关系，因此必然会出现各目标无法同时满足的情形，此时需要在各个目标之间确定目标满足的优先级。结合水资源分配准则和原则，以及流域各领域水量消耗相对大小来看，在水量充足时优先满足生活用水、生态用水，其次是农业、工业用水。在水量不足时，优先满足生活用水，其次是农业、工业用水，生态用水可酌情减少。对于用水量较少但不可忽视的用水领域可全部满足，如澜湄流域各国的工业用水占比不足 2%，可在分配时予以满足。

由于澜湄流域径流年内变化大，可能存在实际来水无法满足约束条件的情形。因此考虑将约束分为强约束和弱约束，强约束是指无论何种条件都必须满足，如生活用水、农业最低保障用水；弱约束是指应尽量满足，当实在无法满足时可考虑放宽满足程度而优先满足强约束，如通航、生态用水。

4.2.4.3 水量及利益计算

本部分主要说明所建立的澜湄流域水资源多目标分配模型的核心计算部分，包括水量计算和利益计算两方面，其中计算流程见图 4-8。

1）水量平衡

水量变化关系模拟是水资源系统模拟中最基本的功能，主要反映在自然和人类双重影响下的水循环关系，在一个计算单元中有以下关系：

出流量=上一单元出流量+区间入流量−损失量−蓄水量变化−耗水量

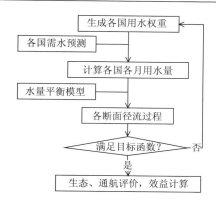

图 4-8　模型计算流程图

$$W_{u,t} = W_{u-1,t} + WR_{u,t} - WL_{u,t} - WS_{u,t} - WU_{u,t} \tag{4-22}$$

$$WU_{u,t} = \sum_{n=1}^{N} WUN_{u,t}^{n} \tag{4-23}$$

$$WUN_{u,t}^{n} = \sum_{f=1}^{F} WUNF_{u,t}^{n,f} \tag{4-24}$$

式中，u 为计算单元序号，$u=1\sim N$，N 为国家数量；t 为时段序号，$t=1\sim T$，T 为时段数量；f 为用水领域序号，$f=1\sim F$，F 为用水领域数量；$W_{u,t}$ 为第 u 单元、t 时段的河道径流量，以断面径流量表示，亿 m^3；$WR_{u,t}$ 为第 u 单元、t 时段的区间来水量，亿 m^3；$WL_{u,t}$ 为第 u 单元、t 时段的单元水量损失，包含渗漏量、蒸发量等，亿 m^3；$WS_{u,t}$ 为第 u 单元、t 时段的蓄水量变化值，亿 m^3；$WU_{u,t}$ 为第 u 单元、t 时段的用水量，亿 m^3；$WUN_{u,t}^{n}$ 为第 u 单元、t 时段内第 n 国的用水量，亿 m^3；$WUNF_{u,t}^{n,f}$ 为第 u 单元、t 时段内第 n 国在第 f 领域的用水量，亿 m^3；其余符号同前。

2）供需分析

供需分析包含可供水量计算和需水量计算两方面，其中可供水量表示为天然径流（指计算单元中取用水影响前的还原径流）扣除河道保障水量、最低下泄量和损失量之后的剩余径流量。其中河道保障水量主要指生态、航运、养殖等用水，而河道保障水量为上述最低保障水量的最大值。最低下泄量为下游各项最小需水量反馈至当前计算断面处的最低径流要求，主要为生活所依赖的重点领域需水量。

在模型计算中表示为

$$S_{u,t} = W_{u-1,t} + WR_{u,t} - WL_{u,t} - WG_{u,t} - RD_{u,t} \tag{4-25}$$

$$WG_{u,t} = \max(W_{\text{eco}u,t}, W_{\text{ship}u,t}, W_{\text{fish}u,t}) \tag{4-26}$$

式中，$S_{u,t}$ 为第 u 单元、t 时段的可供水量，亿 m^3；$WG_{u,t}$ 为第 u 单元、t 时段的河道内用水保障水量，亿 m^3；$RD_{u,t}$ 为第 u 单元、t 时段内下游的最低水量要求在当前断面的折算值，亿 m^3；$W_{ecou,t}$、$W_{shipu,t}$、$W_{fishu,t}$ 分别为第 u 单元、t 时段的生态、航运、养殖河道内保障水量，亿 m^3。

需水量的根本动因在于人，由于人口发展而带来各用水领域的水量需求变化，因此需水量计算包含各领域用水需求，其中单元需水量表示为

$$D_{u,t}=\sum_{n=1}^{N}DN_{u,t}^{n} \tag{4-27}$$

$$DN_{u,t}^{n}=\sum_{f=1}^{F}DNF_{u,t}^{n,f} \tag{4-28}$$

式中，$D_{u,t}$ 为第 u 单元、t 时段的需水量，亿 m^3；$DN_{u,t}^{n}$ 为第 u 单元、t 时段内第 n 国的需水量，亿 m^3；$DNF_{u,t}^{n,f}$ 为第 u 单元、t 时段内第 n 国在第 f 领域的需水量，亿 m^3。

在计算各国需水量时，某些领域难以直接确定需水量，而通常是由各用水领域用水主体需求量和单位用水主体需水量来计算，因此一国在某用水领域需水量可表示为

$$DNF_{u,t}^{n,f} = YNF_{u,t}^{n,f} CNF_{u,t}^{n,f} \tag{4-29}$$

式中，$YNF_{u,t}^{n,f}$ 为第 u 单元、t 时段内第 n 国在第 f 领域的用水主体量；$CNF_{u,t}^{n,f}$ 为第 u 单元、t 时段内第 n 国在第 f 领域的单位用水主体需水量，亿 m^3/用水主体；其余符号同前。

3）利益计算

利益是指某种水资源分配利用方案下的产出的衡量，是水资源利用效率的直接体现，也是衡量水资源分配合理性的指标。对于可量化的水利益来说，一国用水利益则可从该国各用水领域的利益计算，各用水领域产出利益根据用水量和单位用水量效益计算，考虑到各国货币的差异，采用货币转换因子将各国用水利益统一到同一种货币水平下，因此一国的用水利益表示为

$$\begin{cases} BN^{n}=F_{B}(x^{n}WU_{0})=\sum_{f=1}^{F}WUNF^{n,f} ENF^{n,f} CN^{n} \\ \sum_{f=1}^{F}WUNF^{n,f} = x^{n}WU_{0} \end{cases} \tag{4-30}$$

$$WUNF^{n,f}=\sum_{u=1}^{U}\sum_{t=1}^{T}WUNF_{u,t}^{n,f} \tag{4-31}$$

式中，BN^{n} 为第 n 国的水利益总量，亿美元；$WUNF^{n,f}$ 为第 n 国在第 f 领域的总用水量，亿 m^3；$ENF^{n,f}$ 为第 n 国在第 f 领域的单位用水效益，亿美元/亿 m^3；CN^{n} 为第 n 国货币转换至某一货币的汇率，具体参考当年货币汇率确定；其余符号同前。

4.2.4.4　模型优化求解

该模型涉及多时空尺度，具有明显的非线性特征。为了高效地获得满意的分配方案，采用 SCE-UA 算法（图 4-9、图 4-10）进行寻优（刘峻明等，2018；邓元倩等，2017）。该算法是一种全局优化算法，综合了确定性搜索、随机性搜索技术，并结合自然界中的生物竞争进化原理，能对高维度、非线性、不连续等复杂问题进行高效寻优。本书采用 SCE-UA 算法对各国分配水量权重进行自动优化，算法步骤介绍如下（Duan et al.，1993）。

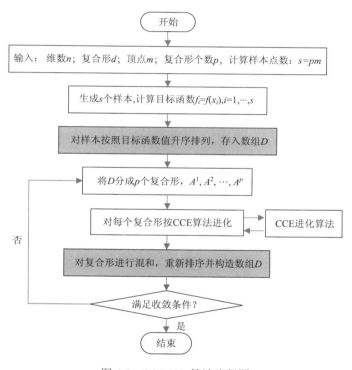

图 4-9　SCE-UA 算法流程图

a）初始化：假定待求解问题是 n 维问题，即待优化参数的个数，选取参与进化的复合形的个数 p（$p \geq 1$）和每个复合形所包含的顶点数目 $m(m \geq n+1)$。计算样本点数目 $s=pm$。

b）产生样本点：在可行域内随机产生 s 个样本点 $x_1, \cdots, x_s$，分别计算每一点 x_i 的函数值 $f_i = f(x_i)$，$i=1, \cdots, s$。

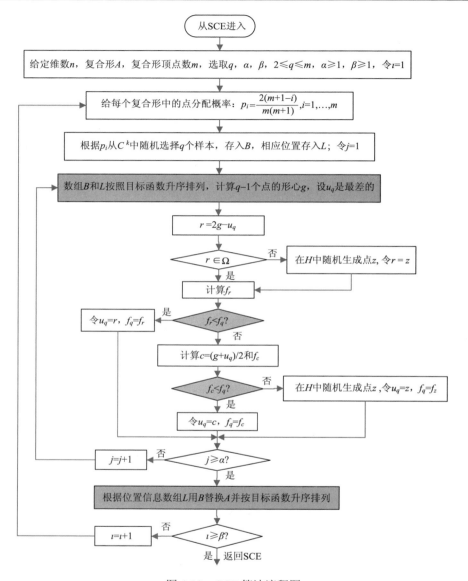

图 4-10   CCE 算法流程图

c）样本点排序：把 s 个样本点(x_i, f_i)按照函数值的升序排列，排序后不妨仍记为(x_i, f_i)，$i=1,\cdots,s$，其中$f_1 \leqslant f_2,\cdots,f_s$，记 $D=\{(x_i, f_i)$，$i=1,\cdots,s\}$。

d）划分为复合形群体：将 D 划分为 p 个复合形 $A^1,\cdots,A^p$，每个复合形含有 m 点，其中 $A^k=\{(xkj, fkj) \mid xkj=x_{j+(k-1)m}$，$fkj=f_{j+(k-1)m}$，$j=1,\cdots,m\}$，$k=1,\cdots,p$。

e）复合形进化：按照竞争的复合形进化算法（CCE）分别进化每个复合形。

f）复合形掺混：把进化后的每个复合形的所有顶点组合成新的点集，再次按照函数值的升序排列，排序后不妨仍记为 D。

g）收敛性判断：如果满足收敛条件则停止，否则回到 d）步。

竞争的复合形进化算法（CCE）是 SCE-UA 算法的核心部分，CCE 算法实现步骤如下。

a）初始化：选取 q，α，β，这里 $2 \leqslant q \leqslant m$，$\alpha \geqslant 1$，$\beta \geqslant 1$。$p_i = 2(m+1-i)/((m+1)m)$。

b）分配权重：对第 A^k 个复合形中的每个点分配其概率质量，这样较好的点就要比稍差的点有较多的机会形成子复合形。

c）选取父辈群体：从 A^k 中按照概率质量分布随机地选取 q 个不同的点 $u_1, \cdots, u_j$，并记录 q 个点在 A^k 中的位置 L。计算每个点的函数值 v_j，把 q 个点及其相应的函数值放于变量 B 中。

d）进化产生下一代群体：

（a）对 q 个点以函数值的升序排列，计算 $q-1$ 个点的形心：$g = \sum_{j=1}^{q-1} u_j / (q-1)$。

（b）计算最差点的反射点。

（c）如果 r 在可行域内，计算其函数值 f_r，转到（d）步。否则，计算包含 A^k 的可行域中的最小超平面 H，从 H 中随机抽取一可行点 z，计算 f_z，以 z 代替 r，f_z 代替 f_r。

（d）若 $f_r < f_q$，以 r 代替最差点 u_q，转到（f）步；否则，计算 $c=(g+u_q)/2$ 和 f_c。

（e）若 $f_c < f_q$，以 c 代替最差点 u_q，转到（f）步；否则，计算包含 A^k 的可行域中的最小超平面 H，从 H 中随机抽取一可行点 z，计算 f_z，以 z 代替 u_q，f_z 代替 f_q。

（f）重复步骤（a）到步骤（e）α 次。

e）取代：把 B 中进化产生的下一代群体即 q 个点放回到 A^k 中原位置 L，并重新排序。

f）迭代：重复步骤 a）到步骤 e）β 次，它表示进化了 β 代，也即每个复合形进化了多远。

SCE-UA 方法包含多种随机和确定的成分，参数的设置会影响到优化的效果。SCE-UA 中的参数包括复合形的数目 p、复合形中点的个数 m、子复合形中点的个数 q、样本所需要的最小复合形数目 $p_{\min}$、复合形生成的连续子辈数目 α 和复合形进化的代数 β。研究表明，SCE-UA 算法建议取 $m=2n+1$，$q=n+1$，$\alpha=1$，$\beta=2n+1$。

结合 SCE-UA 算法，模型的具体分配实现方法如下。

（1）径流还原

由于断面观测到的径流是受各国用水影响后的结果，因此有必要对观测径流进行还原，得到天然或接近天然状态下的各区间来水过程。根据基本假设，暂不考虑水量损失，其中生活用水、工业用水在各月分布均匀，农业用水根据农时按既定比例进行分配。具体实现方法是基于前述建立的水量平衡模型，将各时段的相邻断面观测径流、用水量、上断面来水等作为输入，逐时段计算得到各断面的还原径流，相邻断面之间的还原径流差即为区间来水。掌握了各区间的天然来水之后即可对各部分的水资源进行重新分配。

（2）参数及其边界设置

首先明确待优化参数的个数。根据本书实际情况，待优化变量为流域 6 国的水量分配权重，且各权重之和为 1，因此实为 5 个变量，记为 x^i，$i=1,\cdots,5$，$x^6=1-\sum_{j=1}^{5}x^i$，即 $n=5$，同时确定 $m=11$，$q=6$，$\alpha=1$，$\beta=11$。

根据前文分析结果，农业用水量占比超过 90%，因此本书考虑优先满足现状生活用水和工业用水这两类消耗性用水，以农业总用水 WU_0 作为分配基数，因此各国农业分配水量为 WU_0x^i，$i=1,\cdots,6$。

各国当前用水的分配权重分别为 x_i^0，$i=1,\cdots,6$，各国分配水量的保障系数为 g，则各国分配权重的下限为 $g\cdot x_0^i$，$i=1,\cdots,6$。显然，易于确定各国分配权重小于 1，实际上即使是在极端情形下也不可能达到 1，也就是当其中 5 国均为最小保障权重时，计算可得各国分配权重上限为 $g\cdot x_0^i+1-g$。考虑到各国最大灌溉面积用水量限制，估算各国最大农业用水量相对农业总用水的占比，记为 x_m^i，则各国分配权重上限为 $\min(g\cdot x_0^i+1-g, x_m^i)$。

以各国现状分配权重为参数初始值。

（3）径流分配计算

在获得一组参数后，将区间来水和各国水资源分配量输入水量平衡模型中，逐断面、逐时段计算直至河口，以航运、生态等次要目标作为约束条件控制各个计算节点。其中生活用水、工业用水优先满足，农业用水按既定分配比例分配至各月。

（4）利益计算

根据模型中利益计算方法，不计生活用水利益和工业用水利益，航运和生态利益作为保障性利益在全流域共享，因此本书主要计算流域各国的农业用水总产值利益，基于现状农业用水产出效率和单位农业产量价值进行估算。

（5）确定迭代终止条件

设置目标函数最大运行次数为 100 000 次，优化循环次数为 100 次，目标函数变化阈值为 0.01%。

4.3　不同典型年澜湄流域水量分配方案集

4.3.1　水量分配情景设置

4.3.1.1　研究分区

由于澜湄流域跨越多个国家，为了体现不同国家之间的利用差异，遵循流域国等权参与和各国在本国境内利用的原则，根据流域的地理分布对流域进行研究分区的划分，以便更精确描述水资源的时空变化。由于澜湄流域为多条支流入海，目前缺乏河口入海径流资料，因此假定一个河口断面，将上丁—河口区间经分配利用后的径流余留量作为河口断面径流（表 4-9）。

表 4-9　研究分区及代表断面

分区	范围	代表断面	取水国家
分区 1	允景洪以上	允景洪	中国
分区 2	允景洪—清盛	清盛	缅甸
分区 3	清盛—万象	万象	老挝上游
分区 4	万象—上丁	上丁	老挝下游+泰国
分区 5	上丁—河口	河口	柬埔寨+越南

1）分区 1：允景洪以上

该分区全部位于中国境内，地形上峡谷深切，水电资源丰富。该部分流域水资源利用主体为中国，以允景洪站代表中国的利用对水资源的影响。

2）分区 2：允景洪—清盛

该分区从中国出境后以界河形式位于老挝和缅甸之间，该区间的部分流域位于缅甸境内，由于缅甸对流域面积及径流贡献率均较小，以清盛站代表缅甸的利用对水资源的影响。

3）分区 3：清盛—万象

清盛—万象区间大部分位于老挝境内，少数位于缅甸和泰国。由于老挝跨越范围较大，因此以万象站为界将老挝划分为上下游两部分，根据流域面积比例计算得两部分分别占全部面积比例为 0.45 和 0.55，同时老挝的各项用水量均按此比例进行估算。以万象站代表老挝上游部分对水资源利用的影响。

4）分区 4：万象—上丁

该部分主要位于老挝和泰国之间，且在两国分布较为均匀。以上丁站代表老挝下游部分和泰国对水资源利用的影响。

　　5）分区 5：上丁—河口

　　上丁—河口区间主要位于越南和柬埔寨两国，由于柬埔寨拥有极为复杂的洞里萨湖流域，越南拥有同样复杂的三角洲地区，因此将该部分作为一个整体更便于分析。以河口余留径流代表柬埔寨和越南对水资源利用的影响。

4.3.1.2　典型年选择

　　根据以上分区结果，收集澜湄流域干流允景洪、清盛、琅勃拉邦、万象、穆达汉、上丁等测站的日流量观测资料，各站系列长度见表 4-10。考虑到本书的目的性，即主要针对枯水年份，结合各项所需资料的可得性和有效性，首先计算各站年径流的经验频率，并选取了 2005～2008 年为典型年。考虑到降雨的空间分布不均所致的来水水平空间差异性，为了了解所选典型年中丰枯水平的空间差异性，以允景洪站作为上游代表站、万象站作为中游代表站、上丁站作为下游代表站，分析了各年来水水平的空间特征，各典型年不同站点经验频率及流域丰枯特征见表 4-11。从流域丰枯特征来看，所选年份中流域的来水水平有一定的空间差异，其中 2008 年中游来水较多（相对于万象站而言），其他年份各站来水水平为平水年或枯水年。从上丁站（接近流域出口）来说，所选年份多为平水年，满足研究需要。为便于描述，以下所指年份即为当年来水情景。

表 4-10　各站流量资料系列长度

站点	允景洪	清盛	琅勃拉邦	万象	穆达汉	上丁
系列长度	1956～2015 年	1960～2012 年	1960～2012 年	1960～2006 年	1960～2012 年	1960～2012 年

表 4-11　典型年各站年径流经验频率及流域来水丰枯特征

年份	允景洪	清盛	万象	上丁	流域丰枯特征
2005	<u>75%</u>	<u>85%</u>	<u>75%</u>	44%	上中游枯、下游平
2006	<u>89%</u>	28%	67%	63%	上游枯、中下游平
2007	44%	24%	65%	<u>76%</u>	上中游平、下游枯
2008	52%	**6%**	**8%**	43%	上下游平、中游丰

注：加粗数字表示来水为丰，下划线数字表示来水为枯。

　　由于受资料限制，需要对万象站 2007～2008 年径流资料进行插补延长。采用临近万象站的琅勃拉邦站（上游站）和穆达汉站（下游站）进行多元回归分析，得到回归方程系数及回归相关系数（见表 4-12），其中回归方程为

$$y = k + ax_1 + bx_2 \tag{4-32}$$

式中，x_1 表示琅勃拉邦站径流，x_2 表示穆达汉站径流，k、a、b 为回归系数。

表 4-12　万象站径流插补回归方程系数

月份	k	a	b	R^2	p
1	−2.60	0.56	0.35	0.90	2.27×10^{-22}
2	28.62	0.50	0.38	0.80	4.51×10^{-16}
3	40.11	0.50	0.38	0.79	7.31×10^{-16}
4	−51.66	0.62	0.37	0.82	6.29×10^{-17}
5	19.87	0.71	0.26	0.92	3.77×10^{-25}
6	137.05	0.85	0.09	0.93	1.54×10^{-26}
7	135.36	0.83	0.11	0.95	4.40×10^{-29}
8	144.96	0.93	0.08	0.95	5.85×10^{-29}
9	466.31	0.84	0.15	0.93	1.75×10^{-25}
10	298.72	0.79	0.18	0.93	1.09×10^{-26}
11	−133.34	0.76	0.26	0.96	3.27×10^{-32}
12	−110.86	0.65	0.33	0.95	1.80×10^{-29}

　　从回归方程的相关系数 R^2 来看，3 月份的 R^2=0.79 为最小，其他月份均高于 0.8，各月回归方程的显著性检验值 p 均接近 0，即回归方程显著，因此各月份所得回归方程效果均较好，可用于万象站径流的插补。各断面观测流量如图 4-11 所示。

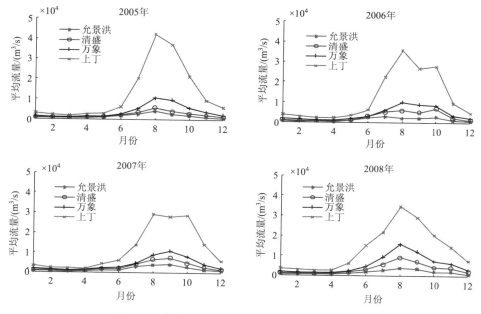

图 4-11　各典型年断面观测流量（彩图见文后）

4.3.1.3　用水、来水及保障需水

农业用水是澜湄流域的主要用水领域和用水焦点之一，农业用水的时空分配对水资源的优化利用存在显著影响。从文献中收集到流域各国的农业用水年内月分配过程（于洋等，2017；傅豪和杨小柳，2014）。从表 4-13 中可以看出，澜湄流域的农业用水资源分配过程存在明显差异，中国、缅甸、泰国以雨季用水为多，而老挝、越南、柬埔寨则是在枯季用水为多，且下游四国均为用水大户，因此用水矛盾不言而喻。

表 4-13　各国农业用水年内月分配过程　　　　　（单位：%）

国家	1 月	2 月	3 月	4 月	5 月	6 月	7 月	8 月	9 月	10 月	11 月	12 月
中国	2.4	2.4	5.2	11.3	14.9	16	16.2	15.6	8.7	2.5	2.7	2.1
缅甸	8	8	5	13	17	13	8	5	5	5	5	8
老挝	16	12	11	6	3	2	9	1	4	10	9	17
泰国	7	7	6	2	8	6	11	10	10	16	11	6
柬埔寨	14	13	10	7	5	9	8	4	5	6	8	11
越南	16	15	12	15	9	5	5	3	3	2	3	12

考虑到资料的有效性和研究实际需要，搜集到了澜湄流域 2007 年用水资料以及社会经济资料，见表 4-14，实际用水资料年与典型年最长间隔 2 年，可认为期间社会经济发展较小，即用水需求和用水水平相近，2007 年用水资料可代表典型年。

表 4-14　澜湄流域 2007 年用水数据

指标名称	中国	缅甸	老挝	泰国	柬埔寨	越南	合计
生活用水/亿 m³	4.1	0.1	2.39	11.23	5.2	5.45	28.47
农业用水/亿 m³	21.43	1.36	39.44	98.09	89.54	259.14	509
工业用水/亿 m³	2.15	0.03	0.2	1.4	0.2	1.22	5.2
总用水量/亿 m³	27.68	1.49	42.03	110.72	94.94	265.81	542.67
耕地面积/万 hm²	65.8	27.93	86.3	976.8	263.2	270.7	7320
灌溉面积/万 hm²	21.3	1.4	16.6	141.2	50.4	191.9	1690.73
亩产值/（美元/亩[①]）	275	274.2	291	300	287	218	—
亩产量/（kg/亩）	772	776	766	781	775	786	—

---

① 1 亩 ≈ 666.67 平方米

从表 4-14 中可知下游五国农业用水占比均超过该国用水的 90%,生活用水约占 2%～10%,工业用水占比不超过 2%。根据前述分配方法,生活用水和工业用水相对农业用水来说占比极小,可在分配时考虑予以全部满足,在较大程度上简化问题的复杂性。经对 2007 年情景优化分配方案检验,改变工业用水分配量时,分配方案变化极小,即分配方案结果对工业用水变化不敏感,可在分配时全部满足。

根据表 4-14 中的用水和图 4-11 中的断面观测径流,采用前述建立的水量平衡模型,暂不考虑各项水量损失项,对各研究分区(当前断面与相邻上断面之间)的区间来水径流进行还原计算,结果见图 4-12。

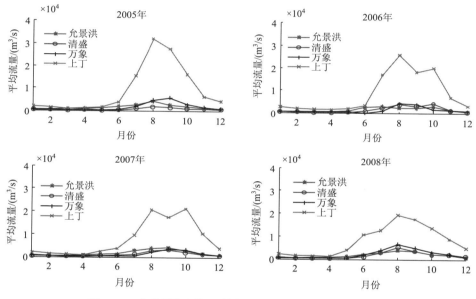

图 4-12 各典型年区间天然径流还原结果(彩图见文后)

根据流域的实际保障水量需求情况,目前较为公认的水量约束如下:允景洪下泄流量不得小于 504 m³/s(张丽丽等,2015)、越南三角洲(以河口利用后的余留水量表示)需要 1500 m³/s 的流量用于防止海水倒灌。其他代表断面采用多年平均流量的 10%作为最小生态流量(于洋等,2017;赵志轩等,2018)。各代表断面的基本生态保障流量如图 4-13 所示。

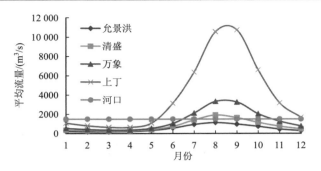

图 4-13　生态需求保障流量（彩图见文后）

通航是湄公河干流的重要利用领域。根据李晋鹏（2017）的研究成果，在旱季时，冲积平原河段深泓线水位低于 2～5m 时、基岩河段深泓线水位低于 5～10m 时，将对通航能力造成显著影响。为了保障各重要通航河段得到一定的通航保障，考虑到径流的年内变化过程，在雨季时通航条件较好，因而实际需求也更大，为了满足通航需求的年内变化，考虑在清盛、万象、上丁等代表断面将各时段现状最小流量作为通航保障流量，河口因缺乏数据，暂不考虑通航需求，具体见图 4-14。

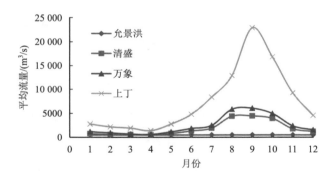

图 4-14　通航需求保障流量（彩图见文后）

由于湄公河为多口入海，难以观测实际入海水量。根据郭思哲（2014）的统计结果，上丁站的累积径流约为流域总径流的 90%，因此对于上丁—河口分区的区间天然来水按上丁站观测径流的 1/9 估算。由此计算得到各典型年上丁—河口区间的天然来水（利用影响前的来水），并按河口区间国家（柬埔寨和越南）的用水量进行扣除估算后得到可供冲咸的余留水量（图 4-15）。

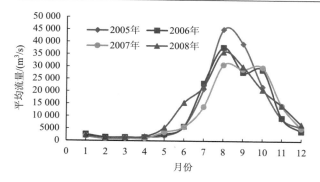

图 4-15　河口断面余留径流估算（彩图见文后）

4.3.2　水量分配方案及用水效益评价方法

在分配方案评价中主要涉及农业效益评价和通航、生态满足度评价，其中农业效益评价方法如下：

$$PV = W_i \cdot CA_i \cdot V_i \tag{4-33}$$

$$PY = W_i \cdot CA_i \cdot Y_i \tag{4-34}$$

式中，PV 为农业产值，千万美元；PY 为农业产量，千万 t；CA_i 为各国总可耕地面积，万 hm^2；V_i 为各国单位面积产值，千万美元/万 hm^2；Y_i 为各国单位面积产量，万 t/万 hm^2；W_i 为各国分配水量相对总水量需求的比值。

通航、生态满足度评价则是结合断面流量和生态、通航需求保障流量计算，相应的满足度大于 1 表示满足保障需求，否则为不满足，计算方法如下：

$$SC = SR_{t,j}/SF_{t,j} \qquad\qquad j = 1, \cdots, K \tag{4-35}$$

$$SCM = \min_{t=1\sim T}(SR_{t,j}/SF_{t,j}) \quad j = 1, \cdots, K \tag{4-36}$$

$$SCA = \frac{1}{T}\sum_{t=1}^{T}(SR_{t,j}/SF_{t,j}) \quad j = 1, \cdots, K \tag{4-37}$$

$$EC = SR_{t,j}/EF_{t,j} \qquad\qquad j = 1, \cdots, K \tag{4-38}$$

$$ECM = \min_{t=1\sim T}(SR_{t,j}/EF_{t,j}) \quad j = 1, \cdots, K \tag{4-39}$$

$$ECA = \frac{1}{T}\sum_{t=1}^{T}(SR_{t,j}/EF_{t,j}) \quad j = 1, \cdots, K \tag{4-40}$$

式中，SC 为时段通航满足度；SCM 为断面最小通航满足度；SCA 为断面平均通航满足度；EC 为时段生态满足度；ECM 为断面最小生态满足度；ECA 为断面平均生态满足度；K 为断面数量；T 为时段数量；$SR_{t,j}$ 为分配后的时段断面水量，m^3/s；$SF_{t,j}$ 为断面通航时段需水量（即维持水位所需要的水量），m^3/s；$EF_{t,j}$ 为断面生态保障时段需水量，m³/s。

现状水平用水是指在当前水资源分配比例条件下各利用目标的满足情况。主要分为两部分，一是当前用水量对应的产出量，主要考虑农业产值；二是在当前的用水水平和典型年来水条件下，河道利用目标的满足情况，主要是指通航满足度和生态满足度。根据上一节介绍的评价计算方法，可直接计算出各国现状用水效益，见表4-15。

表4-15　各国现状用水效益评价

指标	中国	缅甸	老挝	泰国	柬埔寨	越南	合计
农业需求满足度	0.32	0.05	0.19	0.14	0.19	0.71	0.30
总用水量权重/%	5.1	0.3	7.7	20.4	17.5	49.0	100
农业用水权重/%	4.2	0.3	7.7	19.3	17.6	50.9	100
农业产值/千万美元	87.9	5.8	72.5	635.4	217.0	627.5	1646.1
农业产量/万 t	246.7	16.3	190.7	1654.2	585.9	2262.5	4956.3
灌溉面积/万 hm²	21.3	1.4	16.6	141.2	50.4	191.9	422.8
农业用水量/亿 m³	21.4	1.4	39.4	98.1	89.5	259.1	508.9

由表4-15可知现状水平下各国的农业需求满足水平均较低，全流域总体满足水平仅0.3（即总实际有效灌溉面积与总可耕地面积的比值），除越南满足水平达到0.71以外，其余各国满足水平均不足三成，因此灌溉方面还有很大的开发潜力。

为了评估新建分配方案相对于现状分配方案的效果，除了评价现状分配方案下的效益外，还需评价现状通航和生态的满足水平。通航和生态的现状满足水平评价方法是将各国现状用水量和典型年各区间天然来水输入水量平衡模型中，逐断面演算至下游，即可得到各断面的余留水量，采用满足度（见公式（4-35）～公式（4-40））对生态、通航满足水平进行初步评价。

采用上述评价方法，对现状条件下（即现状分配方案）各典型年的通航和生态满足水平进行评价，结果见表4-16。其中，实测断面（指允景洪、清盛、万象和上丁断面）的各年实测径流可很好地满足生态需求，各时段最小生态满足度和平均生态满足度都大于1，景洪站、清盛站部分时段的通航需求未能满足，出现的时间主要是枯季，但也高于0.7（文云冬，2016）这一通航保证率，即通航需求能得到较好保障。因此从上述评价结果来看，现状条件下生态和通航满足较好，即相应保障流量选择合理。

表 4-16　现状用水水平下通航和生态满足水平

典型年份	指标	允景洪	清盛	万象	上丁	河口
2005	最小生态满足度	2.64	2.46	2.50	1.97	**0.25**
	平均生态满足度	3.17	3.03	3.06	3.16	8.59
	最小通航满足度	1.08	**0.77**	1.17	1.00	—
	平均通航满足度	3.12	1.39	1.63	1.52	—
2006	最小生态满足度	1.90	2.14	2.70	1.99	**0.50**
	平均生态满足度	2.80	3.37	3.14	3.28	8.13
	最小通航满足度	**0.91**	1.05	1.34	1.05	—
	平均通航满足度	2.84	1.53	1.66	1.55	—
2007	最小生态满足度	2.22	2.66	2.23	1.93	**0.18**
	平均生态满足度	3.21	3.53	3.28	3.19	7.60
	最小通航满足度	**0.89**	1.16	1.39	1.11	—
	平均通航满足度	3.44	1.59	1.72	1.44	—
2008	最小生态满足度	2.59	3.30	3.14	2.70	**0.63**
	平均生态满足度	3.25	4.10	4.12	3.90	8.75
	最小通航满足度	1.13	1.07	1.42	1.21	—
	平均通航满足度	3.35	1.87	2.23	1.84	—

注：加粗表示未满足，下同。

从河口断面生态满足水平来看，如表 4-16 最后一列（河口）所示，平均生态满足度远高于其他断面，而最小生态满足度却低至 0.18，因此现状条件下河口断面的生态满足水平较差。从图 4-15 可知，河口区间的径流年内变化大，尤其在枯季时，部分月份余留流量不足 1000 m³/s，远远达不到生态保障流量需求，这导致生态满足水平较低。

4.3.3　基于权重法的水资源分配方案

权重法分配方案是基于各流域国对流域水资源的需求和贡献综合分析的结果，公平合理原则较为显著，因而可能被跨境流域水资源分配所采用。为了评价基于水利益共享的澜湄流域水资源分配方案的合理性，首先采用常见的权重法计算各国水量分配权重，并评价权重法分配方案下的水利益。

当前澜湄流域内尚无公认的水量分配方案，基于指标分析的权重法分配结果仍然是重要参考依据，尤其体现在分配总量方面。当前已有少量关于澜湄流域水资源分配的研究成果，不同研究者考虑的侧重点和采用的方法不尽相同，导致分配结果亦存在较大差异（赵志轩等，2018）。

考虑到权重法通常易受到研究者的主观影响。典型的就是层次分析法中需要研究者自行决定不同指标之间的相对评价值，因此考虑采用更加客观性的基于博弈论的组合赋权法进行分析（鲁佳慧和唐德善，2018），以获得更为客观合理的权重。

4.3.3.1　方法介绍

1）基于博弈论的组合赋权法

基于博弈论的组合赋权法（吴小萍等，2012）是运用博弈论的方法，在不同权重结果之间寻找一种均衡，最小化不同权重与最优权重之间的偏差，达到主、客观权重兼顾的协调结果；主要是基于层次分析法的主观赋权和熵值法的客观赋权，最终得到反映决策者主观意向与指标客观属性的组合权重。本书以层次分析法和熵值法两种权重组合为例，具体计算方法见鲁佳慧和唐德善（2018）的研究。

设 L 种（本书 $L=2$）指标权重结果为 $\boldsymbol{W}_k=\{W_{k1}, W_{k2}, \cdots, W_{kn}\}(k=1,2,\cdots,L)$，$n$ 为指标个数，k 为权重个数。权重线性组合系数为 $\alpha_i=[\alpha_1, \alpha_2, \cdots, \alpha_L]$，则组合权重 w 为

$$w = \sum_{k=1}^{L} \alpha_k \boldsymbol{W}_k^{\mathrm{T}} \tag{4-41}$$

当 α_i 为最优组合系数时，w 即为最优组合权重。

根据博弈论的思想，以 w 和 $\boldsymbol{W}_k$ 的离差最小为目标，对上述线性组合系数进行优化，目标函数为

$$\min \left\| \sum_{k=1}^{L} \alpha_k w_k^{\mathrm{T}} - \boldsymbol{W}_k \right\|_2 \qquad k=1,2,\cdots,L \tag{4-42}$$

最优化一阶导数条件为

$$\sum_{k=1}^{L} \alpha_k^* w_k w_k^{\mathrm{T}} = w_k w_k^{\mathrm{T}} \tag{4-43}$$

对求得的 α_k^* 进行归一化即可得到线性组合系数 α_i，进而得到组合权重 w。

2）层次分析法（AHP）

层次分析法是一种常见的基于指标的评价决策方法，尤其针对受多种因素相互制约的复杂问题，通过划分层次结构，并对每一层次中各项因素进行相对重要性比较，建立判断矩阵。通过计算判断矩阵的最大特征值及其对应的正交化特征向量，归一化后作为权重。具体计算步骤如下：

建立判断矩阵。对各层次中的评价指标进行两两比较建立判断矩阵，如对第 i、j 两指标 C_i、C_j 相对重要性的判断结果为 a_{ij}，则 $a_{ij}=1/a_{ji}$，其中 $a_{ii}=1$，a_{ij} 具体判断依据见表4-17，得到一个层次的判断矩阵 $\boldsymbol{A}=(A_{ij})_{n\times n}$，然后对其他所有层次逐一判断。

表 4-17　指标相对重要性判断表

赋值 a_{ij}	1	3	5	7	9
相对重要性	同等重要	稍微重要	明显重要	强烈重要	绝对重要

计算特征向量。对上述判断矩阵计算特征值，并计算最大特征值 $\lambda_{\max}$ 对应的特征向量，将所得特征向量归一化后即可得权重向量，该权重向量为当前层次相对于上一层次某因素的排序权值。

一致性检验。计算一致性指标 CI、平均随机一致性比例指标 CR，n 为当前层次中的指标个数，RI 可通过从 AHP 法平均随机一致性取值表中查到。当 $CR<0.1$ 时则认为当前层次的判断矩阵具有一致性，判断结果合理，从而排序权值合理。

$$CI = (\lambda_{\max} - n) / (n-1) \tag{4-44}$$

$$CR = CI / RI \tag{4-45}$$

层次总排序。通过对所有层次的权重计算和一致性检验，可得到各级层次对应因素之间的相对权重，根据层次结构可计算的最终指标总权重排序。

3）熵权法

熵值是对信息无序化程度的衡量，熵值越大表明信息越混乱，所包含的信息量越小，该项指标的变异程度就越小。熵权法根据各项指标的数值所能提供的信息量大小来确定指标的相对权重，当一项指标的数据系列变异程度越大，相应权重也越大。具体计算步骤如下：

计算各项指标的熵值 e_i，$i=1,2,\cdots,m$ 为各项指标序号，$j=1,2,\cdots,n$ 为某一指标各项指标值序号。

$$e_i = \sum_{j=1}^{m} r_{ij} \ln r_{ij} / \ln m \tag{4-46}$$

$$r_{ij} = a_{ij} / \sum_{i=1}^{n} a_{ij} \tag{4-47}$$

计算各项指标的熵权 w_i，进而得到权重向量 $u_i=(w_1,w_2,\cdots,w_n)$。

$$w_j = (1-e_j) / \sum_{j=1}^{n}(1-e_j) \tag{4-48}$$

4.3.3.2　指标层次结构建立

根据跨境水资源分配指标体系，选取公平性、现状性、效率性和可持续性因素建立指标体系，基于指标的可操作性和资料可得性（鲁佳慧和唐德善，2018；吴小萍等，2012），在各项因素中分别选取了对应的指标，并计算得到同一指标在不同国家的归一化指标值。其中公平性因素选择了流域面积贡献率、径流贡献率、人口数量、人均需水量 4 项指标，分别代表各国对流域水资源的贡献和水资源基本需求；现状性因素选择了生活用水量、农业用水量、工业用水量 3 项指标，分别代表各国的现状消耗性用水量；效率性因素选择了单方水工业产值、有效灌溉面积 2 项指标，分别代表用水产出水平和现状利用水平；可持续性因素分别选择了人口自然增长率和森林覆盖面积 2 项指标，分别代表人类可持续性和生态可持续性需求。层次结构见图 4-16。收集到各项指标并计算得各国的归一化指标值，见表 4-18。

表 4-18　各国归一化指标值

准则-0	指标名称	中国	老挝	缅甸	泰国	柬埔寨	越南
公平性-1	流域面积贡献率	0.208	0.030	0.254	0.231	0.195	0.082
	径流贡献率	0.160	0.020	0.350	0.170	0.190	0.110
	人口数量	0.155	0.022	0.071	0.317	0.178	0.257
	人均需水量	0.197	0.115	0.064	0.070	0.446	0.108
现状性-2	生活用水量	0.144	0.004	0.084	0.394	0.183	0.191
	农业用水量	0.042	0.003	0.077	0.193	0.176	0.509
	工业用水量	0.413	0.006	0.038	0.269	0.038	0.235
效率性-3	单方水工业产值	0.136	0.054	0.120	0.530	0.032	0.129
	有效灌溉面积	0.050	0.003	0.039	0.334	0.119	0.454
可持续性-4	人口自然增长率	0.080	0.211	0.225	0.098	0.202	0.184
	森林覆盖面积	0.112	0.118	0.118	0.225	0.203	0.225

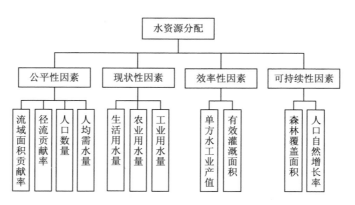

图 4-16　层次结构图

4.3.3.3 权重计算及水量分配

首先根据层次分析法对各级层次建立判断矩阵：

$$\boldsymbol{G}_0 = \begin{bmatrix} 1 & 3 & 7 & 5 \\ 1/3 & 1 & 5 & 3 \\ 1/7 & 1/5 & 1 & 1/3 \\ 1/5 & 1/3 & 3 & 1 \end{bmatrix}, \quad \boldsymbol{G}_1 = \begin{bmatrix} 1 & 1/5 & 1/3 & 1/3 \\ 5 & 1 & 3 & 3 \\ 3 & 1/3 & 1 & 1 \\ 3 & 1/3 & 1 & 1 \end{bmatrix}$$

$$\boldsymbol{G}_2 = \begin{bmatrix} 1 & 1/3 & 3 \\ 3 & 1 & 7 \\ 1/3 & 1/7 & 1 \end{bmatrix}, \quad \boldsymbol{G}_3 = \begin{bmatrix} 1 & 1/5 \\ 5 & 1 \end{bmatrix}, \quad G_4 = \begin{bmatrix} 1 & 3 \\ 1/3 & 1 \end{bmatrix} \tag{4-49}$$

式中，下标 0~4 分别表示准则层和公平性因素、现状性因素、效率性因素、可持续性因素的判断矩阵。

按层次分析法计算可得准则层权重、指标单权重及指标总权重，经计算可知，各判断矩阵通过一致性检验。同时按熵权法可计算熵权法权重，见表 4-19。

表 4-19 指标权重计算

准则-0	准则层权重	指标名称	AHP 单权重	AHP 总权重	熵权法权重
公平性-1	0.565	流域面积贡献率	0.078	0.044	0.054
		径流贡献率	0.520	0.293	0.056
		人口数量	0.201	0.113	0.063
		人均需水量	0.201	0.113	0.145
现状性-2	0.262	生活用水量	0.243	0.064	0.063
		农业用水量	0.669	0.176	0.101
		工业用水量	0.088	0.023	0.102
效率性-3	0.055	单方水工业产值	0.167	0.009	0.128
		有效灌溉面积	0.833	0.046	0.111
可持续性-4	0.118	人口自然增长率	0.750	0.088	0.063
		森林覆盖面积	0.250	0.029	0.114

将 AHP 总权重和熵权法权重分别对各国相应指标赋权，可分别得到各国总权重。采用基于博弈论的组合赋权法对 AHP 和熵权法权重进行组合，经优化得组合系数为 0.474、0.526，从而得到组合权重。从图 4-17 中可知层次分析法、熵权法结果存在一定差异性，尤其以老挝和泰国较大，主要原因是层次分析法中径流贡献率指标权重较大，老挝的径流贡献率指标值显著大于泰国；而熵权法中以人均需水量、农业用水量、工业用水量、单方水工业产值、有效灌溉面积和森林覆盖

面积权重较大，其中泰国的农业用水量、工业用水量、单方水工业产值、有效灌溉面积指标值显著大于老挝。因此两种方法的差异源于不同指标权重以及相应指标值的差异。

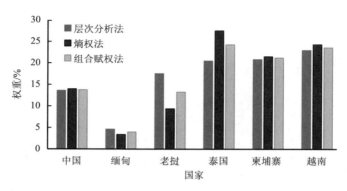

图 4-17　不同方法各国权重对比

从组合赋权法权重组合系数结果来看，组合比例接近平均加权，其结果接近两种权重结果的均值，考虑到组合赋权法的特点，认为组合赋权法兼顾了主观和客观性，相比层次分析法和熵权法结果更合理，因此将组合赋权法权重作为最终权重。

根据组合赋权法权重结果，以 2007 年总用水量为分配基数，基于优先满足生活用水和工业用水假设，计算得各国分配水量和农业用水效益，见表 4-20。

表 4-20　权重法分配方案及其农业效益

指标	中国	缅甸	老挝	泰国	柬埔寨	越南	合计
总用水量权重/%	13.8	4.0	13.3	24.3	21.2	23.6	100.2
农业用水权重/%	13.5	4.2	13.6	23.4	21.5	23.8	100
农业产值/千万美元	280.7	90.9	127.3	770.6	265.6	293.5	1828.6
农业产量/万 t	788.1	257.3	335.1	2006.1	717.3	1058.1	5162
灌溉面积/万 hm²	69.7	20.9	28.4	177.7	60.7	88.8	446.2
农业用水量/亿 m³	68.5	21.5	69.3	119.0	109.6	121.2	509.1

根据以上分配权重和农业用水分配过程（表 4-20），估算各国的用水过程，结合各典型年的来水过程，采用所建立的水量平衡模型计算各断面的径流过程，然后采用通航、生态满足评价方法对各断面的通航、生态满足度进行评价，如表 4-21 所示。从平均满足度来看，各断面通航、生态满足水平均较好；从最小满足度来看，允景洪、清盛、万象、上丁断面的生态满足水平较好，而河口的生态满足水平相对较差，且允景洪、清盛、上丁断面部分时段的通航保障需求未得到

满足，主要原因是权重法分配方案的建立没有充分考虑通航、生态需求。

表 4-21　基于权重法的通航和生态满足水平

典型年份	指标	允景洪	清盛	万象	上丁	河口
2005	最小生态满足度	2.34	2.08	2.13	1.82	**0.52**
	平均生态满足度	2.82	2.64	2.73	2.92	8.59
	最小通航满足度	**0.99**	**0.74**	1.00	**0.84**	—
	平均通航满足度	2.82	1.20	1.46	1.42	—
2006	最小生态满足度	1.15	1.04	2.08	1.84	**0.75**
	平均生态满足度	2.44	2.98	2.80	3.04	8.13
	最小通航满足度	**0.50**	**0.51**	1.23	**0.99**	—
	平均通航满足度	2.54	1.34	1.48	1.45	—
2007	最小生态满足度	1.69	2.13	2.05	1.78	**0.43**
	平均生态满足度	2.85	3.14	2.94	2.95	7.61
	最小通航满足度	**0.71**	**0.94**	1.17	**0.95**	—
	平均通航满足度	3.14	1.40	1.54	1.34	—
2008	最小生态满足度	1.66	2.44	2.81	2.67	**0.93**
	平均生态满足度	2.90	3.71	3.78	3.66	8.75
	最小通航满足度	**0.72**	1.05	1.27	1.15	—
	平均通航满足度	3.05	1.68	2.05	1.74	—

注：加粗表示未满足相应保障需求，下同。

对比表 4-15 中的现状用水效益可知，权重法分配方案的农业效益较高，在同等用水量前提下，农业产值、农业产量和灌溉面积分别提高了 11.1%、4.2%和 5.5%，同时通航和生态满足水平也有所提高，因此权重法分配方案较现状分配方案更优。相比现状分配方案，其变化是越南的用水转移至其他 5 国利用，其中中国、缅甸、泰国、柬埔寨的单位用水产值均高于越南，从而使总利益增加。

4.3.4　基于利益共享的跨境流域典型年水量分配方案

4.3.4.1　保障系数确定

根据模型假定，本书以相同总用水量作为基数，因此优化方案的本质是对各国分配水量的调整，即存在有的国家用水增加而有的国家用水减少的情形，为了对各国现状用水给予一定保障，采用保障系数 g 作为参数，其含义是所分得水量不少于现状用水量的某一比例，作为各国分配权重的下限。为了研究该保障系数对分配方案的影响，以 2007 年为例进行敏感性分析，即采用多组不同的保障系数（取 $g=0.2\sim0.8$），分析分配方案的变化，并计算不同保障系数条件下的通航、生态满足情况，结果见图 4-18、图 4-19。其中各断面通航满足度对保障系数变化不敏感，均与现状水平接近，结果未列出。

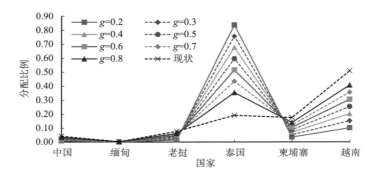

图 4-18　不同保障系数下的 2007 年来水情景最优分配方案（彩图见文后）

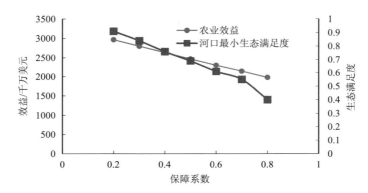

图 4-19　农业效益、河口最小生态满足度随保障系数的变化

从图 4-18 可知，随着保障系数的减小，即随着分配方案可调整幅度的增加，当以农业效益为追求目标时，各国的分配比例均呈单向变化，其中泰国分配比例逐渐增加，其他国家均为减小，即泰国所增加的水量为其他国家所减少的水量，表明基于本书所建立的优化分配模型、在可接受的水量分配方案调整范围内，泰国分配水量越多将会获得更好的效果。从目标函数的角度分析，首先计算了各国的单位用水产出依次为 4100.0、4234.0、1837.2、6477.7、2423.2、2421.5 万美元/亿 m^3，该结果表明泰国比重逐渐增加的原因是其用水效率最高，从而成为提高总效益的主要因素，决定了水资源利用的转移方向，而具体的转移量则取决于保障系数所确定的各国保障水量下限。

从图 4-19 农业效益和河口最小生态满足度来看，随着保障系数的减小，农业总效益几乎呈线性增加，河口最小生态满足度亦如此。

结合本书目标，最终所确定的保障系数需满足以下条件：①流域各国总获益增加；②所得分配方案对现状分配方案改变程度较小；③通航、生态满足水平较好。考虑到现状条件下河口生态满足度较小，同时又是迫切需要满足的条件，在所选典型年实测径流条件下，最大的河口最小生态满足度为 0.63（2008 年），以不小于该满足度为依据，根据上述分析结果，最终通过试算确定当 $g=0.58$ 时可满足上述条件，据此计算得模型优化参数（各国分配比例）的上下限（计算方法见 4.4 节），见表 4-22。

表 4-22　分配比例参数上下限计算

国家	中国	缅甸	老挝	泰国	柬埔寨	越南
现状分配比例 x_i^0	0.042	0.003	0.077	0.193	0.176	0.509
分配下限 $g \cdot x_0^i$	0.024	0.002	0.045	0.112	0.102	0.295
最大用水占比 x_m^i	0.130	0.053	0.403	1.333	0.919	0.718
分配上限 $\min(g \cdot x_0^i + 1 - g, x_m^i)$	0.130	0.053	0.403	0.532	0.522	0.715

4.3.4.2　典型年分配方案

根据各典型年区间还原径流和各国现状用水产出水平，在满足生活用水、工业用水的基础上，兼顾保障通航、生态需求，以农业产值为目标，以各国农业需求满足度为待优化变量，采用前述建立的多目标分配模型，对各典型年农业用水分配方案采用 SCE-UA 算法进行优化。从表 4-23 中的优化结果可知，各典型年来水情景下的最优分配方案基本一致，在总用水量一定的前提下，即不同年份的分配水量基本一致。结合表 4-22 可知，中国、老挝、柬埔寨和越南的各典型年分配权重均为响应保障系数（$g=0.58$）下的分配下限，2007、2008 年情景下的缅甸为分配下限，泰国为分配上限，根据对保障系数影响的分析结论可知，各典型年分配方案实为水资源的转移利用，由于通航、生态保障需求和保障约束下的可转移水量尚未达到泰国的需求量，因此各年分配方案基本一致。

表 4-23　典型年最优分配方案下各国农业用水权重

年份	中国	缅甸	老挝	泰国	柬埔寨	越南
2005	0.024	0.007	0.045	0.526	0.102	0.295
2006	0.024	0.017	0.045	0.517	0.102	0.295
2007	0.024	0.002	0.045	0.532	0.102	0.295
2008	0.024	0.002	0.045	0.532	0.102	0.295

根据上述分配方案，计算了各国的农业产出效益，见表 4-24。为了定量对比

分析各典型年最优分配方案的效益产出效果，采用典型年最优分配方案与现状分配方案（表4-15）、权重法分配方案（表4-20）中相应指标的相对比值进行评价，评价结果列于表4-25。从现状分配方案来看，各典型年最优分配方案中农业产值为现状的 1.41～1.42 倍，农业产量为现状的 1.30～1.31 倍，灌溉面积为现状的 1.30～1.31 倍。从权重法分配方案来看，各典型年最优分配方案中农业产值为现状的 1.26～1.27 倍，农业产量为现状的 1.24 倍，灌溉面积为现状的 1.23～1.24 倍。因此，在相同用水量条件下，各典型年最优分配方案的总效益均显著优于现状分配方案和权重法分配方案。

表 4-24　各典型年最优分配方案及其农业产出效益评价

年份	指标	中国	缅甸	老挝	泰国	柬埔寨	越南	合计
2005	水量分配权重/%	2.4	0.7	4.5	52.6	10.2	29.5	100
	农业产值/千万美元	51.0	15.6	42.0	1734.5	125.9	364.0	2333
	农业产量/万 t	143.2	44.0	110.6	4515.6	339.8	1312.3	6465.5
	灌溉面积/万 hm²	12.4	3.8	9.6	385.5	29.2	111.3	551.8
	农业用水量/亿 m³	12.4	3.7	22.9	267.8	51.9	150.3	509.0
2006	水量分配权重/%	2.4	1.7	4.5	51.7	10.2	29.5	100
	农业产值/千万美元	51.0	35.7	42.0	1703.9	125.8	364.0	2322.4
	农业产量/万 t	143.1	101.0	110.6	4435.7	339.8	1312.3	6442.5
	灌溉面积/万 hm²	12.4	8.7	9.6	378.6	29.2	111.3	549.8
	农业用水量/亿 m³	12.4	8.4	22.9	263.0	51.9	150.3	508.9
2007	水量分配权重/%	2.4	0.2	4.5	53.2	10.2	29.5	100
	农业产值/千万美元	51.0	3.3	42.0	1753.3	125.8	364.0	2339.4
	农业产量/万 t	143.1	9.5	110.6	4564.5	339.8	1312.3	6479.8
	灌溉面积/万 hm²	12.4	0.8	9.6	389.6	29.2	111.3	552.9
	农业用水量/亿 m³	12.4	0.8	22.9	270.7	51.9	150.3	509.0
2008	水量分配权重/%	2.4	0.2	4.5	53.2	10.2	29.5	100
	农业产值/千万美元	51.0	3.4	42.0	1753.2	125.8	364.0	2339.4
	农业产量/万 t	143.1	9.6	110.7	4564.5	339.8	1312.3	6479.7
	灌溉面积/万 hm²	12.4	0.8	9.6	389.6	29.2	111.3	552.9
	农业用水量/亿 m³	12.4	0.8	22.9	270.7	51.9	150.3	509.0

注：表中水量分配权重是指各国农业用水量相对权重。

　　根据分配后各断面的余留水量和通航、生态保障水量，评价了各典型年分配方案下的通航和生态满足水平，见表4-26。对比现状用水条件下（表4-16）的通航、生态满足水平来看，允景洪、清盛、万象、上丁断面的通航、生态满足水平与现状分配方案下的结果接近，而河口断面的最小生态满足度则从 0.25、0.50、

0.18、0.63 分别提高到了 0.57、0.94、0.63、0.95。同理，对比权重法分配方案（表4-21）来看，各断面通航、生态满足水平均有提高，结论同前。因此，在各典型年中，优化分配方案较好保障了允景洪、清盛、万象、上丁断面的通航、生态保障需求，同时显著提高了河口的生态保障需求，优化效果显著。

表 4-25　典型年最优分配方案效益相对基准方案评价结果

评价相对基准	指标	2005 年	2006 年	2007 年	2008 年
现状分配方案	农业产值	1.42	1.41	1.42	1.42
	农业产量	1.30	1.30	1.31	1.31
	灌溉面积	1.31	1.30	1.31	1.31
权重法分配方案	农业产值	1.26	1.26	1.27	1.27
	农业产量	1.24	1.24	1.24	1.24
	灌溉面积	1.24	1.23	1.24	1.24

表 4-26　各典型年最优分配方案下通航和生态满足水平

典型年份	指标	允景洪	清盛	万象	上丁	河口
2005	最小生态满足度	2.65	2.48	2.54	1.86	0.57
	平均生态满足度	3.25	3.07	3.12	2.94	8.59
	最小通航满足度	1.11	0.77	1.18	0.85	——
	平均通航满足度	3.18	1.41	1.67	1.44	——
2006	最小生态满足度	1.95	2.16	2.72	1.88	0.94
	平均生态满足度	2.88	3.37	3.18	3.06	8.13
	最小通航满足度	0.99	1.06	1.37	0.98	——
	平均通航满足度	2.90	1.53	1.68	1.46	——
2007	最小生态满足度	2.32	2.74	2.27	1.82	0.63
	平均生态满足度	3.28	3.59	3.35	2.98	7.61
	最小通航满足度	0.93	1.19	1.42	0.93	——
	平均通航满足度	3.50	1.62	1.76	1.35	——
2008	最小生态满足度	2.62	3.33	3.24	2.65	0.95
	平均生态满足度	3.33	4.15	4.19	3.68	8.75
	最小通航满足度	1.21	1.08	1.47	1.13	——
	平均通航满足度	3.41	1.90	2.27	1.75	——

　　综上所述，各典型年的优化分配方案保障了通航、生态需求，优先满足了各国的生活用水、工业用水需求，并使得流域各国农业总效益获得了显著增加，所得优化分配方案较现状更优。

4.3.5　利益共享与协调探讨

利益共享与协调是水利益共享的重要构成，也是水利益共享的具体体现。本书主要讨论相对于现状分配方案和权重法分配方案下，前述建立的典型年最优分配方案需要进行的利益协调过程，也就是分别以现状分配方案或者权重法分配方案为基准，为了实现水利益共享而采用最优分配方案时需要的利益协调过程。

鉴于各典型年分配方案基本相同，以下仅针对 2007 年（枯水年）情景进行分析，主要考虑农业用水利益的协调。由于水利益的量化计算较为复杂，本书仅做宏观讨论，不深入计算具体利益协调量。

本书主要是针对农业用水的问题建立了优化分配方案，本质上是农业用水的跨区转移利用，从而使得整体农业利益增加，根据水利益共享理论，属于跨区利用、利益补偿的水利益共享模式。

就农业利益来说，可以有两种基本利益协调方式。其一是通过计算水量价值，采用"购买"一定量的水资源使用权，转让方通过转让水权以货币的方式获得水利益，受让方通过获取更多水资源使用权以满足其需求的方式获得水利益；其二是通过计算所转移利用水量的用水成本，受让方以双方接受的价格将用水产出（如粮食）转卖给转让方，此时转让方通过获取物质补偿的方式获得水利益。

首先计算了 2007 年最优分配方案下各国的用水及其效益分别相对于现状分配方案、权重法分配方案的变化量（见表 4-27、表 4-28）。根据本书的假设，各国的生活用水和工业用水优先保障，因此各国总用水量变化量实为农业用水变化量。根据水利益共享的要求，各国可以从因水资源分配方案调整所带来的利益增量中获得一部分利益。

表 4-27　基于现状分配方案的利益变化

指标	中国	缅甸	老挝	泰国	柬埔寨	越南	合计	总增幅
总用水量权重/%	−1.7	−0.1	−3.1	+31.8	−6.9	−20.1	0.0	—
农业用水量/亿 m³	−9.0	−0.6	−16.6	+172.6	−37.6	−108.8	0.0	—
农业用水占比/%	−1.8	−0.1	−3.3	+33.9	−7.4	−21.4	0.0	—
农业产值/千万美元	−36.9	−2.4	−30.4	+1117.9	−91.1	−263.6	+693.5	42.1%
农业产量/万 t	−103.6	−6.8	−80.1	+2910.4	−246.1	−950.3	+1523.5	30.7%
灌溉面积/万 hm²	−8.9	−0.6	−7.0	+248.4	−21.2	−80.6	+130.1	30.8%

注："−"表示减少量，"+"表示增加量。下同。

从表 4-27 可知优化分配方案相对于现状分配方案的变化是中国、缅甸、老挝、柬埔寨、越南 5 国将农业用水量转移至泰国利用，其中流域整体农业产值、农业产量、灌溉面积分别相对现状分配方案增加了 42.1%、30.7%、30.8%。因而利益协调方案为泰国向其他 5 国补偿，以弥补其他国家减少水量利用的利益损失。

从表 4-28 可知优化分配方案相对于权重法分配方案的变化是中国、缅甸、老挝、柬埔寨 4 国将农业用水量转移至泰国和越南利用，其中流域整体农业产值、农业产量、灌溉面积分别相对现状分配方案增加了 27.9%、25.5%、24.0%。因而利益协调方案为泰国和越南向其他 4 国补偿。

表 4-28 基于权重法分配方案的利益变化

指标	中国	缅甸	老挝	泰国	柬埔寨	越南	合计	总增幅
总用水量权重/%	−10.3	−3.8	−8.6	+28.0	−10.6	+5.4	0.0	——
农业用水量/亿 m³	−56.0	−20.7	−46.4	+151.7	−57.7	+29.1	0.0	——
农业用水占比/%	−11.0	−4.1	−9.1	+29.8	−11.3	+5.7	0.0	——
农业产值/千万美元	−229.8	−87.6	−85.3	+982.8	−139.8	+70.5	+510.8	27.9%
农业产量/万 t	−645.1	−247.8	−224.5	+2558.4	−377.4	+254.2	+1317.8	25.5%
灌溉面积/万 hm²	−57.3	−20.0	−18.7	+212.0	−31.5	+22.5	+107.0	24.0%

通过调整农业用水分配方案，显著提高了整体农业效益。从表 4-21、表 4-26 可知，无论是相对于现状分配方案还是基于公平合理利用原则的权重法分配方案，本书所建立的基于水利益共享的优化分配方案还较好地保障或增加了通航、生态需求（如河口的最小生态满足度显著提高了），因此对于通航、生态利益而言，又属于共同维护、共同享有的利益共享模式。

为分析各典型年分配方案下我国的水资源利用占比，以分配方案中的各国生活、工业和农业用水为基数，计算我国用水占比，如图 4-20 所示。相比多年平均径流贡献率，各典型年（以 2007 年为例）以及现状年我国用水量占比明显偏低，均低于 5%，尚不及我国多年平均径流贡献率的 1/3。

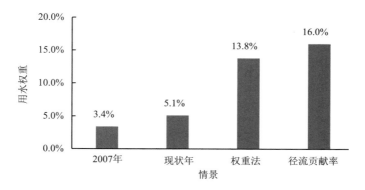

图 4-20 不同典型年分配方案下我国用水量占比

权重法分配方案的计算方法遵循国际上普遍接受的公平合理利用原则，因此从水权的角度来说，权重法所得的我国水资源分配权重较为接近我国最终所得水权。根据权重法的计算结果，我国的水资源分配权重为 13.8%，略小于我国多年平均径流贡献率，但远高于我国现状用水以及最优分配方案中的占比。

综上所述，无论是现状用水占比，还是考虑流域水利益最大化目标时的分配权重，我国的用水占比均较小，为了保障我国的水权益，宜加快开发利用进程，提高水资源占用量和调控能力。

4.4　本 章 小 结

本章梳理了澜湄流域水资源时空分布特征，分析了澜湄流域各国境内的水资源分布情况与水资源现状利用水平，对比流域各国的生活用水、农业用水和工业用水变化，阐释了跨境水资源的多功能特征。提出了澜湄流域可分配水量计算方法，在对澜湄流域水资源进行还原计算的基础上计算了可分配水量。分析了澜湄流域各国未来水资源需求趋势，阐释了澜湄流域各国在农业用水分配、工程建设的环境影响等方面的争端焦点，指出了澜湄流域水资源利用争端问题解决的难点。

建立了基于水利益共享的跨境流域水资源多目标分配指标体系和模型。基于现行主要国际水法和通行的国际水资源利用准则，提出了跨境水资源分配的基本原则和水资源分配准则；建立了具有充分可操作性的基于水利益共享的跨境流域水资源分配指标体系，以全流域水利益最大建立了基于水利益共享的跨境流域水资源多目标分配模型；根据水利益共享理论，主要考虑生活、农业、工业、生态和航运等水资源利用目标，提出了基于水资源共享机制的跨境流域各国断面水资源分配方法，并阐述了基于 SCE-UA 算法进行优化的模型求解方法。

针对澜湄流域水资源多目标分配问题，提出了不同典型年的最优水量分配方案及利益协调方案。首先根据流域及各国地理位置对流域划分研究分区，依据资料有效性和可得性选取了典型年份，收集到了各年的径流资料及各国用水资料，计算了干流的通航、生态保障流量。根据公平合理利用的基本原则，采用兼顾主观性与客观性的基于博弈论的组合赋权法，计算了各国的水量分配权重，并分析了各国的水资源利用效益。采用优先满足生活和工业用水、以农业用水效益最大为目标、兼顾通航和生态需求的方法建立了各典型年情景下的最优分配方案，在此基础上讨论了利益共享与协调方法。

参 考 文 献

白明华. 2014. 跨国水资源的国际合作法律研究[D]. 北京: 对外经济贸易大学.

陈丽晖, 何大明. 2001. 澜沧江—湄公河整体水分配[J]. 经济地理, 21(1): 28-32.

陈陆滢, 黄德春. 2013. 国际河流开发项目中初始水权分配模型研究[J]. 项目管理技术, 11(12): 34-38.

邓恒. 2011. 澜沧江—湄公河水资源博弈[D]. 广州：暨南大学.

邓元倩, 李致家, 刘甲奇, 等. 2017. 基于 SCE-UA 算法新安江模型在沣河流域的应用[J]. 水资源与水工程学报, 28(3): 27-31.

冯彦, 何大明. 2002. 国际水法基本原则技术评注及其实施战略[J]. 资源科学, 24(4): 89-96.

冯彦, 何大明, 王文玲. 2015. 基于河流健康及国际法的跨境水分配关键指标及阈值[J]. 地理学报, 70(1): 121-130.

傅豪, 杨小柳. 2014. 基于供需比和蓄水系数的云南农业干旱分析[J]. 水利学报, 45(8): 991-996, 1003.

耿雷华, 杜霞, 姜蓓蕾, 等. 2007. 澜沧江流域水资源开发利用影响分析[J]. 水资源与水工程学报, 18(4): 17-22.

郭思哲. 2014. 国际河流水权制度构建与实证研究[D]. 昆明: 昆明理工大学.

何大明, 冯彦. 2006. 国际河流跨境水资源合理利用与协调管理[M]. 北京: 科学出版社.

何大明, 冯彦, 陈丽晖, 等. 2005. 跨境水资源的分配模式、原则和指标体系研究[J]. 水科学进展, 16(2): 255-262.

何大明, 张家桢. 1996. 澜沧江—湄公河流域持续发展与水资源整体多目标利用研究[J]. 中国科学基金, (3): 48-54.

何艳梅. 2010. 国际河流水资源分配的冲突及其协调[J]. 资源与产业, 12(4): 53-57.

黄拥军, 鲍喜蕊. 2017. 堵河生态需水计算及保障研究[J]. 水资源开发与管理, (4). 27-30, 41.

孔令杰, 田向荣. 2011. 国际涉水条法研究[M]. 北京: 中国水利水电出版社.

雷宇. 2016. 湄公河跨界水资源开发与利用的国际合作研究[D]. 上海: 华东政法大学.

李奔. 2010. 国际河流水资源开发利用决策方法研究[D]. 武汉: 武汉大学.

李奔. 2015. 水冲突视角下的国际河流水权及其分配原则[J]. 中国科技论文, 10(7): 825-828.

李晨阳. 2016. 澜沧江—湄公河合作: 机遇、挑战与对策[J]. 学术探索, (1): 22-27.

李晋鹏. 2017. 水电梯级开发对澜沧江—湄公河国际航运通道建设的影响研究[J]. 水道港口, 38(6): 592-597, 638.

刘峻明, 潘佩珠, 王鹏新, 等. 2018. 基于 SCE-UA 算法的小麦穗分化期模拟模型参数优化[J]. 农业机械学报, 49(4): 232-240.

刘艳丽, 赵志轩, 孙周亮, 等. 2019. 基于水利益共享的跨境流域水资源多目标分配研究: 以澜沧江—湄公河为例[J]. 地理科学, 39(3): 387-393.

刘稚. 2013. 环境政治视角下的大湄公河次区域水资源合作开发[J]. 广西大学学报(哲学社会科学版), 35(5): 1-6.

鲁佳慧, 唐德善. 2018. 基于博弈论组合赋权的水环境综合治理效果评价[J]. 水利水运工程学报, (6): 105-111.

马永喜. 2016. 基于 Shapley 值法的水资源跨区转移利益分配方法研究[J]. 中国人口·资源与环境, 26(10): 116-120.

马永喜. 2013. 水资源转移利用的利益补偿测算: 模型构建与应用[J]. 自然资源学报, 28(12):

2178-2188.

全国水力资源复查工作领导小组. 2004. 中华人民共和国水力资源复查成果(2003 年)[M]. 西安：西北勘测设计研究院.

水利部国际经济技术合作交流中心. 2011. 国际涉水条法选编[M]. 北京：社会科学文献出版社.

唐海行. 1999. 澜沧江—湄公河流域的水资源及其开发利用现状分析[J]. 云南地理环境研究, (1): 16-25.

屠酥. 2016. 澜沧江—湄公河水资源开发中的合作与争端(1957-2016)[D]. 武汉：武汉大学.

文云冬. 2016. 澜沧江—湄公河水资源分配问题研究[D]. 武汉：武汉大学.

吴小萍, 储诚诚, 李月光, 等. 2012. 博弈论在高速公路施工期环境影响评价中的应用[J]. 郑州大学学报(工学版), 33(6): 36-40.

徐志侠, 董增川, 周健康, 等. 2003. 生态需水计算的蒙大拿法及其应用[J]. 水利水电技术, 34(11): 15-17.

杨婧, 李铎, 毕攀, 等. 2009. 澜沧江—湄公河流域水资源利用概况[J]. 安徽农业科学, 37(16): 7569-7570.

游珍, 封志明, 姜鲁光, 等. 2014. 澜沧江—湄公河流域人口分布及其与地形的关系[J]. 山地学报, 32(1): 21-29.

于洋, 韩宇, 李栋楠, 等. 2017. 澜沧江—湄公河流域跨境水量-水能-生态互馈关系模拟[J]. 水利学报, 48(6): 720-729.

云南省水利厅. 2013-9-27. 2012 年云南省水资源公报[N]. 云南日报, 12.

张丽丽, 彭卓越, 纪龙, 等. 2015. 澜沧江景洪以下水位和流量变化分析[J]. 珠江水运, (12): 88-91.

赵萍, 汤洁, 尹笋. 2017. 湄公河流域水资源开发利用现状[J]. 水利经济, 35(4): 55-58, 77-78.

赵志轩, 刘艳丽, 王怡宁, 等. 2018. 跨境水资源多级权属体系构建：以澜沧江—湄公河流域为例[J]. 水利发展研究, 18(10): 9-15.

郑剑锋, 雷晓云, 王建北, 等. 2006. 基于水权理论的新疆玛纳斯河水资源分配研究[J]. 中国农村水利水电, (10): 24-27, 30.

Bo H, Baoshan C, Shikui D, et al. 2009. Ecological Water Requirement (EWR) Analysis of High Mountain and Steep Gorge (HMSG) River—application to upper Lancang—Mekong River[J]. Water Resources Management, 23: 341-366.

Duan Q Y, Gupta V K, Sorooshian S. 1993. Shuffled complex evolution approach for effective and efficient global minimization[J]. Journal of Optimization Theory & Applications, 76(3): 501-521.

Kampragou E, Eleftheriadou E, Mylopoulos Y. 2007. Implementing equitable water allocation in transboundary catchments: The case of River Nestos/Mesta[J]. Water Resources Management, 21(5): 909-918.

Lee S. 2015. Benefit sharing in the Mekong River basin[J]. Water International, 40(1): 139-152.

Paisley R. 2002. Adversaries into partners: International water law and the equitable sharing of downstream benefits[J]. Melbourne Journal of International Law, (3): 280-300.

Sadoff C W, Grey D. 2005. Cooperation on international rivers: A continuum for securing and sharing benefits[J]. Water International, 30(4): 420-427.

UN-Water. 2013. Delivering as one on water related issues: UN-Water Strategy 2014-2020[Z]. Geneva: UN-water Technical Advisory Unit.

UNEP&UNEP-DHI. 2015. Transboundary River Basins: Status and Future Trends[Z]. Nairobi: UNEP.

第5章　跨境流域水生态服务功能经济价值评估

水生态系统不仅提供维持人类生活生产活动的基础产品和社会经济发展的基础资源，还具有维持自然生态系统结构、生态过程与区域生态环境的功能。对于跨境流域而言，对其水生态服务功能价值的定量评估，能够使各国对水资源的利用价值有全面的认识，从而合理开发利用水资源，在资源开发与生态环境保护之间找到平衡点，实现经济社会效益和生态环境效益的最大化。同时，也是定量测算生态补偿额度并制定相应补偿方案的重要前提，对于维护跨境河流生态安全、保障经济社会可持续发展具有重要意义。

5.1　流域生态服务研究

流域服务是以流域的综合管理为目的的综合生态系统服务研究，以流域为研究单元，包括水源供给、灾害调节、边坡稳固以及土壤保持等一系列服务，并越来越受到科学研究以及政策管理的重视。有学者认为流域由多种生态系统组成，如森林、草地、耕地和湿地等，它们不仅维持着生物多样性，还提供了一系列产品和服务，提出了流域服务（watershed service）一词，即人类从流域内生态系统中所获得惠益，改变各生态系统类型的组成和分布就会改变其所提供的流域服务。Costanza 等（2014）根据千年生态系统评估（millennium ecosystem assessment, MA）的框架，列举了 4 类 13 项服务，对其属性以及评价指标进行详细描述，并根据 MA 的结果总结了土地覆被类型与其所提供的流域服务的简单关系（表 5-1）。

表 5-1　土地覆被类型与其所提供流域服务的简单关系

流域服务		土地覆被类型					
		草地	森林	耕地	河流	湖泊	沼泽
供给服务	水供给	中	中	负	强	强	低
	食物供给	高	低	高	低	高	高
	非食物产品	低	高	低	低	低	中
	水电生产	中	低	负	高	高	低
调节服务	径流调节	中	低	中	高	高	高
	减缓灾害	中	低	中	低	高	高
	土壤保持	中	高	负	中	中	中
	水质净化	中	低	负	低	低	高

续表

流域服务		土地覆被类型					
		草地	森林	耕地	河流	湖泊	沼泽
支持服务	野生物生境	中	低	中	高	高	高
	水环境	中	高	负	高	高	高
文化服务	美学娱乐	中	低	中	高	高	低
	遗产	中	低	低	高	高	低
	精神宗教	中	高	中	高	高	低

　　流域生态系统服务功能是指人类直接或间接从河流生态系统功能中获取的利益。根据河流生态系统组成特点、结构特征和生态过程，河流生态系统的服务功能具体体现在供水、发电、航运、水产养殖、水生生物栖息、纳污、降解污染物、调节气候、补给地下水、泄洪、防洪、排水、输沙、景观、文化等多个方面。按照功能作用性质的不同，河流生态系统服务功能的类型可划分为供给功能、调节功能、文化功能、支持功能等四种不同类型（图 5-1）。

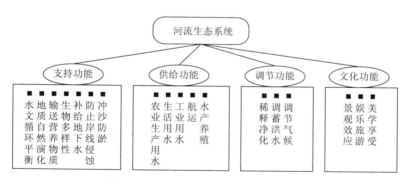

图 5-1　河流生态系统服务功能识别图

　　河流生态系统的供给功能为人类所熟知，是水生态系统最基本的生态功能之一。它包括向人类提供水资源，即提供农业用水、工业用水和城市生活用水功能，提供水产品功能，提供水能资源满足发电功能和提供航运功能。

　　调节功能是指人类从生态系统过程的调节作用中获取的服务功能和利益。水生态系统的调节功能主要包括：调节气候、调蓄洪水、稀释净化等。

　　支持功能是指维系自然生态过程与区域生态环境条件的功能，是上述服务功能产生的基础，与其他服务功能类型不同的是，它们对人类的影响是间接的并且需要经过很长时间才能显现出来。

　　河流是人类文明的发源地，其景观构成的特点也决定了它是人类休闲娱乐活动的重要场所。河道内水体和陆地的镶嵌格局使它具有显著的景观异质性：水生生态系统和陆地生态系统的结合、水生生物景观和河岸带湿地景观的结合，使河流具有景观多样性，流动的水体与稳固的岸堤构成了景观动与静的和谐统一。因此，河流文化功能不仅包括了美学享受、娱乐旅游，还包括了河流带来的景观效应，如很多楼盘依托邻近河流景观带，其价值得以提升。

5.2　澜湄流域土地利用时空动态演变特征

5.2.1　澜湄流域土地利用现状

1995～2015 年，澜湄流域的土地利用类型以林地、农田和草地为主（表 5-2、图 5-2），三者之和占流域总面积的 97%以上。其中，林地面积最大，占流域总面积比例在 39%以上；第二为农田，面积占比在 31%以上；第三为草地，面积占比在 22%以上。近 20 年来，林地面积减小了约 3.2 万 km^2，占流域面积的比例由43.17%下降到 39.24%，下降了 3.93 个百分点。农田、草地、湿地、裸地、水体和建设用地等 6 种地类均呈不同程度的增加，其中农田、草地面积分别增加了约1.42 万 km^2 和 1.36 万 km^2，所占比例分别增加了 1.75 个百分点和 1.68 个百分点；除农田和草地外，流域建设用地的增加趋势也比较明显，由 0.053 万 km^2 增加到0.243 万 km^2，平均每年增加 7.9%。

表 5-2　1995～2015 年澜湄流域各类土地利用面积及占比

土地利用类型	1995 年		2015 年		变化幅度	
	面积/万 km^2	百分比/%	面积/万 km^2	百分比/%	面积/万 km^2	百分比/百分点
农田	25.851	31.96	27.266	33.71	1.415	1.75
林地	34.915	43.17	31.731	39.24	−3.184	−3.93
草地	18.197	22.50	19.557	24.18	1.360	1.68
湿地	0.668	0.83	0.874	1.08	0.206	0.25
裸地	0.028	0.03	0.029	0.04	0.001	0.01
水体	1.161	1.44	1.175	1.45	0.014	0.01
建设用地	0.053	0.07	0.243	0.30	0.190	0.23

从土地利用的空间分布格局来看，流域内农田主要集中分布在下湄公河平原地区，以泰国东部、柬埔寨洞里萨湖周边地区和越南三角洲地区为主，其余耕地以小斑块形式零星分布在流域各处；林地主要分布在我国云南省、缅甸、老挝和柬埔寨东南部地区，分布也较为集中；草地主要分布在流域源头的青藏高原地区，另有一部分草地以分散式斑块形式分布在我国云南省和中下游 5 国境内，这些草

地斑块多镶嵌在林地、耕地构成的基质边缘；湿地主要分布在洞里萨湖周边地区以及河网密集的湄公河三角洲地区，另外在老挝甘蒙省他曲市东部和北部地区也有湿地零星分布；流域内裸地面积很小，总量不足 0.03 万 km²，主要分布在流域源头的青海、西藏地区，空间分布较为分散；水域主要分布在澜湄流域干支流河道以及柬埔寨北部的洞里萨湖；建设用地则主要分布在湄公河平原地区。

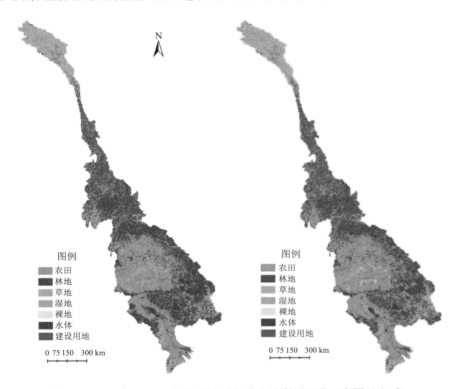

图 5-2　1995 年、2015 年澜湄流域各类土地利用现状（彩图见文后）

5.2.2　CA-Markov 耦合模型

Markov 模型在土地利用变化建模中有广泛应用，但传统的 Markov 模型难以预测土地利用的空间格局变化。元胞自动机（CA）模型具有强大的空间运算能力，可以有效地模拟系统的空间变化。CA-Markov 模型综合了 CA 模型模拟复杂系统空间变化的能力和 Markov 模型长期预测的优势，既提高了土地利用类型转化的预测精度，又可以有效地模拟土地利用格局的空间变化，具有较大的科学性与实用性。

（1）Markov 模型

若随机过程在有限的时序 $t_1 < t_2 < t_3, \cdots, t_n$ 中，任意时刻 t_n 的状态 a_n 只与其前

一时刻 t_{n-1} 的状态 a_{n-1} 有关，称该过程具有马尔可夫性（无后效性），具有马尔可夫性的过程称为马尔可夫过程（Markov process）。在土地利用变化研究中，可以将土地利用变化过程视为马尔可夫过程，将某一时刻的土地类型对应于马尔可夫过程中的可能状态，它只与其前一时刻的土地利用类型相关，土地利用类型之间相互转换的面积数量或比例即为状态转移概率。因此，可用如下公式对土地利用状态进行预测：

$$S_{(t+1)}=P_{ij} \times S_{(t)} \tag{5-1}$$

式中，$S_{(t)}$、$S_{(t+1)}$ 分别表示 t、$t+1$ 时刻土地利用系统的状态；P_{ij} 为状态转移矩阵。

（2）CA 模型

CA 模型的特点是时间、空间、状态都离散，每个变量都只有有限个状态，而且状态改变的规则在时间和空间上均表现为局部特征。CA 模型可用以下公式表示：

$$S_{(t+1)}=f(S_{(t)},N) \tag{5-2}$$

式中，S 表示元胞有限、离散的状态集合；t、$t+1$ 表示不同时刻；N 表示元胞的领域；f 表示局部空间的元胞转化规则。

（3）CA-Markov 预测模型

根据 Markov 模型与 CA 模型的特点，可以将两者结合起来，在土地利用栅格图中，每一个像元就是一个元胞，每个元胞的土地利用类型为元胞的状态。模型在 GIS 软件的支持下，利用转换面积矩阵和条件概率图像进行运算，从而确定元胞状态的转移，模拟土地利用格局的变化。具体实现过程如下。

①根据澜湄流域 1995 年、2015 年土地利用图，利用 Markov 模型计算得到 1995～2015 年的土地利用转移面积矩阵和转移概率矩阵。

②构建 CA 滤波器，不断调整邻域的结构与范围并进行模拟，最终构建 5×5 象元的 CA 模型空间滤波器，并认为每个邻域范围内元胞对中心元胞影响的权重相同，以 1995 年为土地利用变化的起始时刻，每年迭代 1 次，至 2015 年共迭代 20 次，模拟得到 2015 年土地利用的空间格局，将模拟结果与 2015 年实际土地利用解译结果进行对比，利用 Kappa 系数来评价模拟结果的精度。

③以 2015 年为模拟起始时刻，将上述三种情景下的面积转移矩阵和转移概率矩阵输入模型，迭代次数均为 20 次，并进行 CA-Markov 模拟，最后得到三种情景下的 2035 年土地利用空间格局预测结果。

5.2.3　澜湄流域土地利用转移概率矩阵

利用澜湄流域两期土地利用图，基于 Idrisi 17.0 平台分别计算流域 1995～2015 年的土地利用转移概率矩阵（表 5-3）。

表 5-3　澜湄流域 1995～2015 年各类土地利用转移概率矩阵

土地利用类型	农田	林地	草地	湿地	裸地	水体	建设用地	转出
农田	0.79	0.08	0.10	0.00	0.00	0.01	0.02	0.21
林地	0.11	0.71	0.16	0.01	0.00	0.00	0.00	0.29
草地	0.10	0.17	0.72	0.00	0.00	0.00	0.00	0.28
湿地	0.05	0.13	0.05	0.75	0.00	0.02	0.00	0.25
裸地	0.00	0.00	0.42	0.00	0.58	0.00	0.00	0.42
水体	0.14	0.03	0.06	0.01	0.00	0.74	0.01	0.26
建设用地	0.16	0.00	0.00	0.00	0.00	0.00	0.84	0.16

5.2.4　土地利用模拟精度检验

以 1995 年土地利用图为依据,采用 CA-Markov 模型预测 2015 年流域各地类面积及其空间分布状况,将模拟结果与 2015 年土地利用图进行对比,计算各地类对应的 Kappa 系数,结果见表 5-4 所示。结果表明,流域各土地利用面积的模拟精度较高,其中裸地模拟的数量精度最低,但也达到了 86.5%,其余地类模拟的数量精度均在 90% 以上。在空间分布格局模拟方面,各地类的 Kappa 系数均大于 0.80,表明模拟结果与 2015 年实际土地利用几乎完全一致。

表 5-4　澜湄流域 2015 年土地利用模拟精度分析

土地利用类型	实际面积/万 km²	模拟面积/万 km²	数量精度/%	Kappa 系数
农田	27.266	26.556	97.4	0.97
林地	31.731	31.068	97.9	0.95
草地	19.557	20.732	94.3	0.89
湿地	0.874	0.965	90.6	0.90
裸地	0.029	0.033	86.5	0.86
水体	1.175	1.255	93.7	0.93
建设用地	0.243	0.268	90.6	0.86

5.2.5　不同情景下流域土地利用预测结果

根据澜湄流域土地利用变化的时空演变特征,结合流域未来发展趋势,通过调整不同地类之间转移概率的方式设置了三种土地利用变化的情景方案(表 5-5)。

表 5-5　　不同情景下澜湄流域 2035 年各类土地利用面积

土地利用类型	情景Ⅰ		情景Ⅱ		情景Ⅲ	
	面积/万 km²	比例/%	面积/万 km²	比例/%	面积/万 km²	比例/%
农田	28.171	34.8	35.115	43.4	21.301	26.3
林地	28.210	34.9	24.301	30.0	31.145	38.5
草地	21.602	26.7	18.703	23.1	25.107	31.0
湿地	1.169	1.4	1.115	1.4	1.273	1.6
裸地	0.030	0.0	0.030	0.0	0.029	0.0
水体	1.251	1.5	1.189	1.5	1.560	1.9
建设用地	0.451	0.6	0.431	0.5	0.470	0.6

（1）自然增长情景（情景Ⅰ）

2015～2035 年间,澜湄流域各类土地利用的面积、格局变化趋势与 1995～2015 年保持一致,不受流域宏观政治经济政策调整的影响,不设置额外约束条件。

（2）农业发展情景（情景Ⅱ）

为了保障粮食安全,跨境流域 6 国在未来 20 年内均进一步加大农业发展力度,并通过人工垦殖等方式,从而进一步扩大农田面积;在该情景下,除建设用地外,林地、草地、湿地、裸地转变为农田的概率在 1995～2015 年的基础上分别提高50%,向水域转移的概率提高 30%,农田向其他地类转变的概率相应降低。

（3）生态保护情景（情景Ⅲ）

为了保护生态环境,未来 20 年内流域内各国均进一步加强自然生态系统的保护和恢复力度,严禁毁林毁草开荒和围湖造田,并通过实施退耕还林、还草、还湿等措施,使林地、草地、湿地和水域等生态用地的面积稳步增加;该情景下,除建设用地外,农田向林地、草地、湿地转移的概率均提高 50%,向水域转移的概率提高 30%,向裸地和建设用地的转移概率不变,各类生态用地向农田转移的概率相应降低。

在以上三种情景下,澜湄流域的农田、林地、草地、湿地、水域等主要土地利用类型的面积存在较大差异:在情景Ⅰ下,林地面积仍然最大,为 28.2 万 km²,但其面积相比于 2015 年减少了 3.5 万 km²,占比下降到 34.9%;农田、草地则分别增加了 0.9 万 km² 和 2.1 万 km²,占比分别增加到 34.8% 和 26.7%;此外,湿地、建设用地面积增加趋势也比较明显,2015～2035 年间分别增加了 33.8% 和 85.6%。情景Ⅱ,通过加大农业发展力度,流域内农田面积较情景Ⅰ多 6.9 万 km²,其占流域总面积的比例上升到第 1 位;林地、草地则分别比情景Ⅰ少 3.9 万 km² 和 2.9万 km²,同时,湿地、水体和建设用地的面积也略小于情景Ⅰ,但总体相差不大。情景Ⅲ,对应的林地、草地、湿地、水体等 4 种生态用地的面积比情景Ⅰ均有不同程度增加，其中林地、草地比情景 I 分别多 2.9 万 km² 和 3.5 万 km²，两者占全流域面积比例列第 1、2 位；湿地、水体面积分别增加了 0.1 万 km² 和 0.3 万 km²，农田面积则减少了 6.9 万 km²。

5.3　澜湄流域生态服务价值评估

5.3.1　生态系统结构及其衍化过程、生态服务功能空间分异规律

生态系统服务（ecosystem services）是指自然生态系统及其生态过程所形成和维持的人类赖以生存的环境条件与效用，泛指为人类从各种系统中获得的所有收益（Daily, 1997; Costanza et al., 1997）。目前，生态系统服务价值评估（Costanza et al., 2014）、生态系统服务制图与模拟、服务间的权衡与协调关系研究、生态系统服务提供、需求及其流动关系、生态系统服务保护、生态补偿与生态系统服务支付（Grima et al., 2016; Salzman et al., 2018）等方向都是极其重要的研究领域。自 Costanza 等（1997）开展全球生态系统服务功能价值评估以来，研究将全球地面覆盖划分为 16 个基本生物群区，以及 17 个生态系统服务类型。继而，国内外生态学家在全球（Pimental et al., 1997; Sutton et al., 2002）、国家（Maes et al., 2012）、区域（Hu et al., 2015; Grizzetti et al., 2016）、流域（Dixon, 1997; Loomis et al., 2000; Pattanayak, 2004; Chen et al., 2011）等不同空间尺度范围内，针对单个生态系统和生态系统单项生态服务的价值进行了大量的研究，取得了诸多研究成果，深刻揭示了不同区域、不同类型生态系统服务功能的直接和间接价值特征，并探讨了生态系统服务价值的空间分布格局。生态系统服务提供的空间制图能有效识别出区域生态系统服务提供能力较强和相对较弱的区域，是生态系统服务优先保护区划定的关键环节。

5.3.1.1　数据来源及处理

采用的澜湄流域 1995 年、2015 年土地利用数据来自欧洲航天局气候变化计划（climate change initiative，CCI）解译出的 300m×300m 全球年度土地利用数据，该数据按照联合国粮农组织（FAO）的土地利用分类标准，将土地利用数据分为 22 类，数据的总体精度达到 75.4%，基本满足本书所需。该土地利用数据的原始坐标为 WGS_1984 地理坐标系统，基于 ArcGIS 10.2 工具箱中的样条函数插值工具（spline）和数据转换工具（conversion tools）进行数据格式上的均一化处理，将研究区土地利用类型重新划分为林地、草地、湿地、水域、未利用地、农田和建设用地 7 类，并将地理坐标转为大地坐标，并将栅格重新采样输出为 3000m×3000m。

跨境流域 6 国 1995～2015 年粮食产量和生产价格等资料主要来自于 FAO 的

统计数据（http://www.fao.org/faostat/en/#data）。

5.3.1.2　生态服务价值评估

在 Costanza 等（1997, 2014）提出的生态服务价值计算原理和方法的基础上，谢高地等（2015）结合问卷调查结果，提出了生态系统单位面积生态服务价值当量表。本书主要参考上述成果，并根据澜湄流域实际情况进行了如下修正。

（a）对单位当量因子的价值进行了相应调整。根据澜湄流域 6 国 1995～2015年单位面积粮食产量和价格，计算得到澜湄流域单位当量因子的经济价值为6613.8 元/（hm²·a），在此基础上进一步计算流域内各地类的生态服务价值系数。

（b）将草原、农田、建设用地 3 种地类的生态系统的服务价值当量值进行了修正。主要是基于以下三方面原因：一是流域源头区土地利用类型以高寒草原草甸为主（张昌顺等，2012），这些草原草甸发挥着重要的水源涵养、气候调节、水土保持等功能，其生态服务价值要高于一般草原（刘兴元等，2012）；二是流域内农田以水稻田为主，其生态服务价值除粮食和渔业生产等直接价值外，还发挥着洪水调节、水土保持、水质净化等诸多间接价值（Mekong River Commission，2010）；三是建设用地中含有公共绿地和附属绿地，因此，生态服务价值不为 0，具体参考胡和兵等（2013）的研究成果确定，绿地率取 35%。据此，确定澜湄流域不同地类对应的单一生态系统服务价值系数（表 5-6）。

在此基础上，采用下式计算澜湄流域生态系统服务价值：

$$ESV = \sum_{i=1}^{n}(A_i \times VC_i) \tag{5-3}$$

式中，ESV 为研究区生态系统服务价值总和，单位为万元；A_i 为第 i 种土地利用类型的面积，hm²；VC_i 为第 i 种土地利用类型的价值系数，单位为元/（hm²·a）。

表 5-6　澜湄流域不同地类生态系统服务价值系数

分类	供给服务			调节服务				支持服务			文化服务
	食物生产	原料生产	水资源供给	气体调节	气候调节	净化环境	水文调节	土壤保持	维持养分循环	生物多样性	美学景观
农田	872	336	−341	693	369	104	588	834	123	134	61
林地	234	534	275	1754	5255	1567	3883	2140	162	1949	856
草地	218	317	177	1124	2968	978	2175	1368	104	1241	548
湿地	482	472	2447	1795	3401	3401	22 893	2183	170	7436	4469
裸地	0	0	0	19	0	94	28	19	0	19	9
水体	726	209	7606	706	2099	5044	20 453	844	64	2315	1719
建设用地	0	0	−64	489	909	488	790	196	45	296	287

5.3.2 生态系统服务价值对土地利用变化的响应特征

5.3.2.1 澜湄流域生态系统服务价值变化

根据澜湄流域不同发展情景下 2035 年土地利用预测结果,计算未来不同情景下澜湄流域生态系统服务价值（ESV）（表 5-7）。计算结果表明:生态保护情境下的总价值达到 10 720.325 亿元,比自然增长情景和农业发展情景的总价值分别高824.116 亿元和 1 705.655 亿元。从各地类对应的生态服务价值构成来看,林地、草地、农田的生态系统服务价值之和占整个流域的 87.9%～88.6%,是流域生态系统服务的主体部分。以自然增长情景为参照,分析不同情景下单一地类的生态服务价值的变化,发现林地、草地和农田的生态服务价值变化之和占变化总量的比例达到 86% 以上,表明三者的变化在很大程度上决定了流域生态服务价值的变化。虽然湿地、水体两种地类的单位面积生态服务价值很高,但其面积在流域中所占比例很小,因此对流域服务价值的变化贡献不大。

表 5-7   未来不同发展情境下澜湄流域生态系统服务价值的变化

土地利用类型	情景 I		情景 II		情景 III	
	ESV/亿元	比例/%	ESV/亿元	比例/%	ESV/亿元	比例/%
农田	1 043.957	10.5	1 324.774	14.7	803.577	7.5
林地	5 249.767	53.0	4 522.363	50.2	5 796.115	54.1
草地	2 479.452	25.1	2 098.115	23.3	2 816.669	26.3
湿地	574.612	5.8	548.071	6.1	625.483	5.8
裸地	0.056	0.0	0.056	0.0	0.054	0.0
水体	522.723	5.3	496.775	5.5	651.712	6.1
建设用地	25.641	0.3	24.515	0.3	26.716	0.2
合计	9 896.209	—	9 014.670	—	10 720.325	—

5.3.2.2 澜湄流域生态系统服务价值的空间分布格局

从空间分布格局来看（图 5-3）,澜湄流域 ESV 高值区域的空间离散度较大,分布在流域上游的云南怒江州东南部的湿地,中下游的南俄河、南屯河水库以及下游的洞里萨湖等水体和周边湿地,这些高值区多以小型斑块的形态镶嵌在流域不同地区。低值区域相对少见,零星散落分布在流域各处,主要是由于流域城市化水平整体较低,植被覆盖率高。次高值和次低值区呈大型斑块状聚集分布,并对高值区和低值区呈包围态势。其中,次高值区集中分布在流域上游、中下游山区以及河口平原水网地区;次低值区主要分布在流域下游湄公河平原地区。

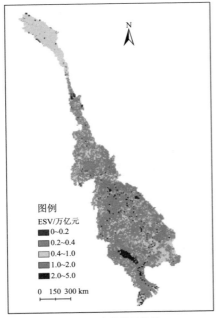

情景I：自然增长情景

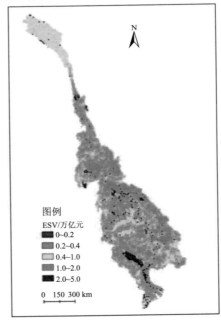

情景II：农业发展情景

情景III：生态保护情景

图 5-3　澜湄流域不同发展情景下 ESV 空间分布格局（彩图见文后）

5.3.3　生态系统服务价值的空间自相关与冷热点探测

借助于空间自相关分析方法来探究生态系统服务价值的空间集聚性。从空间统计学角度来讲，生态系统服务价值是具有空间上的自相关性。空间自相关，是指一个地理事物的某一属性和其他所有事物的同种属性之间的关系。分析生态系统服务价值的空间自相关性能更精确地反映出空间数据的分布规律，有利于我们进一步掌握和了解澜湄流域的生态系统服务价值的空间集聚性，从而掌握其空间分布的结构特征。

5.3.3.1　ESV 演变的空间统计分析方法

分别采用全局空间自相关和局部空间自相关方法分析各地类生态系统服务价值的空间分布特征，其中全局空间自相关方法可反映不同地类生态服务价值在整个流域内空间相关性的总体趋势，揭示流域内各单元的总体依赖程度，具体采用 Moran I 指数进行表征；局部自相关方法主要用于反映局部区域内单元的空间自相关性，具体采用 Local Moran I 指数（LISA）测度单元 i 和 j 之间空间要素的异质性，可以识别不同空间位置上的"热点区"与"冷点区"的空间分布规律。

$$I=\frac{n\sum_{i=1}^{n}\sum_{j=1}^{n}W_{ij}(x_i-\overline{x})(x_j-\overline{x})}{\sum_{i=1}^{n}\sum_{j=1}^{n}W_{ij}(x_i-\overline{x})^2}=\frac{\sum_{i=1}^{n}\sum_{j\neq1}^{n}W_{ij}(x_i-\overline{x})(x_j-\overline{x})}{S^2\sum_{i=1}^{n}\sum_{j\neq1}^{n}W_{ij}}\ (i\neq j) \tag{5-4}$$

$$S^2=\frac{1}{n}\sum_{t=1}^{n}(x_i-\overline{x})^2 \tag{5-5}$$

$$\overline{x}=\frac{1}{n}\sum_{t=1}^{n}X_i \tag{5-6}$$

Local Moran I 指数（LISA）：

$$I_i=\frac{(x_i-\overline{x})}{S^2}\sum_{j}W_{ij}(x_j-\overline{x})\ \ (i\neq j) \tag{5-7}$$

统计的 Z_I 得分按以下形式计算：

$$Z_I=\frac{I-\mathrm{E}[I]}{\sqrt{\mathrm{V}[I]}} \tag{5-8}$$

其中，

$$\mathrm{E}[I]=-1/(n-1) \tag{5-9}$$

$$\mathrm{V}[I]=\mathrm{E}[I^2]-\mathrm{E}[I]^2 \tag{5-10}$$

式中，I 为 Moran 指数；I_i 为局部 Moran 指数；x_i 为区域 i 的观测值；W_{ij} 为空间权重矩阵。Moran I 取值一般在（−1，1），Moran I<0 表示空间负相关，表明该区域的生态服务价值具有显著的空间差异，I 值越趋近于−1，表明区域生态服务价值总体空间差异越大；Moran I > 0 表示空间正相关，表明生态服务价值较高（或较低）的区域在空间上显著集聚，I 值越趋近于 1，表明生态服务价值总体空间差异越小。

冷热点分析是一种探索局部空间聚类分布特征的有效手段（Li et al., 2017；李双成，2014），它可以将变量空间分布集聚的程度通过冷热点进行区分。Getis-Ord G_i^* 指数可以很好地反映变量在局部空间区域上的冷热点分布，该模型公式为

$$G_i^* = \frac{\sum_{j=1}^{n} w_{i,j} x_j - \overline{x} \sum_{j=1}^{n} w_{i,j}}{S\sqrt{\dfrac{n\sum_{j=1}^{n} w_{i,j}^2 - \left(\sum_{j=1}^{n} w_{i,j}\right)^2}{n-1}}} \quad (i \neq j) \tag{5-11}$$

式中，x_j 为斑块 j 的属性值；$w_{i,j}$ 为斑块 i 与斑块 j 之间的空间权重矩阵；n 为斑块总数，其中，

$$\overline{x} = \frac{\sum_{j=1}^{n} x_j}{n} \tag{5-12}$$

$$s = \sqrt{\frac{\sum_{j=1}^{n} x_j^2}{n-1} - (\overline{x})^2} \tag{5-13}$$

利用 ArcGIS 热点分析工具，在冷热点分布图中生成具有统计学意义的 Z 得分和 P 值。如果值具有显著性，Z 得分大于 0 且愈高，目标对象属性的高值聚类则愈紧密（形成热点）；Z 得分小于 0 且愈低，则目标对象属性的低值聚类就愈紧密（形成冷点）。

5.3.3.2   不同情景下流域 ESV 空间自相关与空间分布模式

流域三种情景下的 Moran I 均>0，且 Z 值远大于 1.65（表 5-8），表明澜湄流域 ESV 的空间分布具有较强的关联性，其空间分布呈显著聚集特征。三种情景中，农业发展情景下的 Moran I 最大，主要是由于农业发展情境下农田、草地等 ESV 较低的地类的空间聚集度更高，使得低值 ESV 区域的分布更为集中，在计算 I 值过程中，这类低值 ESV 单元受周边高值 ESV 单元的影响相对较小，因而整体上呈现出更强的空间关联性。

在三种情境下的高/低值聚类指数计算结果表明，G 值与 $E(G)$ 值非常接近，但 $Z(G)$ 值远大于 1.65（表 5-8），这表明澜湄流域 ESV 空间分布存在高值、低值聚集模式，但不同情境下 $Z(G)$ 值存在一定差异，其中农业发展情景下的 ESV 高值区和低值区聚集程度最高，生态保护情景次之，自然增长情景最低，表明农业开发或人为退耕还林、还草等生态保护行为在空间分布上并不是随机的，具有明显的空间聚集特征。

表 5-8　澜湄流域空间自相关与高/低值聚类指数

	I	$Z(I)$	$E(I)$	$Z(G)$	G	$E(G)$
情景 I	0.49	92.8	1×10^{-3}	73.3	1×10^{-6}	1×10^{-6}
情景 II	0.5	97.4	1×10^{-3}	79.2	1×10^{-6}	1×10^{-6}
情景III	0.49	94.7	1×10^{-3}	74.5	1×10^{-6}	1×10^{-6}

5.3.3.3　冷点/热点区域空间分布规律

未来不同的发展情景下，以 95% 的显著性水平为标准，确定澜湄流域 ESV 冷点、热点区域空间的分布图（图 5-4）。可见，流域的热点区域多以大小不一、形状不规则的斑块形态分布在流域各处，其分布的地理位置多与湿地、水域和林地等地类重叠；冷点区域分布则相对较为集中，主要位于湄公河平原地区，这也是农田和建设用地的集中分布区域。

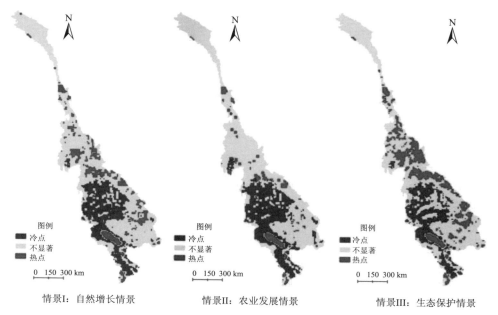

图 5-4　澜湄流域不同发展情景下 ESV 热点/冷点区域空间分布格局（彩图见文后）

澜湄流域冷点/热点区域空间分布格局分析表明,同一情景下,相对于冷点区域,流域 ESV 热点区域面积相对较小、破碎化程度和离散程度更高(表 5-9)。在不同情景下,流域 ESV 热点、冷点区域的空间分布格局存在较大差异:以自然增长情景为参照,农业发展情景下的热点地区面积减小约 48%,相应地,热点区域斑块数量和平均斑块面积均有所下降,斑块形状趋于规则,且各斑块之间的离散化程度和破碎化程度进一步加大;而冷点区域面积则增加约 20%,这在一定程度上增加了冷点斑块之间的连通性,使得冷点地区的离散化程度和破碎化程度相应下降,但随着面积的增加,冷点区域被其他斑块的切割程度进一步增加,导致冷点区域的不规则程度有所提高。生态保护情景下的热点区域面积增加约 59%,这进一步提高了热点区域不同斑块之间的连通性,使得热点区域的离散化程度和破碎程度明显下降,但其形状的不规则化程度也相应有所提高;冷点区域面积减少约 17%,这使得冷点斑块的离散化程度和破碎化程度有所提高,不规则化程度相应下降。

表 5-9　澜湄流域冷点/热点区域类景观格局指数值

	类型	CA/km^2	NP	MPS/km^2	MSI	ED	MPI
情景 I	热点区域	91 368	77	1 186.60	1.40	0.14	19.47
	冷点区域	181 359	29	6 253.76	1.49	0.15	172.46
情景 II	热点区域	47 547	51	932.29	1.29	0.08	4.93
	冷点区域	217 566	28	7 770.21	1.53	0.16	190.82
情景III	热点区域	145 233	71	2 045.54	1.48	0.19	70.68
	冷点区域	149 850	40	3 746.25	1.43	0.15	235.58

注:CA:拼块类型面积;NP:拼块数量;MPS:拼块平均大小;MSI:平均形状;ED:边缘密度;MPI:平均邻近度指标。

5.3.4　澜湄流域未来的开发和保护策略

在三种情景下,ESV 的冷点和热点区域的面积和空间分布格局均存在一定差异,基于此,分别提取了三种情景下 ESV 冷点/热点的交集和并集,其中交集即三种情景下均为热点或冷点的重叠区域,称为核心区;并集即三种情境下曾出现过热点或冷点的区域范围,并集与交集的差值称为变动区(图 5-5)。从某种意义上说,ESV 热点核心区范围内的各类生态用地受人类活动干扰强度相对较小,土地类型和结构在未来一段时间内能够基本维持稳定;ESV 热点变动区范围内的生态用地对人类活动极为敏感,在未来水土资源开发活动中必须予以重点关注,避免因过度开发导致系统全流域生态服务功能下降。ESV 冷点核心区范围内以农田、建设用地等地类为主,是人类水土资源开发活动的集中地区,为了保障粮食安全,可以根据冷点核心区的范围划定农田保护区;ESV 冷点变动区范围为流域划定退耕还林、还草的空间范围提供了基本依据；未来，需要平衡农业发展和生态保护之间的关系，采取谨慎的态度对待冷点变动区范围内的农业开发和生态保护。可见，通过划定 ESV 热点和冷点区域范围，可为流域水土资源管理和空间管控提供重要的技术支撑。

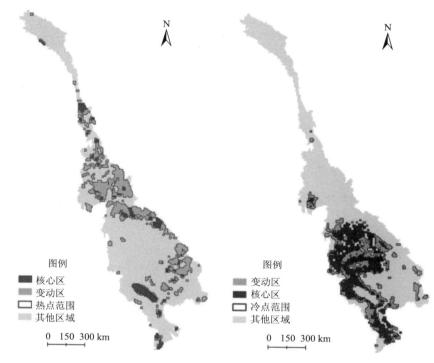

图 5-5　澜湄流域 ESV 热点/冷点核心区空间分布格局（彩图见文后）

　　生态系统结构的变化会引起生态系统过程和服务功能的改变。对各类生态系统服务的价值进行定量评估不仅是高效、合理配置各类竞争性自然资源的基础，也是定量测算生态补偿额度并制定相应补偿方案的重要前提（Smith et al., 2014; Bennett et al., 2014; Castro et al., 2016）。ESV 评估结果表明，到 2035 年，生态保护情景下澜湄流域生态服务价值总量比自然增长情景下提高 8%以上，而在农业发展情景下，生态服务价值总量则下降约 9%。从 ESV 组成结构分析，不同情景下，林地、草地、湿地、水体 4 大类生态用地的 ESV 占流域 ESV 总量的 85%～92.3%，其中林地占 50.2%～54.1%，表明林地是流域生态系统服务价值的最主要组成部分；裸地、建设用地面积小、单位面积生态服务价值量低，两者生态服务价值所占比例很小。

　　澜湄流域的 ESV 高值区空间离散度高，分散在流域上、中、下游的湖泊及周边湿地。低值区相对少见，零星分布在流域各处。次高值区和次低值区呈空间聚集状态，并对高值区和低值区呈包围态势。其中，次高值区集中分布在流域上游、中下游山区和河口平原水网地区；次低值区主要分布在流域下游湄公河平原地区。

不同情景下，澜湄流域 ESV 均表现出了明显的空间自相关特征与高低值聚集现象，但自相关水平存在一定差异，其中农业发展情景下的 ESV 高值区和低值区聚集程度最高，生态保护情景次之，自然增长情景最低，表明人类的农业开发或生态保护行为在空间分布上并不是随机的，而是具有明显的空间聚集特征。

林地、湿地和水体 3 类生态用地是流域内 ESV 的热点主要分布区，其总面积相对比较小、破碎化程度和离散程度更高；农田、裸地和建设用地则是 ESV 冷点的主要分布区，其总面积较大，聚集程度较高。不同情景下，流域 ESV 热点和冷点区域的空间分布格局存在较大差异，总体规律是随着生态用地面积的增加，热点区域面积增加、斑块之间的离散化程度和破碎程度明显下降，但其形状的不规则化程度也相应有所提高；冷点区域面积减小，斑块破碎化程度提高、不规则化程度下降。

三种情景下，流域 ESV 热点核心区以流域上游怒江州东南部的湿地、中下游南俄河水库、下游洞里萨湖等水体和湿地周边为主，由于被热点区包围，在未来一段时期内，土地利用类型和结构能够维持稳定；ESV 热点变动区主要分布在流域中下游山区林地，未来应实施有效措施，避免因毁林开荒、过度采伐导致森林面积进一步萎缩。ESV 冷点核心区也镶嵌在冷点活动区的内部，未来应以这些区域为重点划定农田保护区，结合湄公河支流水电项目开发，提高粮食产量，保障相关国家和地区的粮食安全；ESV 冷点变动区包围在核心区外部，未来需要平衡农业发展和生态保护之间的关系，采取谨慎的态度对待冷点变动区范围内的农业开发和生态保护。

5.4　本　章　小　结

当前，随着东盟一体化建设的推进和澜湄合作的不断深入，特别是"一带一路"倡议的实施，澜湄流域特别是下湄公河流域地区经济社会发展进程将进一步加快，相关国家对流域内水土资源开发和生态环境保护问题也越来越重视。生态系统服务价值与区域自然地理要素分布、经济社会发展状况直接相关，研究生态系统服务价值对土地利用变化的响应机制，揭示不同土地利用模式下生态系统服务价值的时空演变规律，可为土地利用结构优化调整和制定生态补偿方案提供决策支持，对于维护区域生态安全、保障经济社会可持续发展具有重要意义。

本章节重点分析了澜湄流域土地利用变化对生态系统服务价值的影响，根据澜湄流域土地利用变化的时空演变特征，结合流域未来发展趋势，揭示了未来不同发展模式下流域生态系统服务价值的时空演变规律。研究结果表明：到 2035 年，生态保护情景下澜湄流域生态服务价值总量比自然增长情景下提高 8%以上，而在农业发展情景下，生态服务价值总量则下降约 9%。其中，草地、农田的生态系统服务价值之和占整个流域的 87.9%~88.6%，是澜湄流域生态系统服务的主体部分，即这两种生态系统的变化在很大程度上决定了流域生态服务价值的变化。虽然湿地、水体两种地类的单位面积生态服务价值很高，但其面积在流域中所占比例很小，因此对流域服务价值的变化贡献不大。根据划定的流域 ESV 热点和冷点的区域范围，主要分为热点核心区和变动区、冷点核心区和变动区。未来，对于澜湄流域 ESV 热点变动区的水土开发，应避免因过度开发导致系统全流域生态服务功能下降；ESV 冷点变动区范围为流域划定退耕还林、还草的空间范围提供了基本依据，需要平衡农业发展和生态保护之间的关系，谨慎对待冷点变动区范围内的农业开发和生态保护。通过划定澜湄流域 ESV 热点和冷点区域范围，可为其水土资源管理和生态空间的管控提供重要的技术支撑。

由于生态系统组成、结构的复杂性和功能的多样性，以及空间分布的差异性，不同类型、不同区域的生态系统服务价值量差异较大，客观上需要尽量细致地进行生态系统类型和服务功能类别划分，由于澜湄流域属于跨境流域，相关基础资料匮乏，生态系统服务功能定量评估等相关研究也不多见，本书对部分生态系统分类进行了合并，如未划分灌木等类型，这对流域生态服务价值量的具体影响还有待进一步研究。

参 考 文 献

胡和兵, 刘红玉, 郝敬锋, 等. 2013. 城市化流域生态系统服务价值时空分异特征及其对土地利用程度的响应[J]. 生态学报, 33(8): 2565-2576.

李双成, 等. 2014. 生态系统服务地理学[M]. 北京: 科学出版社.

刘兴元, 龙瑞军, 尚占环. 2012. 青藏高原高寒草地生态系统服务功能的互作机制[J]. 生态学报, 32(24): 7688-7697.

谢高地, 张彩霞, 张雷明, 等. 2015. 基于单位面积价值当量因子的生态系统服务价值化方法改进[J]. 自然资源学报, 30(8): 1243-1254.

张昌顺, 谢高地, 包维楷, 等. 2012. 地形对澜沧江源区高寒草甸植物丰富度及其分布格局的影响[J]. 生态学杂志, 31(11): 2767-2774.

Bennett A, Radford J. 2003. Know Your Ecological Thresholds Native Vegetation Research Development Program, Land and Water Australia[M]. Canberra: Thinking Bush.

Bennett D E, Gosnell H, Lurie S, et al. 2014. Utility engagement with payments for watershed services in the United States[J]. Ecosystem Services, (8): 56-64.

Castro A J, Vaughn C C, Garcia-Llorente M, et al. 2016. Willingness to pay for ecosystem services among stakeholder groups in a south central U. S. watershed with regional conflict[J]. Journal of

Water Resources Planning & Management, 142(9): 1-8.

Chen L, Xie G, Zhang C, et al. 2011. Modelling ecosystem water supply services across the Lancang River Basin[J]. Journal of Resources and Ecology, 2(4): 322-327.

Costanza R, d'Arge R, de Groot R, et al. 1997. The value of the world's ecosystem services and natural capital[J]. Nature, 387: 253-260.

Costanza R, de Groot R, Sutton P, et al. 2014. Change in the global value of ecosystem services[J]. Global Environmental Change, 26: 152-158.

Daily G C. 1997. Nature's Services: Societal Dependence on Natural Ecosystems[M]. Washington DC: Island Press.

Dixon J. 1997. Analysis and Management of Watersheds[M]//The Environment and Emerging Development Issues: Volume 2. Oxford: Clarendrom Press.

Grima N, Singh S, Smetschka B, et al. 2016. Payment for ecosystem services (PES) in Latin America: Analysing the performance of 40 case studies[J]. Ecosystem Services, 17: 24-32.

Grrizzetti B, Lanzanova D, Liquete C, et al. 2016. Assessing water ecosystem service for water resource management[J]. Environmental Science & Policy, 61: 194-203.

Hu H, Fu B, Lv Y, et al. 2015. SAORES: A spatially explicit assessment and optimization tool for regional ecosystem services[J]. Landscape Ecology, 30: 547-560.

Li Y J, Zhang L W, Yan J P, et al. 2017. Mapping the hotspots and coldspots of ecosystem services in conservation priority setting[J]. Journal of Geographical Sciences, 27(6): 681-696.

Loomis J, Kent P, Strange L, et al. 2000. Measuring the total economic value of restoring ecosystem services in an impaired river basin: Result from a contingent valuation survey[J]. Ecological Economics, 33(1): 103-117.

Maes J, Egoh B, Willemen L, et al. 2012. Mapping ecosystem services for policy support and decision making in the European Union[J]. Ecosystem Services, 1: 31-39.

Mekong River Commission. 2010. Multi-functionality of paddy fields over the Lower Mekong Basin. Vientiane, Lao PDR: 17-46.

Millenium Ecosystem Assessment. 2005. Ecosystems and human well-being. Synthesis[J]. Physics Teacher, 34(9): 534.

Pattanayak S K. 2004. Valuing watershed services: Concepts and empirics from Southeast Asia [J]. Agriculture, Ecosystem and Environment, 104(1): 171-184.

Pimental D, Wilson C, McCulum C, et al. 1997. Economic and environmental benefits of biodiversity[J]. Bioscience, 47(11): 747-757.

Salzman J, BennettG, Carroll N, et al. 2018. The global status and trends of payments for ecosystem services[J]. Nature Sustainability, 1: 136-144.

Sutton P C, Costanza R. 2002. Global estimates of market and non-market values derived from nighttime satellite imagery, land cover, and ecosystem service valuation[J]. Ecological Economics, 41(3): 509-527.

第6章 跨境流域水利益共享评估与生态补偿机制

社会经济发展受限会引起跨境流域发展权的损失，特别是在跨境流域水资源生态保护受益区之间，上下游的社会经济发展程度存在较大的差距。建立跨境流域生态保护补偿机制，可以最大程度地调动上游地区生态保护转型发展的积极性，在保护生态环境的同时获得与人类社会经济的协同发展。跨境流域在水资源利益共享、生态补偿机制和适应性管理方面的研究，有利于实现跨境流域上下游国家的水资源生态保护意识，为流域水资源的高效管理以及生态补偿政策制度的建立和完善提供理论支持与决策依据。

6.1 跨境流域水利益共享评估技术研究

6.1.1 跨境流域水利益共享与协调

6.1.1.1 跨境流域水利益协调与共享宏观分析框架

在前期大量的国内外跨境流域文献与案例调研的基础上，针对跨境流域利益协调与共享的现状，构建出以理论框架、博弈框架和对策框架为主要组成部分的跨境流域开发利益协调与共享宏观分析框架，如图 6-1 所示。

1）理论框架

理论框架包括协调要素分析和协调原则分析两部分。构成协调要素的一个是国内外在处理跨界（区）水资源开发利用的一些"常识性"或"约定俗成"的基本出发点。同时，处理跨境流域利益协调与共享问题时，需充分了解和掌握其他流域国的诉求，做到"知己知彼"。这两方面的分析，共同构成跨境流域水资源开发利用的"内外环境"。

共享原则是借鉴国内外处理跨界（区）水资源开发分配案例，初步形成的且为很多人认知的一些"规则或准则"。在利益协调与共享时，应对这些原则加以重视和仔细甄别，并尽可能地选择性利用，形成跨境流域利益的"原则框架"。

2）博弈框架

博弈框架包括利益评估和协调博弈两部分。利益评估包括涉水利益和其他利益，顾名思义，涉水利益就是直接与跨境流域水资源相关的利益，其他利益包括化石能源或矿产资源贸易利益、区域稳定（如联合）和政治外交利益等非涉水利益，有效评估这些利益是开展利益协调的基础。在跨境流域水资源开发利用利益协调中，决策者对利益的理解通常是综合利益（包括涉水利益和其他（非涉水）利益），其理解和判断就构成"利益权衡"。

对跨境流域水资源开发利用的利益协调，是通过跨境流域利益相关方长期、反复的权衡逐渐达成协调的过程。协调博弈实质是对追逐利益的博弈，其相应地包括涉水利益博弈和非涉水利益博弈。涉水利益一般由各流域国内的涉水主管部门或国际河流涉水行政区协调，试图追求涉水利益的最大化（如同博弈中的纯策略），但国家层面上的决策者往往会考虑得更广更长远，偏向于综合考虑（如同博弈的混合策略），形成博弈策略。

3）对策框架

对策框架由总体战略对策和分区协调对策构成。总体战略对策是我国处理跨境流域的总体考虑，整体上是国家层面的外交、行业层面的科技支撑、企业合作的"双通道"布局。在境外与相关流域国在跨境流域上开展企业联合开发是快速获取对方信任与信息、减少第三方介入和干涉、占据主动位置的重要手段。

在总体战略及布局下，根据跨境流域的地理分布、跨境流域特点与利益关切点提出开发策略与合作策略，达到共赢的跨界流域水利益共享合作模式。

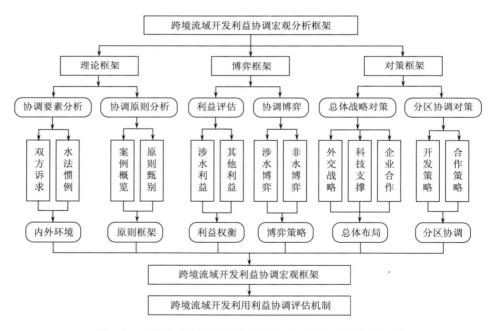

图 6-1　跨境流域水资源开发利益协调与共享宏观分析框架

4）宏观分析步骤

根据上述初步制定的跨境流域水资源开发利用利益协调与共享宏观分析框

架。总体而言，在国家层面上其分析步骤大致分为"深化认知，谨慎接触→明晰责权，初步合作→涉水利益评估，初步涉水谈判→开发方案优化，多次反复博弈→综合利益评估，全面综合权衡→研制协调框架，签订条约协议→逐步深化协调，实施跟踪评估"等七个步骤与过程，逐步实现跨境流域水资源开发利益共享过程。分述如下：

（1）深化认知，谨慎接触

国际争端是国家间关于事实上或法律上或对某项权益所持的立场、观点和主张不同而发生的对立和冲突，跨境流域争端在国家间交往中是不可避免的，也是普遍存在的。随着开发利用强度加快和国家间竞争激烈加剧，引发冲突的缘由和争端的方式日趋多样化，牵涉的利益相关方也越来越新型，一系列不确定因素此消彼长，这无形中凸显了跨境流域争端的常态化过程。可是解决和处理跨境流域争端的国际条约还不完善，国际社会对于跨境流域争端尚未形成有效的解决机制。

当前，在众多解决跨境流域争端的方案中，利益协调被认为是首选方式，它强调政治手段的协商谈判，坚持公平合理利用和不造成重大损害等基本原则，因缺乏强制性和约束力，最终使得解决争端的效率较低。为此，我们应该接受跨境流域争端的常态化状况，尽量控制国家间的正面交锋，谨慎接触，把它作为一项持久性系统工程来抓。

对于一些重点或关键性争端冲突，也要慎重接触，具体要做到：第一，协商谈判前要明确争端的实质，规划和设计好谈判的方式、底线、目标和措施方案等，特别要把握好谈判的最佳时机；第二，协商谈判过程中要力争自身权益，不可轻易地妥协、退让，甚至亮明自己的底牌；第三，协商谈判完成后要认真研究得失，及时总结经验和教训。

（2）明晰责权，初步合作

所谓明晰责权，就是明确国家间的义务和权利，各国应该坚持有限主权原则，根据国际水法及相关条约的框架性约束初步确定责权。明晰责权可通过贯彻落实"责权利相结合"原则，针对责权利的配置，可借鉴"参照效应"的分配方案，即基本参照同类跨境流域责权利的配置做法，再加上根据不同河流特殊情况做出的适当调整来确定，责权利相结合要重点把握好"分寸"，即"度"的问题，具体可依靠常规的"多边谈判"或"多方协商"的定性分析方法，在此基础上也要利用定量分析，把责权利进行量化处理，将各个国家不同性质的具体责任、享受权利和分配利益转化为具有可比性的同质的责权利。至于责权利的配置是否相宜，可以进一步通过评分检测，在运作当中不断进行调整。

明晰责权并不意味着不存在分歧，对已形成共识的可以签署纲领性或条约性文件，而不能达成共识的要明确分歧存在的原因、实质以及潜在的解决途径和方案。只有从宏观层面明晰各方面的责权，把握好责权利的相互关系，特别是要能够对一些基本的责权利形成共同愿景，才能促进国家间相互理解和信任，在此基础上可以尝试性地展开合作。

（3）涉水利益评估，初步涉水谈判

利益是跨境流域冲突的核心，能否实现利益协调是解决跨境流域冲突的关键，对各流域国的涉水利益定量评估是衡量跨境流域开发利用是否得当的必经过程。跨境流域开发利用可能会造成水量改变、水质恶化和生态破坏等方面的影响，因而涉水利益评估应全面评估各国水量、水质和生态等涉水利益的变化情况。在评估方法上，水量可根据项目建设对水量的影响以及水资源调度规律构建水量模拟模型预测，水质要结合污染物消融和稀释规律依据其运行机理预测，而生态可借用历史参数统计分析预测。涉水利益评估一方面要汇总各种涉水综合利益，依此判断各国涉水利益的变化得损；另一方面要测量某个方面的涉水利益变化，依此找到国家间差异的原因和分歧的实质。针对流域的未来规划设计，要创设不同水资源开发方案进行涉水利益评估，从中找到合适的、各方相对认同的规划方案。

以涉水利益评估结果为量化参照，结合各方的利益诉求，找出彼此分歧的原因和实质，在公平合理利用和不造成重大损害等基本原则的框架约束下，采取"先易后难"的谈判战术，初始谈判应淡化达成纲领性的结论性条文，相反应强化彼此间的理解和信任，增加认同感和合作潜力。

（4）开发方案优化，多次反复博弈

依据建立的涉水评估方法，对水量、水质和生态等分别设置三种情景（高、中、低方案）进行汇总评估，方案设计要求满足：第一，方案集的技术设计应以现状为基础，并根据各方利益诉求有目的性地调整；第二，开发方案的设计方法要集思广益，充分反映各方面的意愿；第三，开发方案设计目标要能够优化流域的整体发展，特别是能够运用各方的优势条件，缓解和消除彼此的不利因素，实现优势互补，互利共赢；第四，方案设计要能够以增强彼此间的理解和信任为目标，争取最大程度的合作机遇，在涉及国家安全问题上要保证互不侵犯主权，并尽可能地最大化利益。

上述过程不可能一步到位，需要多次协商、反复博弈才能达成。任何方面的初始方案都会偏重自身利益的实现，而导致彼此冲突，多次博弈则加入了对方案的远期反应和惩罚环节，对它们选择自身最优策略的行为加以一定限制和惩罚，这对于逐步达成妥协，重新选择彼此认同、又尽可能最大化整体利益提供了可能。多次博弈也体现了鼓励充分合作，对任何不合作行为的惩罚。

（5）综合利益评估，全面综合权衡

相对决策层而言，涉水利益评估只是跨境流域谈判的部分参考依据，跨境流域开发利用作为一个系统工程，涉及主权、经济、政治、文化、生态和水文水资源等因素，可见，非涉水因素在最终决策时甚至发挥着更为决定性的作用。我们应该全面衡量跨界水资源对各国的经济、生态环境和社会等方面影响，做到综合考虑，全面把握，才能够真正利于流域的整体稳定和促进和谐发展。

经济利益、生态环境利益和社会利益是不同性和不同质的指标，各国因为条件状况不同可能会造成上述三者相应值的极大差异，我们要因地制宜、因时而变，根据地区的实际情况确定经济利益、生态环境利益和社会利益的范围和大小，在汇总三大利益值时，必须结合实际选择合适的权重配置，这个过程要通过多次博弈、反复纠正的方式实现，综合利益值要保证做到合理条件下的基本平衡。

（6）研制协调框架，签订条约协议

各方若能够就综合利益权衡达成一致，可继续以开发项目实施为依托逐步制订并完善合作框架。第一，强化国家高层定期协商会议机制，就项目的实施状况和发展进程产生的一系列影响进行总结，并及时改进和补充完善设计方案；第二，完善公众特别是利益相关方的沟通交流机制，发挥他们对项目的设计、实施和造成的影响等监督作用，及时从实践过程中听取反馈意见；第三，发挥社会中介组织的协商作用机制，包括组建流域的管理委员会和以专家为主体的咨询委员会等，发挥他们的居中协调作用；第四，构建利益的重新分配机制，任何项目的建设都会破坏当前的利益分配秩序，必然要求利益进行重新调整和再分配，可以就分配的基本思路和调整秩序以制度的形式规定下来，而具体的分配目标、方式、手段可界定相应的调整范围。

利益协调框架是一种纲领性指导，它可以限制各流域国的言论和行为，如果各流域国能够就框架内容（可以是全部或部分）达成一致，应尽快签署条约使之规范化、制度化，这样能够有效地保证开发方案的执行。

（7）逐步深化协调，实施跟踪评估

研制协调框架及签订条约协议只是实现跨境流域合作开发的第一步，在实施过程中还会发现新的问题和出现新的状况，这需要跟踪调查，不断调整和完善方案。

6.1.1.2　跨境流域水利益共享理论方法与经验

1）利益协调与共享的主要理论方法

从历史看，有效地处理跨越政治边界的资源问题，往往很困难。水资源因其稀缺性、多用途性、非均匀分配和其流动性，地缘政治经济色彩更浓郁，处理也更复杂和困难。跨境流域矛盾的核心问题是如何实现相关各方利害关系的"公平合理"。矛盾的妥善解决之道，关键在于矛盾双方或多方间的合作，冲突不是解决跨境流域问题的方法，以合作促进国际河流各国间利益的协调，是化解国际河流利益冲突的根本途径。跨境流域开发利用的历史实践，实际上是跨境流域利益协调的发展史。由于没有统一的、可以普遍接受的模式或标准（量化的），跨境流域的解决之道也多种多样。总体来说，其理论方法可以概括为以下几个方面。

（1）通过信息交流、联合研究等，逐步对共同问题或现象达成共识

矛盾主要源于认识差异和目标冲突。由于跨境流域普遍存在信息障碍，各国之间往往由此而夸大事实。因此信息共享是达成共识的前提和基础，通常采用建立统一的观测站点、标准化的数据以及信息网络，实现信息共享与联合研究等，以促成流域各国对共同关注的问题或现象形成较为一致的认识。信息共享对跨境流域利益矛盾的化解十分重要，国际河流相关法律已将定期交换数据和资料等写进其法律条文，这一过程包括信息的收集、标准化、处理、交换，以及公众对信息的获取和理解等。

（2）依据国际法或国际惯例，签署协议，成立管理机构协商解决

在长期的跨境流域矛盾解决过程中，逐渐形成了一些约定俗成的做法，并可能成为后续类似问题处理的参照。在多国法学、水文、水利、经济、外交、生态等方面专家的共同努力下，国际法协会先后拟定形成了一系列国际水法规。以这些国际水法规为基础，在处理跨境流域冲突或问题中，相关国家在谈判协商形成共识签署协议，供各方遵照执行。为确保协议高效执行，甚至成立专门跨境流域管理机构，通过不断地谈判、协商来确保有关问题的解决。从当前全球跨境流域问题处理的现状看，大部分跨境流域均采用这种"温和"的方式进行利益协调。

（3）依据国际法/国际水法中相关条款，解决跨境水资源利用中的国际分歧

1997年联合国大会通过的《国际水道非航行使用法公约》专门设置了条款33用于争端的解决："在有关水道国之间没有一项可适用协定的情况下，应依照下列规定解决涉及事实问题或本法各款的解释或适用的任何水道争端"。条款33对争端解决方法和程序进行了详细的规定。

（4）依靠国际法庭/国际仲裁进行判决

依据国际水法等法律程序，由国际法庭或国际仲裁对国际河流的水纠纷进行裁决是解决国际水争端行之有效的利益协调方法之一。例如1929年国际常设法院裁决奥得河可航行河流各沿岸国对航行具有共同的、平等的法律权利，以及1937年默兹河分流案、1957年拉努湖仲裁案以及1993年盖巴斯科夫—拉基玛洛夫大坝案等因水资源系统分配产生分歧而进行的判决。但是，由于国际法庭仲裁一般需要取样调查和专家论证，因此时间、资金、人力都耗费大，同时由于仲裁的内容涉及水文、工程、经济等很专业的问题，很难在短期内完成取证并做出判决。该方式具有很强的被动性，通常是在不能协商解决的情况下的选择。

（5）依靠第三方介入解决

当各流域国之间没有分水协议，又难以通过相互协商解决其水争端时，还可以依靠流域各方信赖的公平无私的第三方的权威性，通过其在各方间的斡旋、调解，最终确定各流域国之间是否按公平合理的方式利用水资源，或者由该第三方制定/提出流域水资源开发方案。第三方，必须是流域外的国家或国际机构，它除了有足够的影响力外，还必须要有相应的资金或技术来支撑它所扮演的角色。例如，世界银行在解决印度和巴基斯坦之间自 1947 年起就发生的关于印度河水分配长达 12 年之久的争端中，就成功地起到了关键的中间协调作用。在此过程中，世界银行在技术和财力方面的大力支持，对双方于 1960 年达成《印度河分水条约》十分重要。在咸海流域，世界银行帮助捐助国为该地区的许多工程建设寻求资金，对解决该地区的水争端、环境恶化等也扮演着关键的角色。

（6）合作开展流域整体综合开发管理，将水问题与流域其他资源进行多目标权衡协调

该种解决跨界水矛盾的途径，突破常规地将水与土地、地表水与地下水、人类利用与生态利用分开管理思维，而将全流域的河流系统与相应的社会经济和生态环境作为密不可分的整体，按可持续发展的观点进行整体开发和统一管理，改善已有的规划和管理方案，调配共享水资源的区域分布，以实现公平分配和合理利用水资源，解决或缓和水冲突。例如，1995 年 2 月大部分尼罗河流域的国家在坦桑尼亚召开会议，统一成立一个专家团，按"公平分配尼罗河水"的目标，制定全流域分水方案，以防止尼罗河水的利用冲突。

2）利益协调与共享的主要经验

纵观世界国际河流开发和利益协调共享的历史，可初步得出以下经验、教训。

（1）加强信息沟通是协调和减少跨境流域各流域国矛盾最重要的基础

信息短缺、交流不畅是引发跨境流域各流域国认知片面甚至误会的重要原因。完整的跨境流域被不同的国界强制分割成不同的流域国，使得从流域尺度系统地认知跨境流域的条件先天不足，出于对维护国家利益和秘密的需要，各流域国往往会狭隘地进行信息封闭甚至有意的信息误导，进一步加剧流域各国间认知的片面性、误会及不信任程度，最终可能导致激烈冲突。

（2）从流域尺度认知跨境流域问题是解决跨境流域开发矛盾的前提

对跨境流域开发利用影响认知的不足或片面性、以各流域国自身利益至上的开发模式，均缺乏从整体高度和流域尺度考虑跨境流域水资源问题，不利于跨境流域问题科学有效地解决。在信息不充分或不对称、未来变化趋势难以预测的情形下，各流域国为确保现有利益万无一失、未来利益最大化（如为获取更多的水资源并使其不致得而复失），各流域国对自己境内的河段（水资源）进行加大开发，就不可避免。为此，从整体高度和流域尺度认知跨境流域问题是解决跨境流域矛

盾（冲突）的基础。

（3）合作与协商是各流域国协调跨境流域矛盾的必由之路

合作是解决冲突最有效的途径。从国际河流矛盾的化解实践可以看出，无论是提交国际法庭或者让第三方介入，还是直接的武装冲突，都不能从根本上解决跨境流域问题，双方的积极合作才是妥善解决问题的最佳途径。但合作的最终促成，则是建立在各方利益得到了合理协调的基础上。

（4）国际惯例、国际法律法规等将在实践中发挥越来越大的作用

国际惯例、有关跨界水道的国际法律法规和成功案例等成为跨境流域矛盾解决的重要参考依据，非政府组织和第三方参与在实践中的作用会越来越大。尤其是目前公认度较高的国际水法，尽管目前在实践中有时可能无能为力，但由于这些条法是多国各行业专家经多年努力综合形成的，在国际上已有较高的公认度，在国际政治角力不断强化的推动下，加上条法本身的不断被完善，未来将有效约束世界绝大多数跨境流域的不合理开发。

（5）现有原则、条款或解决框架有待进一步完善

跨境流域问题十分复杂，尽管已有不少的国际河流法律法规成果，甚至有的法律被接受程度还较高，但实际上，除这些法律本身目前还不具有真正的法律效力外，这些法律法规成果本身也是不完善的，可操作性有待加强。尤其是跨境流域各流域国十分关注的原则问题，尽管囊括了众多看似"合理"、兼顾各方利益的原则，但将所有这些原则堆砌在一起，在实践中却十分难以操作。

（6）水权分配是当前跨境流域水利益协调与共享的核心问题

上下游国家间供需水不协调引发的矛盾是跨境流域诸多问题中最普遍、最容易发生、最敏感、最难处理的矛盾，其实质是资源分配中最尖锐的利益协调问题。相比其他分配，如水力资源的分配可以电力分配为主，即把水力资源转化为电力资源，采用合作建电厂或电力输出等方式，通过电力资源的分配来实现水力资源的跨国分配；对航道资源而言，可通过统一规划、分段治理与管理、共同使用、协同合作的机制保证各流域国的利益协调；对鱼类、旅游资源及其他自然资源，合资等方式基本能解决资源分配、使用管理等利益的协调。唯独水权分配，是当前最难处理的跨境流域矛盾，也是当前跨境流域水资源开发利用研究的重中之重。

（7）新技术应用与思路创新将拓宽跨境水矛盾的解决途径

缺乏数据积累、获取信息困难是产生信息障碍的重要原因之一。相当多跨境流域尤其是上中游地处边、远、穷山区，基础资料获取难度大、成本高，难以形成必要的数据积累，但随着新技术、新方法的日新月异，遥感、Internet 和 Web GIS、复杂系统模拟模型等新技术以及自动监测仪器在水文、生态研究等方面应用的推广深入，为跨境流域信息获取、资料积累提供了较好的技术支撑，从而也为克服跨境流域开发利益协调的信息障碍提供了途径。此外，许多跨境流域水资源消耗

区利用效率较低，节水潜力较大，因地制宜地推广先进节水技术，对缓解地处干旱区、生态环境脆弱、水资源供需矛盾突出的跨境流域具有十分重要的作用。近年来，建立"水银行"、开展"虚拟水"贸易、开展区域合作与联合开发等新思路在跨境流域区逐渐被提出并得到国际社会的热议，这些思路将大大拓展跨境流域水资源开发利益协调的途径。

6.1.1.3　跨境流域开发利益评估方法

跨境流域开发利益协调评估与一般的价值评估侧重点不同，前者旨在为利益再协调提供数据参考，而后者重在评估价值的确定，利益协调评估要体现其特殊目的。传统的财务评估因要求的参数信息较多，不适于跨境流域水资源开发利用效益的评估，而价格标签法、陈述价值法和条件评估法等因存在认识信息、汇率等偏差，各国间难以取得能用货币表示的公度尺，因此在实践中，能为多数人接受的仍是基于指标体系的相对价值评估法。下面简要分析基于指标体系的跨境流域开发利用利益协调评估思路方法。

1）综合指标构建的基本原则

（1）以各国综合获得利益的历史数据变化为根据

利益协调过程重在强调维持各国获得利益的长期稳定，用历史数据为凭据，更具有可操作性和可行性。另外，对历史数据的变化进行分析，这也是国际水法中公平合理利用原则、不造成重大损害原则和以现状为基础分配利用原则等的重要体现。

（2）以统计学理论为评估基础

跨境流域穿越了行政边界，由于受地理分割的限制，各国、各民族的价值取向和判断标准会很不一致，在量纲差异的基础上，评估结果很难获得对方认可和接受。在冲突-博弈中，利用统计回归方法构建的不同评估方法，可以消除这种误差，且具有操作简单、适用性强的特点。

（3）系统性原则

构造跨境流域开发利用利益协调评估指标是一项复杂的系统工程，必须全面真实反映综合影响的各个侧面。每一侧面由不同指标构成，各指标之间既相互独立，又相互联系。因而，指标体系应具有层次性，由宏观到微观层层深入，形成一个评价系统。

（4）科学性原则

指标体系的设计必须建立在科学性的基础上，客观真实地反映各流域国家状况的变化。既要避免指标过多过细导致指标信息重叠，又不能过少过简从而遗漏重要信息。

（5）可比性、可行性原则

可比性要求评价结果在时间上现状与过去可比,在空间上不同区域之间可比,这就要求评估方法的统计口径、含义、适用范围在不同时段、不同区域一定要相同。可行性原则要求所需数据资料易于获取,易于分析计算。

2）公度因子法——生态足迹与水足迹指标

在跨境流域开发利益协调中,对利益的有效界定十分关键。根据上述综合指标选取原则,推荐国际上衡量生态影响与水资源综合利用度的知名度较高、具有很好、能比较的公度性指标——生态足迹与水足迹。

（1）生态足迹指标

生态足迹指标就是通过测度人类为维持自身生存对自然生态服务的需求和自然生态系统所能提供的生态服务之间的差距,来定量揭示人类对生态系统的影响,因此,该指标能较好地测量和定量分析人类社会活动对自然生态环境的影响。形象地比喻,"生态足迹"可理解为"一只负载着人类与人类所创造的城市、工厂等的巨脚踏在地球上留下的脚印"。

生态足迹的计算基于以下两个基本事实:一是人类可以确定自身消费的绝大多数资源及其所产生的废弃物量;二是这些资源和废弃物量能转换成相应的生物生产面积。因此,任何已知人口（某个人、一个地区或一个国家）的生态足迹就是生产这些人口所消费的所有资源和吸纳这些人口所产生的所有废弃物所需要的生物生产土地的总面积。在生态足迹的计算中,主要考虑耕地、林地、草地、化石能源地、建筑用地和海洋（水域）六种生产土地类型。可见,生态足迹是一种可以将全球关于人口、收入、资源应用和资源有效性汇总为一个简单的、通用的、进行不同国家间、不同区域间比较的便利手段,由于生态足迹概念具体形象,方法简便易行,便于区域间比较,在许多国家地区得到了广泛的应用。

生态足迹指标采用账户方式测度人类对自然生态服务的占用,该账户由生物资源消费账户和能源消费账户组成。①生物资源消费账户,主要包括当年人口消费的各种农产品（粮食、蔬菜、油料）、动物产品（肉、蛋、奶）、林产品（水果、木材）、水产品（鱼、虾）等,将这类生物产品消费转化为维持当年人口消费需要的耕地、草地、林地和水域面积;②能源消费账户,主要包括维持当年人口消费需要的煤、燃油、热力和电力等,将能源消费转化为化石能源面积和建筑用地面积。

在计算过程中,由于不同国家和地区的资源禀赋不同,不仅单位面积耕地、草地、林地、建筑用地、水域等的生物生产能力不同,而且单位面积同类型生物生产面积的生物生产能力也有差异。因此不同国家和地区同类生物生产性土地的实际面积是不能直接对比的,需要对不同类型的面积进行调整,调整系数即是均衡因子。不同国家或地区的某类生物生产面积所代表的局地产量与世界平均产量的差异,用产量因子表示。对各种生态生产性土地面积乘以相应的均衡因子和产量因子系数则可转化为生态承载力。详细的计算方法，可参看相关文献，这里不再赘述。

由上可见，在评价跨境流域的生态影响时，生态足迹指标提供了一个统一的量纲的评价体系。应用在实践中，把握三个要点：一是要求跨境流域各自区域对生态影响应与各自的生态承载力相适应；二是区域间的生态足迹即使不能追求绝对数值的相等，但也要做到基本具有可比性；三是跨境流域的生态保护是全流域的事，地处上游的地区发展晚、程度低，生态保护任务重，适当地发展是必要的，下游理应对上游的生态进行补偿。深刻领会和灵活应用生态足迹指标下的这三个要点，对我国绝大部分地处上游的跨境流域来讲，可一定程度克服目前的劣势。

（2）水足迹指标

类似于生态足迹指标，水足迹指标是指任何已知人口（某个人、一个城市、一个区域或全球）的水资源足迹，是生产这些人口所消费的所有资源所需要的水资源量。生产商品和服务都需要用水，在生产过程中所耗费的包含在产品中的那部分水叫"虚拟水"。例如，生产 1kg 粮食大约需要 $1\sim2m^3$ 水，相当于 $1\sim2t$ 水。这里的所有资源包括人类生活所必需的食物、日用工业消费品、生活直接消费的实体水资源和为人类提供生态系统服务和功能的生态环境资源。从水足迹定义出发，人口规模、消费条件、食物消费模式及消费数量决定了特定区域社会群体生活消费所需的水资源量；从水足迹的内涵构成看，它实际深入衡量一个地区对水资源的真实占有量，即真实消耗掉，且在局部区域、相当长一段时间内又不能再次参与本地水循环的"损耗量"。

水资源足迹指标也采用账户方式解释水资源在社会经济系统中的迁移转换，是一个衡量人类对水资源系统真实占有量的简单而综合指标。若以 WFP 代表研究区的水足迹，AWU 代表研究区的农业生产需水量（不包括农业灌溉中损失的那部分水量），IWW 代表研究区的工业生产需水量，DWW 代表研究区本地居民生活用水量，EWW 代表研究区本地生态环境用水量，EWFP 代表研究区本地净出口虚拟水量，则一个国家或地区的水资源足迹可表示为：WFP=AWU+IWW+DWW+EWW+EWFP。在水足迹的计算中，因农产品是当前世界产品消费中虚拟水含量最大的产品，因此农产品的水足迹是水足迹研究中最核心的工作。

在跨境流域水资源分配中，只有真实地衡量历史真实耗水量，同时兼顾其他众多因素，才能谈到公平合理地分配流域内水资源。人类除直接消费实体水资源外，产品形式的虚拟水消费也是人类消费水资源的主要形式，因此人类产品消费中的虚拟水就成为水足迹的主要组成部分。从这个意义上说，对跨境流域水资源的分配，实际是分配的广义水资源。在跨境流域利益协调过程中，应用水足迹指标把握下述几个要点：一是本地区的水，主要用于满足本地区人们的生存和发展用，保证本地区居民的水足迹需求是应该的；二是超出本地居民需求的水足迹（超额生产），既是对本地广义水资源的额外占用，更是挤占生态用水而对流域生态环境的破坏；三是上下游之间，水足迹应该趋平，同一流域居民消费的水足迹不应有较大差异；四是如果水足迹过大者不能减少或削减自己水足迹，则较小者有权利使其水足迹向较大者看齐。

如何将上述两指标方法下的流域利益进行公平合理的分配，后文将介绍跨境流域开发利益协调与共享的博弈分配方案。

6.1.2 跨境流域合作博弈论下的利益分配

1）跨境流域的博弈论基础

（1）策略博弈理论

水资源能满足人类社会经济需求又能兼顾河流生态系统健康和可持续发展的目标，其价值总体可分为经济、生态和社会三个方面。为简明阐述寻求开发跨境流域的良好策略，并考虑到跨境流域的整体性和国家的独立性，先假设某跨境流域仅存在两个局中人（国家）A 和 B。A、B 两国因跨境流域紧密地联系在一起，它们相互作用、相互依存，相互影响，并且都希望在本国河段上选择对自身较为有利的开发策略来制衡对方。现实中，A、B 两国在对应的三大效益值上往往差异很大，受策略博弈的影响，利益相关国总会把发展本国经济、维护河道生态和促进社会稳定作为自身的三种纯策略以最大化自身利益。由此，对跨境流域 i，可得到每一个策略向量相关的效益值，进而可得如下策略型博弈矩阵（表 6-1）。

表 6-1　国际河流开发利益协调策略性博弈矩阵

局中人 A/局中人 B	经济发展	生态保护	社会稳定
经济发展	A_{11}，B_{11}	A_{12}，B_{12}	A_{13}，B_{13}
生态保护	A_{21}，B_{21}	A_{22}，B_{22}	A_{23}，B_{23}
社会稳定	A_{31}，B_{31}	A_{32}，B_{32}	A_{33}，B_{33}

其中：局中人 A/B 的下标中，1 代表纯粹追求经济发展的策略，2 代表纯粹追求生态保护的策略，3 代表纯粹追求社会稳定的策略；A_{cd} (c,d=1,2,3)表示局中人 A 在自身追求 c 种策略而局中人 B 追求 d 种策略时得到的效益值；B_{cd} 表示局中人 B 在局中人 A 追求 c 种策略而自身追求 d 种策略时得到的效益值。

（2）纯策略和混合策略

设利益相关国 i 受到跨境流域的效益向量为（A_i, B_i, C_i）（其中，A_i 代表经济效益，B_i 代表生态效益，C_i 代表社会效益）。现实中，不同利益相关国上述对应的三大效益值差异很大，受策略博弈的影响，利益相关国总会把发展本国经济、维护河道生态和促进社会稳定作为自身的三种纯策略以最大化自身利益。

假设局中人有 N 个纯策略，$s^1,s^2,\cdots s^N$，受其他局中人的利益追求的影响制约和多种利益的兼顾，这个局中人往往追求综合目标，实施混合策略。混合策略是分布在其纯策略上的一个概率分布，也即一个概率向量（$p^1,p^2,\cdots p^N$），其中 $p^k\geqslant 0,k=1,2,\cdots,N$，且 $\sum_{k=1}^{N}p^k=1$。

根据混合策略的定义，假设利益相关国 i 对发展经济、维护河道生态和促进社会稳定采用的策略分布为（x_i,y_i,z_i）（其中 $x_i+y_i+z_i=1$ 且 $x_i,y_i,z_i>0$）。根据冯诺依曼—摩根斯坦效用，可得利益相关国 i 的总收益函数为

$$v(i)=h(A_i,B_i,C_i,x_1,\cdots,x_n,y_1,\cdots,y_n,z_1,\cdots,z_n)\qquad \forall i\in N \tag{6-1}$$

式中，$v(i)$ 是利益相关国 i 的总收益；$h()$ 是函数符号。

跨境流域与国家利益密切相关，利益相关国间信息沟通交流难免存有障碍，受非对称信息博弈的影响，式（6-1）的结果是模糊而不确定的。具体表现为：首先，在三大效益价值评估方面，受到评估依据、评估方式以及隐瞒实情等因素影响，本国与其他国家估算价值很难协商一致，因此，式（6-1）中各利益相关国的效益向量（A_i,B_i,C_i）只存在模糊区间；其次，在三大效益的策略分布设计方面，各利益相关国的利益诉求、价值趋向和判断标准出入较大，因此，式（6-1）中各利益相关国的策略分布（x_i,y_i,z_i）也很难统一。

（3）博弈情景类型

跨境流域是一个复杂大系统，与利益协调有关的博弈过程受到多个利益相关国以及多种因素的影响和制约，可分别建立不同情景下的博弈模型。

①有第三方机构参与的博弈情景

有第三方机构参与的博弈情景是指针对跨境流域存在第三方机构（它们可能是国际管理组织或是仲裁机构），组织流域的协调管理。在存有第三方机构参与情况下，可将冲突方案提交第三方机构，通过第三方机构的参与来协调。在第三方的组织下，各利益相关国先在一起辩论，若可能修改各自的方案，就通过让步达成协议；否则，辩论后由第三方机构组织专家会议和相关利益国参与的会议，通过商议或投票做出裁决。在研究者协助下，还可使用 AHP（层次分析法），求得第三方机构对各利益群体的重要性权重，依此来综合各利益群体的方案。显然，有第三方机构参与，博弈过程不够明显，但是，各利益相关国间是可以实现利益协调的。

②无第三方机构参与的博弈情景

无第三方机构参与的博弈情景是指针对跨境流域，不存在第三方机构组织流

域的协调管理工作，基本上是依靠利益相关国家自身的博弈求取利益协调。定义博弈为

$$G = <N, S_j, V_j> \tag{6-2}$$

式中，N 为利益相关国的集合；S_j 为国家 j 的战略集合，包括合作战略（N）和非合作战略（C）；V_j 为国家 j 对跨境流域开发利用的收益函数。

上述博弈模型可以采取纳什均衡法求解，即通过比较每一个利益相关国在合作与不合作现状点的效用距离来平分合作带来的合作利益，如下式所示：

$$\begin{cases} \max \prod\limits_{i=1}^{n} [m_i - v(i)] \\ s.t. \sum\limits_{i=1}^{n} m_i = V(N) \end{cases} \tag{6-3}$$

式中，i 为具体的利益相关国家；m_i 为利益相关国的分配利益；$v(i)$ 为利益相关国的非合作利益；$V(N)$ 为 n 个利益相关国合作条件下的总利益，简单说明，$V(N)$ 不等于非合作条件下各个利益相关国利益的简单相加。

具体求解方法可采用 Excel 的规划求解工具，处理非线性目标函数可采用牛顿搜索法，并从多点开始搜索，避免局部最优。

（4）博弈模型

① 合作博弈模型

合作博弈是指每个利益相关国在博弈过程中都能够从整体利益出发达成一个具有约束力的合作协议，若各利益相关国认为它们间的分歧可以再协商，那么就可以通过合作博弈即谈判来实现。在合作博弈条件下，各利益相关国能够达成一致，意味着：（i）任一个国家 i 的效益向量（A_i, B_i, C_i）是可以协商确定的；（ii）任一个国家 i 效益向量对应的策略分布（x_i, y_i, z_i）也是可以协商确定的，即

国家 i 的效益向量（A_i, B_i, C_i）是确定的　$\forall i \in N$

$$\begin{aligned} x_1 + \alpha_1 = x_2 + \alpha_2 = \cdots = x_n + \alpha_n = x_0 \qquad & 0 \leqslant \alpha_1, \alpha_2, \cdots, \alpha_n < 1, x_0 \text{为常数} \\ y_1 + \beta_1 = y_2 + \beta_2 = \cdots = y_n + \beta_n = x_0 \qquad & 0 \leqslant \beta_1, \beta_2, \cdots, \beta_n < 1, y_0 \text{为常数} \\ z_1 + \gamma_1 = z_2 + \gamma_2 = \cdots = z_n + \gamma_n = z_0 \qquad & 0 \leqslant \gamma_1, \gamma_2, \cdots, \gamma_n < 1, z_0 \text{为常数} \end{aligned} \tag{6-4}$$

在式（6-2）~式（6-4）的条件约束下，可求得合作博弈下各利益相关国的利益协调解的基本形式：

$$m_i = g(A_i, B_i, C_i, x_i, y_i, z_i) \quad \forall i \in N \tag{6-5}$$

式中，$g(\ )$是函数符号。

可见，合作博弈下各利益相关国能够从整体利益考虑问题，特别是每一国家的效益向量估算和策略分布设计都能采取折中方案，最终被其他国家认可和接受，

这时利益协调解是可以求得的，即利益协调基本可以实现。

②非合作博弈模型

非合作博弈是相对合作博弈而言的，指在博弈过程中至少因一个利益相关国的冲突而不能达成具有约束力的合作协议。在非合作博弈条件下，所有的利益相关国家不能够达成一致，意味着：（i）对于任意国家 i 的效益向量（A_i, B_i, C_i），自身的估算标准与其他国家的假定不能协商统一；（ii）任意国家 i 效益向量对应的策略分布（x_i, y_i, z_i）也不能够协商一致，即非合作条件下任意国家的效益向量和策略分布都不能够完全协商确定。

在式（6-2）和式（6-4）的条件约束下，可求得非合作博弈下各利益相关国的利益协调解的基本形式：

$$m_i = k(A_1, \cdots, A_n, B_1, \cdots, B_n, C_1, \cdots, C_n, x_1, \cdots, x_n, y_1, \cdots, y_n, z_1, \cdots, z_n, \lambda) \quad \forall i \in N \quad (6\text{-}6)$$

式中，$k(\ )$ 是函数符号；λ 为调整参数。

非合作条件下的利益协调解相比合作条件下有更多的自变量，它不仅取决于本国的效益向量和策略分布，而且还依赖于其他国家的效益向量和策略分布以及彼此之间的错综关系。依据解的形式，特别受动态博弈的影响，任何国家的策略选择根本无法确定，这就导致了式（6-6）的结果在自变量变动下很难确定，因而利益协调解 m_i 只是理想化的形式。

可见，非合作情景下各利益相关国间的分歧受动态博弈的影响很难协商一致，特别在过分追求自我利益的条件下，跨境流域的利益协调是无法实现的，相反，若想实现利益协调，各方的冲突必须控制在一个稳定的协调区间内，但即便如此，协商过程也需要花费很长时间。

博弈结果显示，跨境流域开发利用利益协调的基本思路有两种：一、组建流域的协调管理组织，凭借第三方机构进行干涉；二、在无第三方机构参与情景下，利益相关国的通力合作是十分必要的，否则，冲突很难化解，甚至有可能变得更为严重。

2）合作博弈下的利益分配模型

合作已成为跨境流域开发利用利益协调的必然趋势，在合作博弈下，各流域国相互合作结成联盟或集团的获益往往会大于它们单独行动获得的经济、生态和社会等综合利益。为此，确定合理的利益分配模式也是跨境流域开发利用利益协调的又一重要环节。

（1）Shapley 值解法分配模式

Shapley 值分配模式的基本思路：对于 n 个人从事的活动，当他们之间的利益是非对抗性时，即合作中随着人数的增加不会引起效益总量的减少，可以利用 n 人合作的特征函数进行利益分配。简单介绍如下。

设集合 $I = \{1, 2, \cdots, n\}$ ，如果对于 I 的任一子集 s 都对应着一个实值函数 $v(s)$ ，满足：

$$v(\varnothing) = 0 \qquad v(s_1 \cup s_2) \geqslant v(s_1) + v(s_2), s_1 \cap s_2 = \varnothing \tag{6-7}$$

称 $[I, v]$ 为 n 人合作对策， v 为对策的特征函数。

记 $\Phi(v) = (\varphi_1(v), \varphi_2(v), \cdots, \varphi_n(v))$ ，对于任意的子集 s ，记 $x(s) = \sum_{i \in s} x_i$ ，即 s 中各成员的分配，对于一切 $s \subset I$ ，满足 $x(s) \geqslant v(s)$ 的 x 组成的集合称为 $[I, v]$ 的核心。核心存在时，即所有 s 的分配都小于 s 的利益，可以将 Shapley 值作为一种特定的分配，即 $\varphi_i(v) = x_i$ 。

Shapley 值 $\Phi(v) = (\varphi_1(v), \varphi_2(v), \cdots, \varphi_n(v))$ 的最终分配结果为

$$\varphi_i(v) = \sum_{s \in S_i} w(|s|)[v(s) - v(s \setminus i)], \quad i = 1, 2, \cdots, n \tag{6-8}$$

$$\sum_{s \in S_i} w(|s|) = \frac{(n - |s|)!(|s| - 1)!}{n!} \tag{6-9}$$

式中， S_i 是 I 中包含 i 的所有子集， $|s|$ 是子集 s 中元素数目， $w(|s|)$ 是加权因子， $s \setminus i$ 表示去掉 i 后的集合。

（2）协商解法分配模式

协商解法分配模式的基本思路：第一，求取 n 个 n–1 方合作的获利得出各国分配的下限 $\underline{x}$ ；第二，计算按下限 $\underline{x}$ 分配后全体获利的剩余 $B - \sum_{i=1}^{n} \underline{x_i}$ ；第三，利益相关国平等协商，确定对剩余利益的分配方案（一般可采取平均分配法）。简单介绍如下。

利益相关国的分配下限设为 $\underline{x} = (\underline{x_1}, \underline{x_2}, \cdots, \underline{x_n})$ ，即求解

$$\sum_{i=1}^{n} x_i - x_1 = b_i \tag{6-10}$$

$$\sum_{i=1}^{n} x_i - x_n = b_n \tag{6-11}$$

得到：

$$\underline{x_i} = \frac{1}{n-1} \sum_{i=1}^{n} b_i - b_i, i = 1, 2, \cdots, n \tag{6-12}$$

对全体获利的剩余 $B - \sum_{i=1}^{n} \underline{x_i}$ 平均分配后得到的最终分配结果为

$$x_i = \underline{x_i} + \frac{1}{n}(B - \sum_{i=1}^{n} x_i) = \frac{B}{n} + \frac{1}{n}\sum_{i=1}^{n} b_i - b_i \tag{6-13}$$

（3）均衡解法分配模式

均衡解法分配模式的基本思路：第一，选择利益相关国能够接受的现状点 d 作为谈判时的威慑点；第二，在此基础上均衡分配全体合作的获利 B。方法介绍如下。

设现状点为 $d = (d_1, d_2, \cdots, d_n)$。根据 n 个数的和一定，当它们相等时乘积最大的原理。该模型为

$$\begin{cases} \max \prod_{i=1}^{n}(x_i - d) \\ s.t. \quad \sum_{i=1}^{n} x_i = B \\ x_i \geqslant d_i \quad i = 1, 2, \cdots, n \end{cases} \tag{6-14}$$

最终得到的分配结果为

$$x_i = d_i + \frac{1}{n}(B - \sum_{i=1}^{n} d_i) \tag{6-15}$$

（4）最小距离解法分配模式

最小距离解法分配模式的基本思路：第一，预测利益相关国的理想状态的分配上限 $\bar{x}$；第二，建立模型求取与这个上限距离最小的分配结果。简单介绍如下。

各国理想的分配上限设为 $\bar{x} = (\bar{x}_1, \bar{x}_2, \cdots, \bar{x}_n)$，满足与上限距离最小的模型为

$$\begin{cases} \min \prod_{i=1}^{n}(x_i - \bar{x}_i)^2 \\ s.t. \quad \sum_{i=1}^{n} x_i = B \\ x_i \leqslant \bar{x}_i \quad i = 1, 2, \cdots, n \end{cases} \tag{6-16}$$

最终得到的分配结果为

$$x_i = \bar{x}_i - \frac{1}{n}(\sum_{i=1}^{n} \bar{x}_i - B) \tag{6-17}$$

（5）满意解法分配模式

满意解法分配模式的基本思路：第一，选择指标满意度 u 为分配标准，求取各方的满意度值；第二，建立模型求取各方满意度最高的分配结果。简单介

如下。

定义为 $u_i = \dfrac{x_i - d_i}{e_i - d_i}$，其中，$d_i$ 是现状点，e_i 为理想点，为追求各方的满意度最高，用最小最大模型：

$$\begin{cases} \max(\min u_i) \\ s.t. \qquad \displaystyle\sum_{i=1}^{n} x_i = B \end{cases} \tag{6-18}$$

最终得到的分配结果为

$$x_i = d_i + u^*(e_i - d_i), u^* = \dfrac{B - \displaystyle\sum_{i=1}^{n} d_i}{\displaystyle\sum_{i=1}^{n} e_i - \displaystyle\sum_{i=1}^{n} d_i} \tag{6-19}$$

（6）Raiffa 解法分配模式

Raiffa 解法分配模式的基本思路：综合前述协商解法和最小距离法，引入任意的 j 方加入 $n-1$ 方合作的方法，对其重复处理，直到求取最终分配结果。简单介绍如下。

假设 n 个 $n-1$ 方合作的获利得到各方分配的下限为 $\underline{x}$，当 j 方加入（原来无 j 方的）$n-1$ 方合作时增加获利，即 j 方的边际效益，依据最小距离解法有 $\overline{x}_j = B - b_j$。

按两步分配 $\overline{x}_j$：先由 j 方和无 j 方的 $n-1$ 方平分，然后 $n-1$ 方再等分，即

$$x_j = \dfrac{\overline{x}_j}{2}, x_j = \underline{x} + \dfrac{\overline{x}_j}{2(n-1)}, i = 1, 2, \cdots, n, i \neq j \tag{6-20}$$

其中 $n-1$ 方是在 $\underline{x}$ 的基础上分配；分别取 $j = 1, 2, \cdots, n$，重复上述等分过程，然后求和、平均，得最终分配结果为

$$x_i = \dfrac{B}{n} + \dfrac{2n-3}{2(n-1)} \left[\dfrac{1}{n} \sum_{i=1}^{n} b_i - b_i \right], i = 1, 2, \cdots, n \tag{6-21}$$

（7）分配模式对跨境流域利益协调的适宜性分析

Shapley 值法是以严格的公理为基础，在处理合作对策的分配问题时具有公正、合理等优点，符合跨境流域的公平合理利用原则。但是，它对数据要求比较详尽，需要知道 $I = \{1, 2, \cdots, n\}$ 的所有子集（共 2^n 个）的特征函数，相对于跨境流域的固有信息沟通障碍，存在操作的不便。为此，Shapley 值法适用于利益相关国的数量比较少，并且数据资料相对丰富的跨境流域。

协商解法、均衡解法、最小距离解法和满意解法等要求条件相对宽松，分配结果也比较宏观，但由于其严格的逻辑推理，可为跨境流域的利益分配提供思想

依据和具体的谈判思路。

Raiffa 解法是一种相对综合的分配方法，既考虑了分配的上下限，又汲取了 Shapley 的思想，特别是在一定程度上能保护处于劣势的一方，但条件要求也比较严格。针对跨境流域的利益分配问题，如果条件具备，应尽量采用 Raiffa 解法分配模式。

6.1.3　跨境水资源分配价值评估构成

1）水资源生态经济系统

跨境水资源生态经济系统是指在跨境流域或区域范围内，以水资源开发利用和保护活动为主体地区的水资源生态经济系统（图 6-2）。另外，水资源生态经济系统还是具有一定结构和功能的有机整体（吴泽宁，2004）。其实质是将与社会经济系统有密切联系的水资源系统和生态环境系统转化为这一大系统内部的构成要素，成为系统构成和运行不可缺少的有机组成部分，形成了包含社会经济子系统和生态环境子系统在内的更高层次的复杂巨系统。

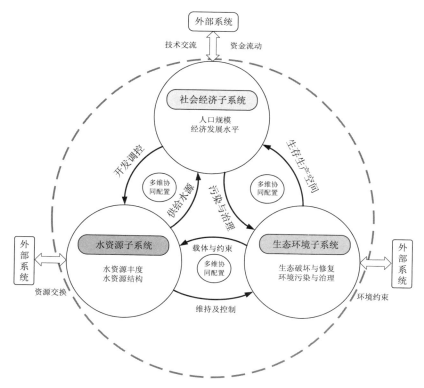

图 6-2　水资源-生态-经济系统构成关系（彩图见文后）

相对生态经济系统而言，水资源生态经济系统是生态经济系统的专业子系统，强调水资源开发利用和保护为主体，以及水资源与社会经济资源和其他自然资源的有机联系。强调水资源是为自然和社会经济的多重目标服务。所以，在从事水资源开发利用活动的过程中，必须协调好经济社会发展和自然的关系。

由于水资源生态经济系统是水资源生态系统和社会经济系统相互结合而形成的有机整体，所以具有这两个系统相互影响和相互结合的一系列特点。首先，水资源生态系统和社会经济系统之间是相互依存、相互作用的。社会经济系统通过人类劳动、科学技术和人类需求等环节作用于水资源生态系统，而水资源生态系统面对社会经济系统的作用，也相应地对社会经济系统施加各种有益或者有害的反作用。其次，水资源生态经济系统具有明显的空间特点。地域的不同和差异，使水资源生态经济系统存在很大差别，如上游丰水地区的水资源生态经济系统和下游缺水地区的水资源生态经济系统就具有明显的差别。另外，水资源生态经济系统还具有有限性特点。水资源生态经济系统是由水资源以及与水资源开发利用有关的环境因子、社会和经济因子所组成，有限性主要是指该系统中处于主导地位的水资源是有限的。任何一种资源生态经济系统所能承受的压力都有一定限度，其开发利用只能在一定的范围内进行。水资源生态经济系统也一样，其开发利用受它的生态阈值的限制，如果超过这个限度，必然要受到生态规律的制约（张沛，2019）。

2）跨境水资源生态经济价值指标构成

水资源是生物生存不可替代的物质，是经济活动难以缺少的投入物，是构成自然环境的基本要素之一，跨境流域水资源的多功能性决定了它的多价值性，例如，提供人类生产过程所必需的生产资料使水具有经济价值；改善江、河、湖泊，维持天然河流、湖库等水体所需要的正常生态环境，维护自然生态平衡，防止生态系统遭到破坏，使水资源具有生态环境价值，美化、绿化、净化生态环境，减少疾病，提高人们健康水平，使水具有社会价值（陆文聪和马永喜，2010）。水资源的经济属性、社会属性、自然属性决定了水资源价值的实质是经济、社会、生态环境价值的统一，即生态经济价值。水资源生态经济价值的内涵，应该是质与量的统一，自然资源价值与环境资源价值的统一，自然属性与经济社会属性的统一。

根据上述分析，将跨境水资源生态经济价值定义为水资源在支持、维护生态经济复合系统的存在和运行过程中所体现出的功能和效用，它伴随着水在水资源生态经济系统中的循环和流动，通过产品、劳务、提供环境、生境、维系生态平衡、改善社会福利和净化污水废物等生态经济功能表现出来，包括经济价值、社会价值和生态环境价值三大方面。

在水资源生态经济系统内，水由生态系统进入经济系统，经过生产过程，产生污染又返回水生态系统，水资源经济、社会、生态环境价值既因价值体现系统的不同而相互独立、自成一体，又因水循环流动而相互影响、相互制约，在跨境流域中水资源经济、社会、生态环境价值三部分是紧密联系，不可分割的。

（1）经济价值

水资源是最基本的生产资料，在跨境流域工农业生产中发挥着重要功能，水资源的经济功能使其具有经济价值。将经济系统中，水资源对经济社会发展需求的满足程度和效益称为水资源的经济价值，水资源经济价值是随着人类文明的进步而产生的，经济价值也是水资源生态经济价值的主要表现形式（吕睿，2017）。根据水体经济功能的不同，跨境水资源的经济价值可划分为以下几类。

① 生产价值

水以复杂的形式参与社会经济系统特别是工农业生产系统的物质循环过程，如作为化学物质原料参与多种化学工业的物质变换过程，溶解多种对人体有益的矿物质和微量元素的性能而使它成为多种食品、饮料加工工业的高级原料，另外水资源还是人类在工业生产、农业灌溉中需要大量消耗的实物资源。水资源的上述生产要素功能使水具有生产价值，包括工业生产价值和农业生产价值两大类。工业产业结构的调整、生产流程的改变，农业灌溉方式、种植结构的变化都会影响水资源的工农业生产价值，另外工农业生产价值还受到水资源贡献份额及绩效能力的影响。

② 发电航运价值

水流因地形地貌的落差产生并储蓄了丰富的势能，众多的水力发电站借此而兴建，为人类提供了大量能源，水力发电价值正是该功能的体现，跨境流域上游水力蕴藏量丰富，水体的浮力和动能，可以达到输送货物、旅客的功效，水路航运所带来的国民经济净效益的贡献份额就是水资源的航运价值。

③ 水产品价值

水资源生态经济系统中丰富的动植物资源，为人类生活生产提供了必要的物质保障（杜金鸿等，2019），使水资源具有产品价值。例如水体中的鱼类、虾、贝、蟹等动物，为人类提供肉质食品，一方面是人类丰富的蛋白质来源，另一方面还起到补充维生素、多不饱和脂肪酸和微量元素的重要作用。除了动物产品外，水资源生态经济系统还为人类提供了大量的植物资源产品，例如河岸生长的芦苇、海藻等。

（2）社会价值

"水是生命之源"，特别是淡水是人类生存和发展的宝贵资源。它为人类和其他动物家畜、家禽及野生动物提供饮用水，维持着社会的健康发展，另外跨境流域中生态系统的文化和美学功能，带给人类巨大的文化、美学及教育功益（王浩等，2004）。随着人类社会的进步和发展，以及人们物质生活水平的提高，人们对精神生活的需求不断增加，要求也越来越迫切。将跨境流域社会系统中水资源对维持生命健康和社会精神需求的满足程度和效益称之为跨境流域水资源的社会价值，根据水体社会功能的不同，水资源的社会价值可分为以下三类。

① 劳动力恢复价值

生命起源于水，生命的维持也离不开水，水资源的劳动力恢复价值主要是水资源维持人类生命和健康作用的表现，一般以维持正常劳动力价值的贡献份额计量。

② 休闲娱乐价值

水体的休闲娱乐价值根据水体提供服务的不同又可以分为两类。一类是休闲娱乐活动带来的价值，如划船、滑水、游泳、渔猎和漂流等，这些娱乐活动既有强身健体的功用，又有休闲放松的作用，是人类娱乐生活的重要组成部分。另一类是美学享受服务产生的价值，这一价值主要是通过流域水体与沿岸陆地景观组合而产生的，如急流险滩、峡谷曲流和瀑布风光等。它们在景观上的时空动态变化，为人们带来视觉及精神上的满足和享受，改善了人们的精神健康状况（欧阳志云等，2004）。

③ 科学研究价值

随着全球水资源的短缺，越来越多科学家投身于跨境水资源研究领域，水已成为重要的科学研究对象，同时，各种类型的湖泊、河流还是对人们实施教育，特别是环境教育的基地。

（3）生态环境价值

水资源在生态系统内部及各类生态过程中发挥着重要功能，形成并维持着人类赖以生存的环境和生命保障系统。将水对生态环境系统正常运转需求的满足程度与效用称之为水资源的生态环境价值，根据跨境流域水生态环境功能的不同，可划分为以下几类。

① 生物多样性保护价值

生物多样性保护价值是水体对生物多样性维持功能的体现。生物多样性是指从分子水平到生态系统水平的各个组织层次上不同的生命形式，包括三个层次的概念：物种的多样性、遗传的多样性和生态系统的多样性。生态系统是生物多样性的载体，它对于维护生物多样性具有不可替代的作用。水体生态系统为各种水生生物提供生境，是野生动物栖息、繁衍、迁徙和越冬地。一些水体是珍稀濒危水禽的中转停歇站，还有一些水体养育了许多珍稀的两栖类和特种鱼类。

② 调蓄水分价值

调蓄水分价值是湖泊、沼泽等存贮水源、调节径流、补充河流及地下水水量等功能和作用的体现，例如防止洪涝、干旱灾害价值等。河流湖泊，相当于一个天然容器，可以存贮水源、补充和调节周围径流以及地下水量。在洪涝季节，河流通过向江海迅速输送过多的水分，从而避免该地区水分蓄积过多造成的洪灾，具有纳洪、行洪和排水功能；在干旱季节，河水、湖水可供灌溉，还与地下水的相互补给维持两者的平衡。

③ 净化环境价值

水资源净化环境价值是水提供或维持良好的污染物质物理化学代谢环境，提高区域环境的净化功能的体现。水体生物从周围环境吸收的化学物质，主要是它所需要的营养物质，但也包括它不需要的或有害的化学物质，从而形成了污染物的迁移、转化、分散和富集过程，污染物的形态、化学组成和性质随之发生一系列变化，最终达到净化作用。另外，进入水体生态系统的许多污染物质吸附在沉积物表面并随颗粒物沉积下来，从而实现污染物的固定和缓慢转化。

④ 气候调节价值

水体通过水面蒸发和植物蒸腾作用可以增加区域空气湿度，影响大气温度、湿度，进而诱发降雨，对于稳定区域气候、调节局部气候有显著作用，还可以缓冲极端气候对人类的不利影响，水体上述功能所体现的价值称为气候调节价值。

⑤ 输送价值

输送价值主要是指输沙、输送营养物质和淤积造陆等一系列的生态服务功能所体现出来的价值。水流的动力能冲刷泥沙，达到疏通河道的作用。水体携带并输送大量营养物质如碳、氮和磷等，是全球生物地球化学循环的重要环节，也是海洋生态系统营养物质的主要来源，对维系近海生态系统较高的生产力起着关键的作用（邓灵稚等，2019）。河流携带的泥沙在入海口处沉降淤积，不断形成新的陆地，一方面增加了土地面积，另一方面也可以保护海岸带免受风浪侵蚀（石忆邵和史东辉，2018）。

⑥ 污水价值

跨境流域的污水价值包括三方面的内容：（i）环境污染损失价值：主要是指污水排入生态系统后污染周围的环境，破坏水体应有的服务功能而带来的损失量；（ii）污水处理过程的社会经济损失：主要是指污水处理过程需要大量的社会经济投入，这部分投入对整个生态经济系统来说，是一种付出，故称之为"损失"；（iii）中水再利用价值：主要是指通过水污染治理或一系列水资源保护措施经济社会投入，水环境质量得到改善及重新投入经济社会生产生活而带来的生态经济增量。

6.2　跨境流域水资源生态补偿机制建设方案

6.2.1　跨境流域水生态补偿的应用模式

6.2.1.1　跨境流域水生态补偿依据与制度构建

1）理论依据

（1）正义理论是确立跨境流域生态受益者补偿原则的法理依据

"正义"作为一种观念，最初属于伦理道德范畴。随着法的产生和发展，许多伦理道德观念上升为法律规范,正义也被引入法学领域成为法的价值的重要方面,并成为社会文明的重要标志之一。所以罗尔斯指出,正义的主要问题是"需要一系列特殊原则来划分基本的权利和义务,来决定他们心目中的社会合作的利益和负担的适当分配";博登海默也认为,正义的目标是"满足个人的合理需要和主张,并由此同时促进生产进步和提高社会内聚性的程度",从而使社会生活维系在一定的文明程度。从法的实践层面看,正义要求权利义务的一致性。通俗地说,就是享受权利必须履行义务;履行义务也必须要享受权利。在跨境流域水资源的利用和流域生态环境保护问题上也是如此。一方面,沿岸各国在开发利用跨境流域资源的同时,必须履行保护跨境流域生态资源环境的义务;另一方面,沿岸各国在享受他国保护跨境流域资源和生态环境产生的利益的同时,必须对他国所作出的这种努力予以补偿。跨境流域生态受益者补偿原则就是以后一方面为依据而存在的。

　　跨境流域是各沿岸国共同的财富,各沿岸国对其应享有平等的权利。而在现行的国际水法及其制度下,各沿岸国开发、利用跨境流域资源的权利和享有生态利益的机会往往处于不平等状态。如果贡献国提供了生态服务、贡献了生态利益而不能得到合理的补偿,这使得受益国与贡献国之间的权利义务更加不平等,则势必制约沿岸国可持续地享有跨境流域生态利益。只有建立起合理的生态受益者补偿原则,矫正贡献国与受益国之间权利义务不平等的状态,激励贡献国持续不断地投入跨境流域资源保育和生态环境保护,才能保证跨境流域生态利益的持续供给,并有效地减少各沿岸国之间的矛盾和冲突。将跨境流域生态受益者补偿确立为国际水法的基本原则,正是这一目的在立法上的体现。正如庞德所言:"法律的根本目的就在于确认和协调各种利益,使它们之间的矛盾和冲突减至最低程度,从而使每种利益得到最大限度的实现。"

　　(2)外部性理论是确立跨境流域生态受益者补偿原则的经济学依据

　　外部性理论是现代环境经济政策的理论支柱。外部性是指企业或个人向市场之外的其他人所强加的成本或利益。当企业或个人向市场之外的其他人所强加的是利益的时候,则称之为正外部性,或者叫"外部经济性";当企业或个人向市场之外的其他人强加的是成本时,则称之为负外部性,或者叫"外部不经济性"。无论是正外部性还是负外部性,都是经济运行中的非市场现象,不能通过价值规律来弥补,而只能借助市场外的力量来克服,其中包括法律。国际水法必须以外部性理论为指导确立跨境流域生态受益者补偿原则。

　　一方面,在跨境流域水资源利用和流域生态环境保护中,贡献国的行为在使本国受益的同时,也往往使其他沿岸国享受了额外的生态服务,获取了额外的生态利益。贡献国的行为给其他沿岸国产生的利益没有通过市场交换来补偿,这无疑是正外部性的体现。另一方面,一些国家从本国利益出发,也往往会期盼其他沿岸国主动实施一定行为，或者限制、放弃其正常的开发活动，给这些国家带来资源效益和生态利益。贡献国的这些行为和活动所付出的成本同样没有通过市场交换得到补偿，这同样是正外部性的体现。如果贡献国的这种成本投入长期得不到偿付，而其他沿岸国则无偿受益，这种"搭便车"现象必然会挫伤贡献国保护跨境流域资源和生态环境的积极性，不利于跨境流域水资源的可持续利用以及流域生态环境的保护。只有在国际水法中建立跨境流域生态受益者补偿原则，对这种产生正外部性的行为进行合理补偿，才能够激励各沿岸国为跨境流域生态环境的恢复和改善投入更多的成本，保证跨境流域资源和生态效益的持续供给。

（3）可持续发展理念是确立跨境流域生态受益者补偿原则的伦理依据

可持续发展伦理观提出，对资源和环境的利用"既要满足当代人的需要，又不对后代人满足其需要的能力构成危害"（张志强等，2002）；人类享有以与自然相和谐的方式过健康而富有生产成果的生活的权利，并公平地满足今世及后代在发展与环境方面的需求、求得发展的权利。其内涵主要表现在两个方面：一是发展经济与保护环境并重；二是代内公平与代际公平并重。

可持续发展理论中平衡和公平理念为跨境流域生态受益者补偿原则的确立提供了伦理支撑。一方面，可持续发展要求经济发展和环境保护的平衡。在国际水法中确立跨境流域生态受益者补偿原则，就是要通过协调贡献国与受益国之间的发展经济和保护环境的利益冲突，实现跨境流域环境资源可持续发展。贡献国加大经济和科技的投入，改良跨境流域资源和生态环境，或者限制、约束甚至放弃开发和利用跨境流域资源和生态环境的行为，减少对跨境流域资源的开采利用和生态环境的污染。受益国获取资源和生态利益，并补偿贡献国付出的成本或丧失的机会利益，实现跨境流域沿岸国之间经济、环境的协调发展，保护跨境流域水资源和流域生态环境。另一方面，跨境流域生态受益者补偿原则的确立，产生了一种利益协调机制，协调沿岸各国经济发展与环境保护之间的矛盾，实现国与国之间在享用跨境流域资源和环境利益的代内公平。不仅如此，跨境流域生态受益者补偿原则的确立，还催生了一种利益促进机制，即贡献国因获取相应的补偿而激发其保护资源和环境的积极性，受益国因给予了相应的补偿而更加珍惜来之不易的资源和生态环境。这样，客观上形成了各沿岸国齐心协力地保育跨境流域资源和保护生态环境，为后代人能享有跨境流域资源和生态环境利益创造条件，从而实现代际公平。总之，跨境流域生态受益者补偿原则使可持续发展理念在跨境流域开发利用中得以实现。

（4）"囚徒困境"理论为跨境流域生态受益补偿原则的确立提供了模型参考

"囚徒困境"是博弈论中反映个人最优与集体最优之间关系的经典案例。假定两个同案嫌疑犯被分别关押审讯，两人都坦白，各判 3 年；都抵赖，因无事实依据各判 1 年；一人坦白一人抵赖，坦白者释放，抵赖者判 6 年。在信息不对称条件下，要想两人都抵赖各判 1 年是不可能的。因为从各自自身利益出发，最好的策略都是坦白，结果都获刑 3 年。如果两人相互合作，都选择抵赖，则两人仅获刑 1 年。这一案例说明，个体最佳选择并非集体最佳选择，只有个体之间的合作，才能达到集体利益的最优化。这给跨境流域生态受益补偿原则的确立提供了模型参考。

在跨境流域环境资源开发利用中，各沿岸国好比上例中的"嫌疑犯"。如果各国仅从自身利益出发，只顾攫取跨境流域环境资源，而将外部性成本加于他国承担，或者只管享受他国提供的生态服务，而不给予相应的补偿，这无疑是其最佳选择，所获得的生态利益也达到最大化。 但是，沿岸国整体享受的生态利益水平却并未达到最优。如果各沿岸国之间相互配合，不仅将自身开发利用环境资源行为的外部成本内在化，更对他国保护跨境流域生态环境和资源行为耗费的成本或提供的生态服务予以相应的补偿，则沿岸各国整体所享受的生态利益达到了最优化水平。在此前提下，各沿岸国获得的生态利益不是最大，但已经接近最大化水平，而且这种生态利益和生态服务是可持续的。这样，沿岸各国的生态利益和沿岸国整体的生态利益就实现了最佳平衡。

2）实践依据

（1）国内跨区域河流受益补偿实践

在我国，跨区域河流受益补偿早已展开，如著名的南水北调中线工程水源地生态补偿。南水北调中线工程的水源地主要位于陕西省汉中、安康两市，其下辖市县经济发展主要依靠木材、药材、矿产。南水北调中线工程启动后，为确保丹江口库区水源水质，当地政府除关闭传统的黄姜加工、矿产资源开发等项目外，还必须加大对水土保持、生态林业建设、农业面源污染防治、城镇环境基础建设等方面的投入。库区上游各县市大多为国家级或省级贫困县，如此巨大的投入依靠当地财政支出是难以承受的。基于此，2007 年 10 月，国家调拨资金加大对陕西省西安市水源地水土保持建设的投入，正式启动了丹江口库区及上游水土保持重点建设工程，实施生态保护项目补偿。其中仅水土保持重点建设工程每平方公里就投入高达 20 万元。预计到 2020 年，要实现土壤侵蚀量减少 70%以上、林草植被覆盖度增加超过 80%、年均土壤侵蚀量减少 1 亿 t、年均水源涵养能力增加超过 10 亿 m^3（黄绳等，2019）。政府除了直接促进项目实施区的生态环境保护外，还带动了社会资本投入到丹江口水库库区生态保护与建设中，在较短时间内收到很好的生态保护效果。虽然不能保证该工程项目资金完全来源于"受益者"，但毕竟在跨区域生态受益者补偿机制方面迈出了一大步，为跨境流域生态受益者补偿原则的确立起到了一定的借鉴作用。

（2）国外跨境流域受益补偿实践

事实上，国外跨境流域生态受益者补偿实践早已展开。除了前述美国和加拿大《哥伦比亚河条约》中美国对加拿大的受益补偿机制外，南非与莱索托于 1986 年签订的《莱索托高地水利项目条约》也是成功的典型。莱索托为南非环抱，水资源极其丰富。南非为了将其水资源引入其工业和经济中心——豪登省，经过长达 10 年的艰苦谈判和反复论证，两国签署了正式供水条约，南非在上游莱索托高地投资兴建 5 座大坝和 200 km 的穿山隧道，将奥兰治河源头 40%的高质量蓄水以 80 m^3/s 的速度输送到南非境内的瓦尔河内，并源源不断地注入南非豪登省，以解决当地的缺水问题。作为补偿，南非不仅同意负担在莱索托建设大坝的绝大部分成本，同时，还投入大量资金保护莱索托上游库区环境，并解决工程兴建所带来的社会问题，包括移民搬迁和安置等，此外，还为当地修建了 120 km 的沥青公路，架设了 150 km 的供电线路，甚至在沿途兴建了 3 家医院。目前，这种受益补偿机制运转良好。虽然，这些机制都是建立在双边或者多边条约的基础上的，但它们为国际水法确立世界各国共同认可的跨境流域生态受益者补偿原则提供了成功的范例，也为完善国际水法基本原则提供有益的素材，对协调跨境流域沿岸国之间的环境资源利益，有效解决各国之间跨境流域资源与环境争端都有借鉴作用。

3）具体制度构建

法律原则对法的实施具有宏观的指导作用，但其本身的抽象性却给它的适用带来了一定的难度。因此，为保证跨境流域生态受益者补偿原则能有效协调各沿岸国的生态利益，解决跨境流域国际争端，尚需若干具体法律制度加以落实，使之更具可操作性。根据国际国内河流生态受益补偿实践，跨境流域生态受益者补偿原则的具体制度主要包括以下几个方面。

（1）基础调查制度

所谓基础调查制度，是指对跨境流域整个流域的经济发展、资源和生态环境状况进行全面普查的制度。在落实跨境流域生态受益者补偿原则的制度中，基础调查制度尤为重要。在贡献国对跨境流域进行资源保育和生态保护之前，应当对整个流域当前经济发展状况、资源和生态环境状况各项指标进行一次全面详细的调查，以此来确定贡献国为跨境流域资源保育和生态保护所做贡献的大小，以及受益国因此获得资源和生态效益的多少。简言之，基础调查制度就是对跨境流域现状进行摸底，作为确认贡献国是否贡献和受益国是否受益的依据。基础调查制度需要调查的内容较为广泛，主要包括 3 个方面：一是资源状况调查，包括各河段的水资源、森林资源、野生动植物资源的分布及数量，如河流丰水期、枯水期径流量，森林资源的种类及覆盖率，野生动植物、渔业资源的种类和数量等；二是生态环境调查，包括各河段水质状况、主要污染源、污染物排放量及影响程度、河流自净能力等；三是各河段周边经济发展状况，包括工业、农业、第三产业的发展状况及其对该河段的资源和环境的依存度，各河段的发展前景及其对该河段资源和环境的影响度等。上述情况的调查结果，不但是确认跨境流域资源和生态环境状况是否改良的重要指标，更是贡献国与受益国之间补偿的重要依据。

（2）效益评估制度

所谓效益评估制度，是指对贡献国行为（包括积极行为和消极行为两方面）对跨境流域环境资源产生的积极影响和效益进行评估的制度。效益评估是在基础调查的前提下，贡献国实施了生态资源保护行为，受益国因此获得资源和生态效益后进行的。如果说基础调查是为了确立衡量贡献和受益大小的参照，那么效益评估就是衡量贡献和收益大小的过程。然而，效益评估远远不止于"做加减法"那么简单。在评估效益之前，必须做好以下几个方面调查工作：一是贡献国的行为实施后跨境流域环境、资源以及当地经济状况的变化，既包括跨境流域水量的增减、水质的改善、森林覆盖率的增加、渔业资源的增加，也包括衡量贡献国位于跨境流域区经济发展成果的各项指标；二是受益国所享受的资源、环境利益的增减，包括用水增加量、捕捞业增加的产值、因洪涝灾害减少而减少的损失、因水污染减小而减少的成本等；三是贡献国的行为对受益国所获得利益的贡献度，即贡献国的行为与受益国的结果之间存在多大程度上的因果关系。在这些准备都做好之后，不难确定贡献国的行为给受益国带来多大的利好，为后面的成本分摊做好准备。

（3）成本分摊制度

所谓成本分摊制度，是指贡献国的环境资源保护行为所投入的成本和所丧失的机会利益应当如何分摊的制度。一般而言，贡献国针对跨境流域的环境资源保护行为可能对受益国有收益，也可能对自己有收益；可能只有一个受益国，也可能有多个受益国；各沿岸国可能是单纯的贡献国或是受益国，也可能既是贡献国也是受益国。这样，就涉及成本分摊的问题。建立成本分摊制度，首先要确定贡献国为保护跨境流域资源和生态环境所进行的直接投入和间接投入，以及因限制、放弃本应实施的生产、开发、利用行为而丧失的机会收益；其次，要根据受益国受益的大小及与贡献国行为的因果关系的程度，确定受益国应当分摊的比例和数额。当然，在实际分摊过程中，贡献国与受益国之间以及受益国内部之间，可以根据各自的经济状况、国际关系状况自行协商分摊的比例和数额。

（4）受益补偿制度

受益补偿制度是指受益国对贡献国实施的保护跨境流域资源环境行为的成本进行分担和补偿的制度。在确定贡献国的成本和受益国所应分摊的比例后，理所当然地要建立生态受益者补偿原则的核心制度——受益补偿制度。受益补偿制度的核心问题是解决补偿方式的问题。根据目前国际实践，补偿方式包含但不限于以下几种：一是现金补偿，即通过双边或者多边协商，由受益国向贡献国直接支付现金；二是项目援助，即受益国向贡献国提供某些与跨境流域的利用和流域生态环境保护相关的项目或者双方合作开发项目，以项目充作补偿金，这是国际环境保护实践中被广泛采取的方式之一；三是技术转移，由受益国向贡献国提供某些与跨境流域水资源利用和流域生态环境保护相关的技术或设备，如污水处理的技术指导，或者直接提供相应的设备等，这种方式适用于跨境流域的受益国和贡献国在科技水平上有差距的情况；四是专项投资，即由受益国投资，专门用于贡献国境内跨境流域地区发展经济，如投资环境友好型产业、兴建环保企业等；五是无息贷款，即受益国向贡献国提供无息贷款，帮助贡献国境内位于跨境流域地区的经济建设，发展环境保护事业；六是投资收益分配，即因资源保育和环境改良而改善受益国的投资环境，由此产生的投资收益贡献国也参与分配，包括无偿供电、参股分红、资源的低价购买等。

（5）权利救济制度

权利救济制度是指跨境流域生态利益受益国拒绝对贡献国予以补偿时，对贡献国应当如何救济的制度。无救济，即无权利。权利救济制度是跨境流域生态受益者补偿制度得以实施的保障。按照国际法理论和跨境流域开发、利用实践，跨境流域生态受益补偿对贡献国的权利进行救济，应当建立如下几种机制：其一，如果有"跨境流域管理委员会"，则贡献国可以将其主张提交委员会讨论，寻求救济；其二，如果没有这种组织或者该受益国不是其成员国，那么可通过双边或多边协商和谈判来解决争议，也可邀请第三方机构就此进行斡旋和调停；其三，双方还可将其纷争交由国际法院裁决，通过司法途径获得救济；其四，将受益国对贡献国的生态受益补偿情况纳入其国际信用评价体系，一旦受益国不履行补偿义务或履行不当，则将面临国际信用风险，以此作为对受益国不履行或不当履行的惩罚。

6.2.1.2　跨境流域水生态补偿模式选择

跨境流域水生态补偿模式主要分为政府补偿与市场补偿两种，两种模式各具特色，在实践运用上却存在一定局限性，从补偿主体、补偿标准、补偿方式、补偿效果四个方面展开对两种模式的比较分析，探讨两种模式补偿效果，为跨境流域生态补偿模式的选择与应用提供有益启发。

1）补偿主体

从补偿主体角度来看，政府部门作为政府补偿模式的补偿主体，通常将生态治理与环境保护作为其优先考虑的因素，财政资金的输入更多要求社会性福利的输出。政府部门追求社会福利的动机会对流域生态补偿活动产生多种影响，一方面，流域下游政府为享受上游提供的优质生态系统服务，提供补偿资金以弥补上游保护者负担的保护成本与机会损失，促使其提供持续的优质生态服务，政府财政资金的支持有助于补偿活动快速推进；另一方面，其他受益主体在"依赖政府"

心理的驱使下，出现不付费就能享受到优质生态服务的"搭便车"行为，政府部门的财政压力加大，不利于补偿活动的持续开展。

相较于政府补偿，市场补偿模式的补偿主体依据自身支付意愿与生态系统服务提供者协商并支付补偿金额，促使交易达成一种利益均衡的状态，获取自身效益最大化的同时改善了生态环境。市场主体追求市场福利的动机，在一定程度上缓解了政府补偿资金不足的瓶颈，由优质生态系统服务的供需双方直接协商交易，有助于流域生态补偿活动的持续开展。不容忽视的是，市场主体交易过程中，由于信息不对称容易产生机会主义行为，补偿活动中断的可能性增大。

2）补偿标准

政府补偿模式中补偿标准制定带有明显的地域差异性。流域所在国的政府作为补偿标准的制定者，基于流域空间异质性考虑，会在综合考量该流域的经济发展水平与生态环境状况基础上，将流域断面处水质水量作为补偿标准的考核依据，进而决定补偿额度的大小。补偿资金由上下游国家的政府部门共同承担。这种标准制定方式在方便上下游国的政府开展补偿工作的同时，也存在补偿"一刀切"的问题。此外，政府补偿提供的补偿资金额度更多参照政策导向与流域整体的公平性，较少花费成本评估保护者的损失与生态服务的价值，补偿标准较低，补偿激励性明显不足。

从市场补偿标准角度来看，补偿标准制定的主体差异性明显。优质生态服务需求者会根据自身的需要，直接与供给者进行协商，由两方共同决定补偿的额度、补偿内容等，这使得补偿标准带有协商性与可调整性。市场主体更关注生态供给者提供的优质生态服务价值，并支付反映价值的合理价格，补偿金额的激励性显著，在一定程度上推动补偿活动的高效开展。值得注意的是，市场主体的逐利性会使补偿标准依据双方需求发生变动，从侧面反映了市场补偿模式不具有普适性。

3）补偿方式

政府补偿模式所运用的补偿方式具有典型的"强制性"色彩，多为"输血式"补偿。流域上下游国家的政府依据行政命令和政策要求对上游生态保护者开展补偿活动，并将现金补偿作为首选，在流域生态补偿实践中取得一定成效。考虑到流域生态补偿项目开展的时效性，一方面，在政府财政资金的支持下，补偿项目开展期间的流域生态改善效果明显，但项目停止后，"输血式"补偿难以产生"造血"效果，不能实现可持续的生态改善；另一方面，政府补偿的期限性不利于提高生态保护者的可持续生计能力。生态补偿结束后，上游国部分居民由于缺乏可持续生计，往往还要回到损害流域生态以换取生计的老路，导致流域生态保护的政策性波动。因此，仅靠政府财政资金仍是"杯水车薪"，并非长久之计。

市场补偿模式包括直接付费、水权交易、生态标签认证、生态购买、生态基金等方式。生态服务需求者向生态服务供给者传达自身需求并通过协商方式展开自愿交易，生态服务提供者接受支付费用并提供优质生态服务，运行上更具有"协商性"的特征，有助于协调利益相关者间的利益关系。此种模式借助多种融资渠道筹集补偿资金以及补偿资金的高效使用，产生"造血式"的补偿效果，可以实现生态保护与经济的"双赢"发展。另外，在一些发展中地区的跨境流域由于市场体制不完善，整体交易体系不健全，加之市场主体间的信息不对称，容易诱发交易过程中的机会主义行为。

4）补偿效果

从政府补偿模式的补偿效果来看，在政府"强干预"补偿下，利益相关者自觉形成一种生态行为规范，补偿行为会产生直接的补偿效果。但考虑到补偿资金受制于项目持续期或政策周期，致使政府"输血"一旦停止，补偿项目就会陷入停滞不前的状态，甚至会引发新的生态恶化，这使得补偿效果带有"短期性"特征。此外，上下游国的政府间缺乏良性互动与利益共享机制，双方通过不断地博弈推进生态补偿，下游国家具有"搭便车"的心理动机，企图依靠"不付费"就能享受优质生态服务。上游优质生态服务提供者的利益诉求得不到满足，生态保护与经济发展间的关系难以平衡，致使补偿效果缺乏可持续性。因而，政府补偿模式短期效果明显，但补偿激励性与持续性较差。从市场补偿模式的补偿效果来看，市场补偿强调双方协商，自愿交易，实现补偿方与受偿方之间的直接对接，可以在短时间和较大空间上实现较好的补偿效果。与政府补偿追求社会福利不同，市场补偿追求非社会福利的实现，因而在补偿过程中更体现激励性。考虑到市场主体更多关注自身利益最大化，交易过程中将直接支付与投资目标捆绑在一起，追求自身利益最大化的同时，往往偏离了关注环境保护的目标，这致使补偿协议往往因补偿的短期性与易变性而解除，缺乏稳定性，不仅会造成流域各方利益的损失，也会造成全流域福利的损耗。因而，市场补偿带有一定激励性，但稳定性相对较差。

5）补偿模式选择条件

流域的空间异质性强，不同流域在产权界定、补偿主体界定、生态系统服务价值衡量、补偿范围以及补偿项目所处阶段方面存在较大差异，这使得不同区域范围的流域在生态补偿模式选择上有所不同（表6-2）。通过对两种模式在补偿主体、补偿标准、补偿方式与补偿效果方面的比较，明确了政府补偿与市场补偿两种模式各自的特征与适用条件，进一步对补偿模式做出合理选择。一般地，若产权界定清晰、主体明确、流域生态系统服务价值明确、覆盖范围相对较小、社会经济发展状况较好的流域，可以选择市场补偿模式；反之，选择政府补偿模式。模式选择并不是显示单一补偿模式的优越性，而是在特殊条件下选用该种模式产生的补偿效果可能优于另一模式。

表 6-2　流域生态补偿模式选择一览

选择依据	政府补偿模式	市场补偿模式
产权界定	模糊	清晰
流域生态补偿主体	涉及主体数量多	主体间一对一交易
生态系统价值	价值核算难度大	价值明确，核算方便
流域范围	跨界及大中型流域，补偿覆盖面广	小型流域，补偿覆盖面相对较窄
流域经济社会发展水平	普遍使用	适用于社会经济发展水平较高的流域
生态建设项目所处阶段	普遍使用	适用于项目发展期与成熟期

　　考虑到若跨境流域所在国家市场体制机制尚不健全，产业发展水平较低，生态保护者提供优质生态服务的能力较低，适宜选择政府补偿模式；随着生态补偿工作逐步完善，仍以政府补偿模式为主，但可以引入市场补偿模式化解资金不足难题，增强生态补偿效果的可持续性；在项目成熟期，选择政府补偿与市场补偿协同模式，目的在于借助两种模式的优势，发展培育流域优势生态产业，保护流域生态的同时对经济产生"造血式"效果。两种模式综合使用的优势在于多元主体共同致力于生态补偿工作，可以弥补各自"失灵"问题。需要关注的是，在生态补偿项目中，政府主体与市场主体承担的角色会有所差异，政府更多扮演引导者与监督者的角色，市场主体更多担任执行者与交易者的角色，明确双方主体的角色定位，可避免项目运行过程中的责权不清问题。

　　6）两种模式的协同应用

　　目前，跨境流域生态补偿实践试点已渐次展开，选用单一模式的生态补偿机制暴露出一定的局限性。政府补偿模式的"强制性"色彩与"输血式"资金补偿方式，短期补偿效果明显，却出现补偿资金"供不应求"的问题，给政府造成巨大的财政压力。市场补偿模式中交易主体的"自利性"、适用范围上的局限性与交易成本较高等问题，决定了市场补偿模式并不具有普遍适用性。两种模式各有千秋，协同应用产生持续稳定的生态补偿效果已得到业界学者的共识。

　　当今全球化背景下的生态补偿，已不再局限于实现生态保护目标的政策工具，而是作为一种保护生态环境、实现经济发展与社会稳定的重要实践，备受关注。政府与市场两种补偿模式在运行过程中都不可避免地存在各自"失灵"的状况，需要两者协同发挥各自优势，进一步完善流域生态补偿模式。依据协同学理论，要求各子系统在平等基础上相互协调配合，在生态补偿中则指政府与市场之间要展开合作，政府补偿与市场机制之间要协同起来，达到资源的优化配置。基于对两种补偿模式的比较分析，考虑到我国所有制结构与现有市场运行机制，既要明确政府主导的现实，也要注重市场有益补充作用。两种模式协同应用的关键在于把握好政府与市场的关系。一方面，要求政府主体与市场主体之间形成良性互动关系，政府主体提供财政支持的前提下，通过构建市场交易平台、设立生态发展基金、完善 PPP 模式等方式，引导利益相关者直接或间接参与到生态补偿项目中；另一方面，两种模式之间形成合理对接状态，避免出现模式混用的不利局面，依据跨境流域的具体情况，明确补偿主体、标准、方式，协同应用两种模式。此外，还应进一步完善监督机制，构建合理的流域生态效益评估与管理机制、社会化资本引入机制，保障生态补偿模式的合理应用。

6.2.1.3　跨境流域水生态补偿模式应用

1）生态系统服务跨区域支付框架——以澜湄流域为例

自然环境提供的服务对于支持人类是至关重要的，然而由于全球范围内利益相关者的经营不善，使得这些服务正面临加速恶化，主要是由于过度追求经济增长而忽视了生态系统的可持续性。生态系统服务付费（PES）被认为是整合生态保护和社会经济发展的创新方法，可作为一种有效工具将生态系统服务的外部性转化为对当地参与者的经济激励。

为了使生态系统服务付费成功得以实施，许多学者对其进行研究，其中 Ronald H. Coase 和 Arthur Cecil Pigou 的理论是帮助简化生态系统服务付费框架的两个主要基础概念。科斯定理（Coase theorem）假设外部性可以通过直接协商解决，而类似于市场的自愿交易可以实现最优的环境外部性（柳荻等，2018）；生态系统服务付费项目应该在至少一个卖方和一个买方之间自愿和有条件地完成一个明确的生态系统服务的交易。事实上，只有有限数量的生态系统服务付费方案满足所有 Wunders 标准，分析表明，大多数方案很少是完全自愿的，而且这些方案总是面临交易成本高、权力不平衡、产权界定不清等障碍（刘焱序等，2018）。相比之下，Pigou 理论认为，负外部性产生的社会成本应由政府处理，主张政府干预（如政府为生态系统服务提供者提供补贴）确保生态系统服务付费相关条款的制定，事实表明，该类型生态系统服务付费可能会产生低灵活性和低运行效率的问题，但在实际情况下，尤其适用于涉及多方的大型项目市场机制失灵时（颜立红等，2019）。

Vatn 认为，生态系统服务付费的结果在很大程度上取决于政治力量相互作用的过程。生态系统服务付费不应去政治化，而应注重政策设计的过程，否则生态系统服务付费可能不是缓解环境保护与区域发展之间冲突的最经济的选择。目前大多数生态系统服务付费计划由政府在公共监管框架下运行，例如哥斯达黎加、墨西哥、厄瓜多尔和印度尼西亚的生态系统服务付费计划。为应对生态退化，中国目前已经推出了许多生态系统服务付费的方案，它们大多由政府在国家和地区层面实施，如三江源自然保护区生态保护和建设计划和新安江流域上下游横向生态补偿试点。与纯粹的市场相比，自上而下的行政管理制度可以更有效地实施政府监管。

在面对跨地区问题时,由于资源分配的复杂性和涉及的参与者的边界不明确,识别生态系统服务提供者(卖方)和生态系统服务受益人(买方)通常不是一个容易的过程。在大多数情况下,生态系统服务提供者和生态系统服务用户同时充当双重角色。大多数生态系统服务是作为生态系统的共同产物产生的,而一些生态系统通常涉及栖息地与景观。

与生态系统服务付费方案相关的另一个关键问题是支付金额,它应该反映生态系统服务供需的贡献。然而,已有的案例表明,行动者(例如政府)通常根据机会成本的代理指标来设定支付金额。交易成本包括:谈判费用,执行科学研究的费用,运行监测和执行程序的花费,以及放弃的替代生产使用资源的机会成本的主要部分,这将很大程度上取决于政府支付能力和最终结果的政治讨价还价。讨价还价是参与者愿意支付和接受赔偿的意愿,而不是反映他们的供求水平,这可能是一种谈判的妥协。

为了解决这些问题,提出了一个自上而下的生态系统服务跨区域支付框架,将横向支付关系转化为纵向支付关系,平衡生态系统服务区域供需关系。在目前跨流域双方及多方谈判难以进行下去的情况下,建立一个高于流域的机构与组织,辅助解决流域内利益分享与生态补偿相关事宜。该框架以生态足迹的数据为基础,在澜湄流域上进行了论证。

(1)建立生态系统服务跨区域支付框架

大部分生态系统服务付费指的是具有横向支付的生态系统服务付费,这意味着支付流在同一级别的政府之间。还有一种由上到下(或从下到上)支付关系的生态系统服务付费方案,支付流从政府的高到低(或低到高)级别。使用示意图(图6-3)来更生动地说明这两种形式的生态系统服务付费,并解释它们之间的区别。

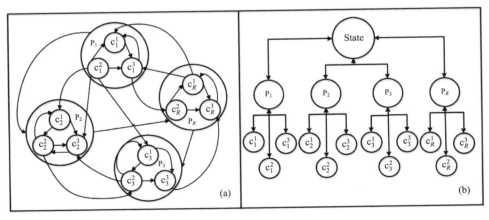

图6-3　跨区域支付横向支付(a)与垂直支付(b)示意图

图 6-3 中 c 代表某一城市，P 代表某一省份，如图 6-3（a）所示，至少有三种类型的支付关系涉及横向支付的支付关系，即①同一省份之间的城市，②不同省份之间的城市，③不同省份与不同城市。如果每一个单位都参与到谈判和交易的过程中，就会产生相互交织的支付关系，这无疑带来巨大的困难，实施的可能性降低。因为我们几乎不可能追溯所有生态系统服务提供者或度量来自其他地方和自身的每个地方的生态系统服务供应或需求的数量，并且在大规模的计划中交易成本将会非常高。而在一对多模式下，如我们建立的生态系统服务跨区域支付框架中所应用的，每个地方的支付关系从横向到纵向变化，如图 6-3（b）所示，所有城市需要做的就是计算自己的生态系统服务供需量，无论供给来自何方，需求来自何方，所有地方都将直接向上级单位付款。在此方法下，我们计算供应量和需求量，需要引入生态足迹方法，计算区域生态服务供给系数与区域生态服务消费系数。

（2）生态承载力指标和生态足迹指标

生态承载力（即生态服务供给）指的是地球生态系统所能提供的，满足人们活动需要的土地面积。生态承载力总量衡量区域对生态服务的供给情况，出于谨慎性考虑，计算区域生态承载力时，应扣除 12%的生物多样性保护面积，计算公式如下：

$$EC_R = \sum_{i=1}^{6}(r_j \times a_j \times N \times y_j \times (1-12\%)) \tag{6-22}$$

式中，EC_R 代表 R 区域生态承载力总量（hm^2）；a_j 代表人均生物生产面积（hm^2/cap）；r_j 表示均衡因子；N 表示某区域人口；y_j 表示第 j 类土地利用类型产量因子。

生态足迹（即生态服务消费）是指在一定的技术水平、一定的经济规模下的资源消费和消纳废弃物所需要的生物生产土地面积，计算公式如下：

$$EF_i = \sum_{i=1}^{6}(\frac{r_j \times c_i \times N}{Y_i}) = \sum_{i=1}^{6}(\frac{r_j(P_i + I_i - E_i)}{Y_i}) \tag{6-23}$$

式中，EF_i 代表某区域 i 消费项目生态足迹总量（hm^2）；i 代表消费项目类型；j 代表区域土地利用类型；r_j 代表均衡因子；C_i 代表第 i 种消费项目的人均消费量（hm^2/cap）；N 代表某区域人口；Y_i 代表生物生产性土地生产第 i 种消费项目的年（世界）平均产量；P_i 代表第 i 种消费项目的年生产量；I_i 代表第 i 种消费项目的年进口量；E_i 代表第 i 种消费项目的年出口量。

2）区域生态服务供给系数

利用各区域的生态承载力表征其生态服务供给。根据各区域供给生态服务的情况，计算各区域生态服务供给占总供给的比重，即为生态服务供给系数，并以其为依据确定因供给生态服务而应获得的生态补偿金额。供给计算公式如下：

$$\beta_R = \frac{EC_R}{\sum EC_R} \tag{6-24}$$

$$V_R = M \times \beta_R \tag{6-25}$$

式中，β_R 代表 R 区域生态服务供给系数；EC_R 代表 R 区域生态承载力总量（hm^2）；V_R 代表 R 区域因供给生态服务而应获得的金额；M 是各区域供给生态服务的总金额，也是各区域应获得的生态补偿总金额。

3）区域生态服务消费系数

利用各区域的生态足迹表征其生态服务消费。根据各区域消费生态服务的情况，计算各区域生态服务消费占总消费的比重，即为生态服务消费系数，并以其为依据确定某省因消费生态服务而应支付的生态补偿金额。消费计算公式如下：

$$\alpha_R = \frac{EF_R}{\sum EF_R} \tag{6-26}$$

$$F_R = M \times \alpha_R \tag{6-27}$$

式中，α_R 代表 R 区域生态服务消费系数；EF_R 代表 R 区域的生态足迹（hm^2）；F_R 代表 R 区域因消费生态服务而应支付的金额。

4）区域应获得的生态补偿金额

根据各区域生态服务供给和消费的情况，确定最终应获得的生态补偿金额，计算公式如下：

$$X_R = V_R - F_R \tag{6-28}$$

式中，X_R 代表 R 区域实际应获得的生态补偿金额。如果 X_R 为负值，表示该区域的生态补偿金额为净流出；如果 X_R 为正值，表示该区域的生态补偿金额为净流入。对于生态系统服务供需量的估计，生态系统服务跨区域支付框架可以采用多种方法，如生态足迹法（EFA）、能值合成法、生态系统服务评价方法。采用不同的生态系统服务量化方法不会改变整个框架的完整性，只需要在相同的管理级别使用相同的量化方法。虽然生态系统服务跨区域支付框架已经改变了支付关系的结构，但在一定条件下，某些地方的支付量在改变前后将是等价的。

6.2.2 跨境流域生态补偿制度的建议

跨境流域生态补偿是当今全球流域生态补偿中的一种制度创新，形成以统一的跨境流域管理协调机构作为引导支持，上下游国家政府行使事权的模式，通过"正补"加"反补"的双向补偿方式、纵向支付与横向支付并存的支付方式，弥补了跨境流域生态环境市场失灵，使得自然资源外部性问题内部化，解决了生态环境的公共物品属性，改善跨境流域的生态环境。然而，仍然存在着过度依赖行政手段，补偿力度偏低，方式单一，公众参与不足等问题，需要通过建立利益相关者及社会公众充分参与的渠道与平台、培育基于产权明晰的跨境流域生态补偿机制等方法，充分发挥市场在资源配置中的决定性作用，合理利用流域上下游的生态资源。

1）科学制定补偿标准，更好发挥市场机制

跨境流域生态补偿是由统一的跨境流域管理协调机构牵头并进行组织协调，流域上下游国家之间进行补偿，上游国家着力解决上游水源区生态环境保护建设工作，同时下游国家政府也应该给予上游以资金支持。目前，大多数跨境流域生态补偿主要是以各流域国家政府为主导，强调政府行政行为。这种补偿机制的实施，弥补了全流域生态环境市场失灵，使得自然资源外部性问题内部化，解决了生态环境的公共物品属性，明显改善了全流域生态环境，使得上游转变发展方式，促进了产业结构的调整优化，但是这种制度设计也存在着许多问题。首先，过度依赖行政手段来推动补偿项目的实施，缺乏市场参与，不符合市场经济的规律。流域生态补偿，尤其涉及跨流域的生态补偿涉及多个利益主体，包括政府、地方政府官员、企业、流域上下游国的居民等社会公众，各利益相关者之间存在着复杂的利益博弈关系，仅仅依赖政府的干预，难以兼顾各方利益。由于缺乏市场机制的参与，流域生态补偿中水质、水量的定价，以及生态补偿标准的确定均为政府部门主观确定，未经过供需均衡的基本"回合"，缺乏科学合理性。其次，依靠政府补偿，强调行政行为的流域生态补偿方式中，补偿资金主要来源于各国政府财政的转移支付，补偿力度难以保证，同时不具有可持续性。上下游国家政府在流域生态补偿中发挥着必不可少的作用，建立完善的生态服务交易市场同样至关重要。在我国，政府行政资源发达，同时，流域生态服务，尤其是跨区域的流域生态服务，涉及地理范围大、利益主体多，这就要求流域生态补偿遵循"政府引导、市场推进、社会参与"的原则。

2）建立流域生态系统服务需求端与供给端利益需求传导机制

长期以来，人们秉持传统"资源无价"的观念，认为水资源等自然生态资源是"取之不尽，用之不竭"的，从而造成了资源产品低价以及资源需求的过度膨胀，进一步造成水资源等供需矛盾加剧。我国的《生态文明体制改革总体方案》指出，要"构建反映市场供求和资源稀缺程度、体现自然价值和代际补偿的资源有偿使用和生态补偿制度"。然而，我国自然资源市场化改革才刚起步，自然资源的使用分配过程中，市场机制的缺位导致需求端与供给端利益传导机制的缺失。健全自然资源资产产权制度、加快生态系统服务价值测算及评估是建立需求端与供给端利益传导机制的前提条件。建立自然资源的产权交易制度，综合考量资源所有者权益以及生态环境损害，形成合理的资源价格形成机制，打通流域上下游，即需求方与供给方的利益需求传导机制。

3）探索多元化生态补偿方式，将"输血"补偿向"造血"补偿转变

目前,跨境流域生态补偿多为中央及地方政府对于水源地进行财政转移支付,专项补偿资金主要用于环境保护、污水治理、垃圾处理、生态修复、流域综合治理等,补偿方式多为资金补偿与实物补偿。该种补偿方式直接、迅速,能够起到重要作用,效果也最明显,但这种"输血型"补偿方式的弊端也很明显,未能从根本上解决问题,具有不可持续性。流域生态补偿应注重"造血"补偿,在着力解决上游水源地生态环境保护与建设的同时提升地方发展能力。因此,在资金补偿与实物补偿的基础上,应大力提倡政策补偿、项目补偿、技术补偿等方式,从根本上解决上游国家经济发展落后问题。可以采取的措施有:一、鼓励引导"异地开发"的区域经济合作方;二、将生态补偿资金转化为技术项目安排到被补偿方,如对水源区劳动力进行专业技术培训,提高其专业能力,帮助他们转产转业;实施水利项目、旅游项目、生态农庄项目、交通项目等工作,利用当地的特色优势,发展第三产业,能够为当地提供更多的就业机会,促进经济发展;三、实施政策倾斜,促进上游国家水源区转产转业,调动水源区居民与企业保护水生态环境的积极性,上游国家为保证水质而限制工业发展,因此下游国家政府在税收政策、项目投资、产业转型等方面实施对上游国家的政策倾斜,以弥补上游国家经济发展损失的机会成本。开展流域生态补偿、生态环境保护建设工作,其实质都是为了人们更好地生存、发展和生活。实施有助于水源区区域发展和人民生活的补偿方式,是推动改善民生的必然选择。

4）拓宽社会参与平台,提高生态补偿决策的科学性和公平性

流域生态补偿,特别是跨境流域生态补偿过程中,涉及范围广、利益主体多,有必要在实施过程中引进公众参与,形成更有效的问题协商机制,切实做好流域生态补偿工作。在补偿资金来源方面,应注重吸引更多社会资本参与补偿,拓宽补偿资金来源渠道,创新绿色产业投融资机制,引导上下游国家共建绿色产业基金、PPP 基金、生态证券、生态信托等方式,推动流域生态补偿向各国政府、集体、非政府组织及个人共同参与的多元化融资机制转变。应加强社会参与,通过信息公开等途径,构建上下游国家利益激励机制,提高其他利益集团参与补偿的热情,提高人们保护流域生态的积极性。在流域生态补偿中加强社会参与,不仅能够促进流域生态补偿标准制定的科学性和准确性,提高流域生态补偿决策的科学性和公平性,也为流域生态补偿的市场化提供可能。

5）建立健全流域生态补偿法律法规,保障生态补偿的落实

由于流域水资源等自然资源存在外部性的特点,流域生态服务的产权制度安排就显得极为重要,而产权制度的建立依赖于国家的法律法规。国际水法规定,水流等自然资源属于国家所有。在现有的国际水法和公约等具有法律效益的体系下,形成了目前主要以国家政府为主导、以财政补贴形式实施的流域生态补偿。

这种形式存在着明显问题，一是流域生态补偿资金来源单一，主要来源于各国政府的财政转移支付；二是补偿标准的制定缺乏合理性且补偿标准偏低；三是生态补偿缺乏社会参与，不能保障相关主体的利益。

在全球范围内，不存在已有的并且可以直接利用的制度安排来进行流域生态服务交易。无论是建立流域生态服务交易的市场，还是建立政府公共财政补贴体系，都面临明晰产权的需要，从而降低交易成本。流域生态环境服务属于公共物品，具有明显的正外部性，但是只有产权明晰基础上的市场交易，才能达到帕累托最优，才能使整个跨境流域共享水利益结果最大化。

6.3　跨境流域生态系统服务与利益补偿机制

6.3.1　跨境流域生态补偿机制理论基础与前瞻

跨境流域是流经两个或多个国家的国际性河流，单个国家无权对整个流域进行管理。如何解决跨境流域资源开发与生态保护间的不平衡并避免资源分配争端是当今国际社会面临的重大议题。

跨境流域同时为沿途各国提供了广泛的生态系统服务，但在制定统一的管理目标时，往往很难考虑到其生态服务和功能。近年来，许多跨境流域国家也尝试与邻国进行跨境资源的管理，并签署了相关的合作协定，但由于在资源利用方面存在较大竞争，使得跨境管理比同一行政体制和管辖范围内的管理更为复杂（Ze et al., 2017）。许多专家学者认为生态系统服务已成为跨境流域各国实现合作和利益共享的基础（Intralawan et al., 2018）。各国在跨境合作的同时应积极采取利益补偿措施，以提升全流域的生态环境效益（McIntyre, 2016），促进全流域的经济发展。此外，有效的利益补偿机制还能够调节流域各国间的利益关系，改善和恢复各国的生态系统服务价值，是缓解资源冲突和维护各国生态系统安全的重要方式（黄锡生和峥嵘，2012）。

生态补偿作为利益补偿机制的核心要素，它的本质内涵在于生态系统服务功能的受益者为环境收益服务的提供者提供有条件的支付行为，通过激励和补偿来实现生态环境保护目标（曾贤刚等，2018）。通常生态补偿机制的建立包括利益相关者分析、制定生态补偿标准和确定生态补偿模式等三个方面的内容。目前国内外学者对跨境流域生态系统服务与利益补偿机制等内容也开展了一些理论研究和实证分析工作。20 世纪 90 年代初期，位于北美洲的跨境流域哥伦比亚河的管理者们就对其流域内受水力开发影响的下游河段制定了相关生态补偿措施，将下游鱼类的种群数量恢复到了建坝前的水平，产生了巨大的环境效益。而随着人口规模和经济发展水平的提升，一些位于跨境流域的发展中国家也逐渐意识到生态补偿的重要性，Mamatkanov（2008）认为中亚跨境流域阿姆河—锡尔河沿途各国当前在资源开发过程中所采取的自给自足政策是不利于长远发展的，需要通过降低资源成本和提供生态补偿等方式来缓解区域的环境风险。López-Hoffman 等（2010）认为通过生态系统服务价值的流通来实现跨境流域内生态效益输出国与受益国的利益互补，能够为生态补偿量的确定提供参考，但许多国家的生态系统服务价值远高于其实际社会生产价值，加大了跨境流域生态补偿工作的实际推进难度。此外，李晓光等（2009）认为生态效益输出地区在生态保护过程中所产生的价值难以确定，使得生态系统服务价值只能作为建立利益补偿标准的上限值。在补偿的方法应用方面，耿涌等（2009）和刘红光等（2019）基于水足迹理论建立了流域的生态补偿标准；也有许多学者基于 InVEST、GIS/RS 和能值分析等方法对流域生态系统服务价值进行了评估，并对流域的生态补偿额度进行了研究（付意成等，2013; Boithias et al.，2016; 约日古丽卡斯木等，2019）。上述研究成果在流域生态系统服务与生态补偿等领域具有一定的代表性，但模型和方法对参数的要求较高，基础数据精度及其可用性直接决定了最终的研究结果。而对于数据获取难度较大且统计口径不统一的跨境流域，可以从生态足迹的角度对该类地区的实际资源供给能力与资源消耗强度的差距进行量化，进而对全流域生态系统服务价值是否满足生态消费需求做出直接判断（Green et al.，2015）。

　　因此，与其他研究方法相比，从生态足迹的角度对跨境流域的生态补偿机制进行研究，其在结果的有效性和实际可操作性上具有优势。目前，基于生态足迹视角下的跨境流域生态系统服务功能的时空差异性研究相对较少，特别是在水资源相对丰沛且人口密度相对较大的沿海地区，有关跨境流域生态补偿量化的研究更是十分有限。

6.3.2　湄公河流域生态系统服务价值评估

6.3.2.1　评估方法

　　基于 Costanza 等（1997）的生态系统服务价值（ESV）基本理论，将 ESV 分为市场价值和非市场价值。结合湄公河流域的实际情况对 Xie 等（2017）提出的单位面积 ESV 当量进行了修正：①对单位当量因子的价值进行调整。根据湄公河流域 5 国 1995～2015 年单位面积粮食产量和价格（来源于 FAO 发布的《FPMA Bulletin》粮食产量及其国际价格数据），综合考虑到美元购买力、国际粮食价格的波动情况及美元在近 20 年的通货膨胀的影响，确定研究区近 20 年 ESV 的换算具有一定的可比性，在此基础上计算各地类的 ESV 系数。②对农用地、建设用地和林地的 ESV 当量值进行修正。主要基于以下三方面原因：一是研究区的农用地以种植水稻为主，其 ESV 除粮食生产等市场价值外，还发挥着水土保持等其非市场价值（Dugan et al., 2010）；二是建设用地中含有公共绿地和附属绿地，这些绿地同样具有 ESV，参考胡和兵等（2013）的研究成果确定平均绿地率为 35%；三是研究区的林地类型以热带雨林、季雨林为主，这类林地具有气候调节、水文调节、固碳服务、水土保持、维持生物多样性、林木和林副产品等诸多功能价值，其 ESV 高于一般林地。③采用碳税法（Yu and Han, 2016）对流域各地类的固碳服务价值系数（carbon fixation coefficient）进行核算，其中净初级生产力和土壤固碳量分别以 NASA Earth Observatory 和 USDA Natural Resources Conservation Service 发布的数据为基础。据此，得到 1995 年和 2015 年湄公河流域不同地类的年均单一 ESV 系数（表 6-3）。

表 6-3　湄公河流域不同地类 ESV 系数

分类	市场价值/[美元/（hm²·a）]							非市场价值/[美元/（hm²·a）]			文化服务
	供给服务			调节服务					支付服务		
	食物生产	原料生产	水源供给	气体调节	气候调节	净化环境	水文调节	固碳服务	水土保持	养分循环	生物多样性	美学景观
农用地	140.0	54.0	−54.8	111.3	59.2	16.7	94.4	244.5	133.9	19.8	21.5	9.8
林地	37.6	85.7	44.2	281.6	843.7	251.6	623.4	408.4	343.6	26.0	312.9	137.4
草地	35.0	50.9	28.4	180.5	476.5	157.0	349.2	287.1	219.6	16.7	199.3	88.0
湿地	77.4	75.8	392.9	288.2	546.1	546.1	3675.6	382.1	350.5	27.3	1193.9	717.5
未利用地	0.0	0.0	0.0	3.1	0.0	15.1	4.5	124.7	3.1	0.0	3.1	1.4
水域	116.6	33.6	1221.2	113.4	337.0	809.8	3283.8	327.2	135.5	10.3	371.7	276.0
建设用地	0.0	0.0	−10.3	78.5	145.9	78.4	126.8	167.3	31.5	7.2	47.5	46.1
合计	406.5	299.9	1621.6	1056.5	2408.5	1874.6	8157.8	1941.3	1217.7	107.3	2149.8	1276.3

在此基础上，运用公式（6-29）和式（6-30）分别对流域的 ESV（美元）和各单项 ESV$_{ind}$（美元）进行计算：

$$ESV = \sum (A_k \times VC_k) \tag{6-29}$$

$$ESV_{ind} = \sum (A_k \times VC_{ind(k)}) \tag{6-30}$$

式中，A_k 为第 k 种地类的面积，hm²；VC_k 和 $VC_{ind(k)}$ 分别为第 k 种地类的 ESV 系数和单项 ESV 系数，美元/(hm²·a)。

6.3.2.2　生态系统服务价值时空变化

通过式（6-29）计算 1995 年和 2015 年湄公河流域不同地类的 ESV（表 6-4）及流域内各国的年均 ESV 结果（图 6-4）表明：在时间上，近 20 年该流域整体的 ESV 减少了 34.07 亿美元，减少率为 2.3%；其中 ESV 减少最多的地类是草地，共减少了 72.70 亿美元；而水域的 ESV 净增加值最大，为 42.36 亿美元。在 ESV 增加的地类中，建设用地的价值变化率最大，高达 300.0%，其次是水域，为 119.2%；在 ESV 减少的地类中，未利用地的变化率最大，为–33.3%，其次是草地，为–23.1%。湿地、水域和林地在研究区单位面积上的 ESV 远高于其他地类，均大于 3000 美元/hm², 其中湿地最高，为 8273.23 美元/hm²。在国家尺度上，位于流域下游的泰国的 ESV 高于其他 4 国，为 415.69 亿美元，占全流域 ESV 的 28.7%，其次是老挝，为 410.73 亿美元，缅甸的 ESV 最低，为 68.57 亿美元。在所有地类中，各国林地的 ESV 占比均最大，在 60.0%以上，其中老挝和缅甸更是高达 77.9%和 74.3%。

表 6-4　1995～2015 年湄公河流域 ESV 变化

土地利用类型	ESV/亿美元		价值变化/亿美元	变化率/%	单位面积 ESV/(美元/hm²)
	1995 年	2015 年			
农用地	171.13	206.55	35.42	20.7	850.29
林地	920.55	865.94	−54.61	−5.9	3396.12
草地	314.53	241.83	−72.70	−23.1	2088.20
建设用地	0.33	1.32	0.99	300.0	718.94
水域	35.53	77.89	42.36	119.2	7035.95
未利用地	0.06	0.04	−0.02	−33.3	154.90
湿地	55.10	69.58	14.48	26.3	8273.23
合计	1497.23	1463.15	−34.08	2.3	2329.55

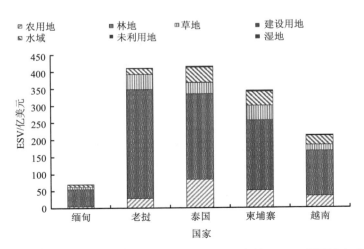

图 6-4　湄公河流域内各国不同土地利用类型的年均 ESV（彩图见文后）

通过式（6-30）得到 1995 年和 2015 年流域各单项 ESV（图 6-5），结果显示：在这 12 项 ESV 中，气候调节（CR）和水文调节（HA）价值量高于其他生态服务价值，1995 年和 2015 年的平均值分别为 305.55 亿美元和 285.77 亿美元。食物生产（FP）、水资源供给（WS）和水文调节（HA）3 项 ESV 有所增加，其中 HA 的价值净增加量最大，为 8.13 亿美元；其他 9 项 ESV 有所降低，其中 CR 的减少量最大，为 24.5 亿美元，维持养分循环（NCM）和原料生产（MP）的 ESV 变化相对较小，分别减少了 0.06 亿美元和 0.57 亿美元。

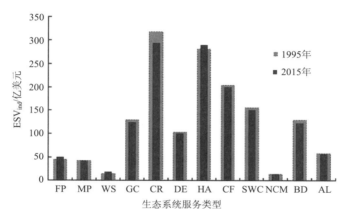

图 6-5　1995 年和 2015 年湄公河流域生态系统服务价值变化

6.3.3　湄公河流域生态足迹模型中相关指标计算

6.3.3.1　核算模型

确定流域各国的生态足迹需要先依据各国生态资源消费和能源消费计算各类消费账户的人均生态足迹（ef），由于农用地、林地、草地、建筑用地、能源燃料用地和水域等的生物生产能力差异较大，故将上述各类土地面积乘以相应的均衡因子，以转化为统一的、可比较的生物生产性土地面积。其中农用地、林地、草地、建筑用地、能源燃料用地和水域的均衡因子取值分别为 2.10、1.33、0.47、2.18、1.35 和 0.36。流域内各国的生态足迹（EF，hm^2）计算公式为

$$EF = N \times ef = N \times r_i \sum A_i \tag{6-31}$$

式中，N 为各国流域内人口数；ef 为人均生态足迹；r_i 为均衡因子；A_i 为第 i 类消费品折算的人均生物生产面积。

在计算流域各国的人均生态承载力时，可将各国的人均生产型土地面积乘以产量因子再乘以均衡因子，其中农用地、林地、牲畜用地和渔业用地的产量因子

取值分别为 1.65、0.91、0.20 和 0.99。人均生态承载力（ec，hm²/人）计算公式为

$$ec = \sum C_j = \sum a_j \times r_j \times y_j \tag{6-32}$$

式中，C_j 为第 j 类消费品的人均生态承载力分量；a_j 为第 j 类消费品的人均生产面积；r_j 和 y_j 分别为均衡因子和产量因子。

因此，流域各国的生态承载力（ecological capacity，EC）计算公式为

$$EC = N \times ec \tag{6-33}$$

通过 EF 和 EC 可初步判断出流域各国所处的生态盈余（或赤字）状态：

$$ED = EC - EF \tag{6-34}$$

当 ED＜0 时，表示该国的生态足迹已超出了其所能承受的生态承载力，即该国为生态赤字状态，需向生态盈余国支付生态补偿来缓解本国生态赤字带来的压力；当 ED＞0 时，表示该国的生态供给可承受当前人类的开发负荷，即该国为生态盈余状态，应获得生态赤字国支付的生态补偿。

6.3.3.2　流域各国生态足迹、生态承载力与生态盈余动态变化

将该流域的生物资源消费分为农作物产品（以水稻为主）、牲畜、渔业产品和林木产品等项目，对农用地、水域、林地和草地等生物生产面积进行了折算。在能源消费方面，将水电等电力消费转化为建筑用地面积，其他原煤和石油制品等一次能源转化为能源燃料用地面积，通过式（6-31）～式（6-34）计算 1995～2015 年湄公河流域各国的生态足迹指标（图 6-6）。由图 6-6 可知，全流域 EF 和 EC 总体呈波动增长的趋势，近 20 年 ED＞0 且生态赤字水平呈不断加重的趋势。流域内各国的 EF 和 EC 也呈现波动增长的趋势，近 20 年间位于流域上游的缅甸和老挝均表现为生态盈余状态，但受人类生产和消费规模扩大的影响，两国的生态盈余水平逐渐下降，特别是老挝，在 2013 年后该国的 EF 与 EC 已差距不大，ED 仅为 33.45×10⁴ hm² 左右；而位于流域中下游的泰国、柬埔寨和越南在近 20 年总体为生态赤字状态，且赤字水平呈加重趋势，说明人类生产活动已超出了该国在流域内的生态容量，且对环境资源的压力在逐渐增大。

从 1995～2015 年间流域内各国年均 EF、EC 和 ED 在空间上的差异来看：EF 和 EC 呈从北部流域上游地区向南部下游地区逐渐升高的分布特点，这与各国所在流域面积、人口和社会经济发展水平等诸多影响因素有关，从大到小依次为：泰国（EF=5310.83×10⁴ hm²，EC=2791.75×10⁴ hm²）、越南（EF=2564.94×10⁴ hm²，EC=1905.41×10⁴ hm²）、柬埔寨（EF=1133.67×10⁴ hm²，EC=1053.49×10⁴ hm²）、老挝（EF=762.48×10⁴ hm²，EC=949.63×10⁴ hm²）、缅甸（EF=68.46×10⁴ hm²，EC=102.31×10⁴ hm²），其中泰国和越南的总生态容量占全流域的 69.0%，而两国

的 EF 占比更是高达 80.1%（分别为 54.0% 和 26.1%），其他 3 国的总生态容量仅占 31.0%（缅甸 1.6%，老挝 14.0%，柬埔寨 15.4%）。此外，ED 呈从北部流域上游国家生态盈余状态向南部下游国家生态赤字状态过渡的特点，其中位于流域中下游的泰国和越南的年均生态赤字 ED 分别为 2519.08×10^4 hm^2 和 659.53×10^4 hm^2，两国的生态赤字水平是流域下游另一个生态赤字国柬埔寨的 31.4 倍和 8.2 倍。可见在流域空间分布上，位于流域南部中下游的泰国和越南对整个湄公河流域生态环境系统的影响是占据主导地位的。

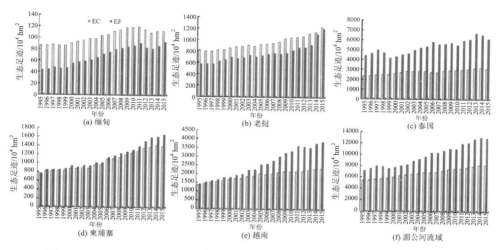

图 6-6　1995～2015 年湄公河流域各国生态足迹指标年际变化（彩图见文后）

6.3.4　湄公河流域各国生态补偿优先级评估

6.3.4.1　评估模型

在 ESV 的评估中，市场价值已通过市场机制转化为了货币的形式，而生态补偿优先级系数（ecological compensation priority sequence，ECP）需要通过各国单位土地面积的 ESV 非市场价值与 GDP 的比值来确定（刘晋宏等，2019），该系数可定量化描述各生态赤字（或盈余）国支付（或获得）生态补偿的优先级别，评估模型为

$$ECP = NMV_u / GDP_u \tag{6-35}$$

式中，NMV_u 为单位土地面积 ESV 的非市场价值，GDP_u 为单位国土面积的生产总值。生态赤字国的 ECP 越小，表明该国支付生态补偿后对其总体经济状况影响越小，越应率先向生态盈余国支付生态补偿。

6.3.4.2 跨境流域生态补偿优先级评价结果

通过生态补偿优先级评价能够初步判断湄公河流域内各国支付（或获得）生态补偿的优先次序，这是确定全流域生态补偿标准的基础。选取 2015 年为现状年，结合 6.3.2 节的结果对各国的 ECP 进行了计算（表 6-5）：泰国和越南的 GDP_u 要远大于柬埔寨、老挝和缅甸，说明泰国和越南在单位国土面积上产生的社会经济价值相对更高，其他 3 国的经济发展水平相对滞后；而在 NMV_u 上，柬埔寨、老挝和缅甸要略高于泰国和越南，说明柬埔寨、老挝和缅甸为整个流域贡献的生态系统服务要高于泰国和越南。特别是位于流域上游的缅甸和老挝，两国的 ECP 值高于其他 3 国且均大于 1，为流域内的"生态输出型"国家，应优先获得生态补偿；而流域中下游的泰国、柬埔寨和越南属于"生态消费型"国家（ECP＜1），其中经济发展水平相对较好的泰国和越南，在经济发展中占用了湄公河流域大量的生态资源，这些资源开发和保护成本需要流域内的各国来共同承担，因此，泰国和越南应率先对上游的"生态输出型"国家进行生态支付。

表 6-5 2015 年湄公河流域各国生态补偿优先等级评价

国家	ESV 市场价值/亿美元	ESV 非市场价值/亿美元	GDP_u/(美元/hm²)	NMV_u/(美元/hm²)	ECP	补偿类型
缅甸	52.63	15.94	248.70	664.17	2.67	生态输出
老挝	261.98	148.75	634.01	736.39	1.16	生态输出
泰国	322.70	92.98	9868.83	505.33	0.05	生态消费
柬埔寨	263.65	79.86	943.26	515.23	0.55	生态消费
越南	169.14	43.02	7135.05	661.85	0.09	生态消费

注：当 ECP＜1 时，为"生态消费型"国家，当 ECP＞1 时，为"生态输出型"国家。

6.3.5 湄公河流域各国生态补偿量估算及标准构建

6.3.5.1 补偿标准估算方法

为了提高生态补偿的可行性，需要通过考虑跨境流域中各国的实际经济发展水平来确定生态补偿标准，依据 ESV、EF 和 EC 的评价结果，并引入郭荣中等提出的生态补偿修正系数（r_c），综合确定了各生态赤字国应支付的生态补偿量（ecological compensation quantity），估算公式如下：

$$r_c = (iec_c / \overline{iec}) \times (GDP_c / \overline{GDP}) \tag{6-36}$$

$$E = r_c \times |ED| \times ESV \tag{6-37}$$

式中，iec_c 和 GDP_c 分别为国家 c 在流域内的人均生态赤字和生产总值，美元/a；

$\overline{iec}$ 和 $\overline{GDP}$ 为整个流域的人均生态赤字和生产总值，美元/a；E 为生态补偿量。

6.3.5.2　生态补偿量核算

湄公河流域中下游的泰国、柬埔寨和越南常年处于生态赤字状态，且在现状年均为"生态消费型"国家。因此，结合式（6-36）和式（6-37）对这 3 个国家在现状年应支付的生态补偿量进行了初步估算，结果显示（表 6-6）：这 3 个国家从 ice_c 和 ESV 所确定的应支付生态补偿总量 E^* 为 16 735.49 亿美元，为了符合生态补偿标准的科学性和实际可操作性，结合各国的实际经济发展水平利用式（6-37）中的修正系数 r_c 对各国的 E^* 分别进行了修正（赖敏等，2015），得到修正后的总 E 为 680.63 亿美元，其中泰国需支付的生态补偿量最高，为 507.73 亿美元；其次是越南，为 167.61 亿美元；柬埔寨需支付的生态补偿量最少，为 5.29 亿美元。

表 6-6　2015 年湄公河流域"生态消费型"国家的生态补偿量核算

国家	ef/hm²	ec/hm²	ice_c/hm²	E^*/亿美元	r_c	E/亿美元
泰国	2.49	1.27	1.22	4231.08	0.120	507.73
柬埔寨	1.32	1.11	0.21	2645.00	0.002	5.29
越南	1.73	1.05	0.68	9859.41	0.017	167.61
合计	1.96	1.15	0.81	16 735.49	0.041	680.63

注：本书中研究内容和结果不具有任何政治倾向与立场，仅供学术探讨，也不作为法律责任认定、评价依据、考核指标等。

6.3.5.3　湄公河流域生态补偿机制构建

跨境流域各国的 ESV 和生态补偿量研究，可为协调和促进流域各国在生态资源保护和合作等方面提供量化依据。对湄公河流域各国的 ESV 和"生态消费型"国家应支付的生态补偿量进行初步核算，突出了各国在跨境流域生态资源开发利用和保护过程中的"受益补偿原则"，即受益国应对为其受益采取了相关措施或付出代价的国家给予相应的补偿（McIntyre，2015）。在湄公河流域，位于上游的老挝在水利工程开发过程中投入了大量人力和物力，在坝址处进行了"抢救式砍伐"（Sivongxay et al.，2017），这可能是导致近 20 年该国 ESV 降低的直接原因。但却缓解了下游国家早期缺水、洪水泛滥等水旱灾害问题。从 EF、EC 和 ED 的核算结果也可以看出下游的泰、柬、越占用了湄公河流域绝大部分生态资源，且这些国家相对较高的经济发展水平对缅、老两国的 ED 状态产生了负面影响（ED 呈逐年下降的趋势），故泰、柬、越是该流域的生态受益方。此外，老挝在流域内的用水量仅为自产水量的 2.2%，每年有 $1608×10^8$ m³ 的水量流出了国境，这些出境的水资源为下游国家（泰、柬、越）的社会经济发展做出了贡献，故这些水资源受益国（泰、柬、越）对老挝进行相应的生态补偿完全合理。与老挝类似，中国在澜沧江段的水利工程建设为湄公河流域的生态平衡与保护也同样做出了积极的贡献。

从遥感解译结果来看，近 20 年来湄公河流域农用地的扩张和林地、草地等生态用地的减少也是导致总体 ESV 降低的直接原因，而老挝和泰国积极建设的沙耶武里、北本等大型水电站在一定程度上提升了整体水域和湿地等地类的面积和 ESV，从各单项 ESV_{ind}（如 WS、HA 等供给、调节服务）的提高也能够佐证上述观点。此外，泰国和越南的经济相对发达，两国在社会生产中消耗了大量水资源和生态资源，这是引起湄公河流域处于生态赤字状态（ED<0）的主要原因。从生态补偿优先级评价结果来看，以泰、越为代表的"生态消费型"国家应向老、缅等"生态输出型"国家支付生态补偿，且生态赤字越大，越应当率先支付。生态补偿优先级在量化泰、越两国生态补偿迫切程度的同时，也为另一个经济相对落后的"生态消费型"国家——柬埔寨在区域合作中提出适宜可行的合作补偿方案上留有充足的双边或多边协商空间。该补偿标准不仅为湄公河流域生态补偿机制的建立提供了量化依据，还能引导流域各国积极采取措施提高本国资源利用率，降低对生态资源的过度消费，以缓解生态赤字压力，为本国的经济发展创造可持续的生态系统服务保障。以湄公河流域为代表的跨境流域内"生态消费型"国家支付的 E 不仅包括直接经济补偿（如工程投资、资金补偿和贸易便利等），还包括一定的非经济补偿（如政治支持或信息共享等），这些利益补偿模式可以以流域内各国的实际利益诉求为基础，而近些年缅、老两国在水电开发方面的利益诉求较高，且泰、柬、越因本国电力需求迫切，三国可通过进口缅、老水电能源的方式予以间接补偿；此外，这些水电项目的调蓄功能对维护下游柬埔寨的渔业资源、洞里萨湖的生态安全和缓解越南三角洲盐碱化等问题也起了积极的作用，故柬、越两国也可通过渔业、农业或政治补偿等替代的模式予以缅、老两国相应的利益补偿。因此，在补偿方式方面，跨境流域各国可积极探索多元化补偿方式，鼓励流域上下游国家开展全方位多领域的合作，除"输血式"资金补偿方式外，运用培育优势产业、人才岗位培训、共建特色区域等"造血式"补偿方式，缩小流域间发展差距，缓解上下游国家发展与保护间的尖锐矛盾，进一步巩固生态补偿效果，建立有利于全流域环境同治、产业共谋、责任共担的共建共享机制。

综上所述，各"生态输出型"国家为了维护自身的合法利益及区域的生态安全，同时也让其他国家认识到自身应有的补偿义务及"生态输出型"国家所做出的贡献，应积极参与和推动所在区域生态补偿机制的建设。从长远看，合理的跨境流域生态补偿可以有效解决上下游国家间的资源争端和冲突，促进上下游国家共同发展、利益共享和合作共赢，在许多发达国家或地区的跨境流域中就有成功的案例（如哥伦比亚河和莱茵河），而在一些无法有效建立生态补偿机制的跨境流域中，各方的利益和经济发展状况最终均受到了损失和不利影响（如尼罗河）。虽然湄公河流域的实际情况与博弈过程比本章节研究所设定研究条件更为复杂，但对流域各国的 ESV 和生态足迹指标的变化情况进行了定量分析，并结合各国的实际经济发展水平，初步解决了因直接通过 ESV 核算而导致的生态补偿量过大的问题。在明确跨境流域内涉及各方的生态补偿规则实践层面上，可遵循"深化认知，谨慎接触→明晰责权，初步合作→涉水利益评估，初步涉水谈判→开发方案优化，多次反复博弈→综合利益评估，全面综合权衡→研制协调框架，签订条约协议→逐步深化协调，实施跟踪评估"等七个步骤的逐步博弈过程，并不断强化合作机制、管理机制、补偿机制、涉水灾害利益协调共享机制、能力建设机制的建设。综合提供一个具备典型性和普遍性的跨境流域生态补偿框架。未来可依托跨境流域的生态补偿机制，寻求超越生态补偿本身的且更为广泛的政治经济利益合作框架。

6.4　本章小结

随着湄公河流域人口和社会经济的高速增长，土地利用格局发生了极大的改变和生态系统服务的退化，深刻影响了流域内物质能量流通和生态系统服务功能的供给，进而威胁了湄公河流域人类社会的可持续发展。目前，生态安全格局构建方法的研究日趋完善，"识别生态源－构建阻力面－提取廊道"的框架模式成为当前生态安全格局构建的基本范式。生态源地和生态廊道的识别是构建流域／区域生态安全格局的重要步骤。流域作为典型的复合生态系统，是区域和自然生态系统的重要组成部分，具有显著的时空异质性和流动性特征，其特征决定着对流域进行生态安全格局构建及优化可有效提高区域生态系统的可持续发展水平。通过构建流域生态安全格局，将景观格局与生态过程相结合，识别并保护景观中有助于提高区域景观连接度和维持重要生态过程的关键斑块，是实现流域生态可持续性发展的重要途径。

跨境流域利益共享与协调过程是一个长期、复杂、艰巨的利益博弈过程，跨境流域利益协调与共享宏观分析框架可由理论框架、过程框架和对策框架三大部分构成。随着国际上被认可接受的跨境流域利益协调原则在不断拓展，跨境流域应考虑将公平合理利用、有限权利、协商合作、分步骤阶段性、政府间双边（关系）合作等原则作为开展跨境流域开发利益协调的重点原则。在利益共享评估方面，可采用当前国际上较为认可、用于评估生态环境影响与真实用水的生态系统服务价值（ESV）、生态足迹（EF）与生态承载力（EC）等指标，上述这些指标既具有可比性，也可较好地兼顾跨境流域上游国家开发利用程度低的现实。在利益分配博弈上，在既定的利益评估值下，可根据需要采用不同的博弈解析模式进行理论分析。

在跨境流域水资源生态补偿目标设定上，环境保护、生态改善的基调不变，同时考虑流域经济均衡发展与缓解贫困目标。优质生态系统服务的供给、保持和增长是生态补偿机制的基本要求，不论是政府补偿中的财政转移支付抑或是市场补偿中的货币支付，都作为一种物质激励以实现生态补偿真正诉求，政府补偿与市场补偿选用中应注重全流域监督机制的设置，避开"政府失灵"与"市场失灵"，避免生态补偿沦为"圈钱运动"。在补偿资金方面，跨境流域内统一管理组织应积极建立生态补偿基金，健全补偿资金筹集、管理、效果评估完善的生态补偿体系。一方面跨境流域上下游国家政府作为补偿基金的发起者与主导者，应履行生态保护的责任并支付相应的财政补贴资金，用以平衡流域上下游利益与优化社会资源再分配；另一方面，市场主体通过多渠道筹集社会资本，通过市场化运作增强补偿资金的可持续性。创新 PPP 模式，进一步引入社会资本，以缓解财政压力，实现全流域社会经济效益与生态效益的共赢。

在补偿方式方面，积极探索多元化补偿方式，鼓励流域上下游国家开展全方位多领域的合作，除"输血式"资金补偿方式外，运用培育优势产业、人才岗位培训、共建特色区域等"造血式"补偿方式，缩小流域间发展差距，缓解上下游国家发展与保护间的尖锐矛盾，进一步巩固生态补偿效果，建立有利于全流域环境同治、产业共谋、责任共担的共建共享机制。

参 考 文 献

邓灵稚, 杨振华, 苏维词. 2019. 城市化背景下重庆市水生态系统服务价值评估及其影响因子分析[J]. 水土保持研究, 26(4): 208-216.

杜金鸿, 刘方正, 周越, 等. 2019. 自然保护地生态系统服务价值评估研究进展[J]. 环境科学研究, 32(9): 1475-1482.

付意成, 高婷, 闫丽娟, 等. 2013. 基于能值分析的永定河流域农业生态补偿标准[J]. 农业工程学报, 29(1): 209-217.

耿涌, 戚瑞, 张攀. 2009. 基于水足迹的流域生态补偿标准模型研究[J]. 中国人口·资源与环境, 19(6): 11-16.

胡和兵, 刘红玉, 郝敬锋, 等. 2013. 城市化流域生态系统服务价值时空分异特征及其对土地利用程度的响应[J]. 生态学报, 33(8): 2565-2576.

黄绳, 农翕智, 梁建奎, 等. 2019. 南水北调中线工程运行的环境问题及风险分析[J]. 人民长江, 50(8): 46-51.

黄锡生, 峥嵘. 2012. 论跨界河流生态受益者补偿原则[J]. 长江流域资源与环境, 21(11): 1402-1408.

赖敏, 吴绍洪, 尹云鹤, 等. 2015. 三江源区基于生态系统服务价值的生态补偿额度[J]. 生态学报, 35(2): 227-236.

李晓光, 苗鸿, 郑华, 等. 2009. 生态补偿标准确定的主要方法及其应用[J]. 生态学报, 29(8): 4431-4440.

刘红光, 陈敏, 唐志鹏. 2019. 基于灰水足迹的长江经济带水资源生态补偿标准研究[J]. 长江流域资源与环境, 28(11): 2553-2563.

刘晋宏, 孔德帅, 靳乐山. 2019. 生态补偿区域的空间选择研究: 以青海省国家重点生态功能区转移支付为例[J]. 生态学报, 39(1): 53-62.

刘焱序, 傅伯杰, 赵文武, 等. 2018. 生态资产核算与生态系统服务评估: 概念交汇与重点方向[J]. 生态学报, 38(23): 8267-8276.

柳荻, 胡振通, 靳乐山. 2018. 美国湿地缓解银行实践与中国启示: 市场创建和市场运行[J]. 中国土地科学, 32(1): 65-72.

陆文聪, 马永喜. 2010. 水资源协调利用的利益补偿机制研究[J]. 中国人口·资源与环境, 20(11): 54-59.

吕睿. 2017. 重庆市水资源可持续利用评价与对策研究[D]. 重庆: 重庆交通大学.

罗尔斯. 2001. 正义论[M]. 北京: 中国社会科学出版社: 5.

欧阳志云, 赵同谦, 王效科, 等. 2004. 水生态服务功能分析及其间接价值评价[J]. 生态学报, (10): 2091-2099.

石忆邵, 史东辉. 2018. 洞庭湖生态经济区生态服务供需平衡研究[J]. 地理研究, 37(9): 1714-1723.

王浩, 王建华, 秦大庸. 2004. 流域水资源合理配置的研究进展与发展方向[J]. 水科学进展, 15(1): 123-128.

吴泽宁. 2004. 基于生态经济的区域水质水量统一优化配置研究[D]. 南京: 河海大学.

颜立红, 祁承经, 彭春良, 等. 2019. 生态系统服务经济学发展历史及其未来展望[J]. 生态环境学报, 28(5): 1055-1063.

约日古丽卡斯木, 杨胜天, 孜比布拉·司马义. 2019. 新疆艾比湖流域土地利用变化对生态系统服务价值的影响[J]. 农业工程学报, 35(2): 260-269.

曾贤刚, 刘纪新, 段存儒, 等. 2018. 基于生态系统服务的市场化生态补偿机制研究: 以五马河流域为例[J]. 中国环境科学, 38(12): 4755-4763.

张长春, 樊彦芳. 2018. 跨界水资源利益共享研究[J]. 边界与海洋研究, 3(6): 92-102.

张沛. 2019. 塔里木河流域社会-生态-水资源系统耦合研究[D]. 北京: 中国水利水电科学研究院.

张志强, 程国栋, 徐中民. 2002. 可持续发展评估指标、方法及应用研究[J]. 冰川冻土, (4): 344-360.

Bhaduri A, Liebe J. 2013. Cooperation in transboundary water sharing with issue linkage: Game-theoretical case study in the Volta Basin[J]. Journal of Water Resources Planning and Management, 139(3): 235-245.

Boithias L, Terrado M, Corominas L, et al. 2016. Analysis of the uncertainty in the monetary valuation of ecosystem services-A case study at the river basin scale[J]. Science of the Total Environment, 543: 683-690.

Costanza R, Arge R, De Groot R, et al. 1997. The value of the world's ecosystem services and natural capital[J]. Nature, 387: 253-260.

Diop M D, Diedhiou C M, Niasse M. 2009. Sharing the benefits of large dams in West Africa: The case of displaced people[J]. Water Alternatives, 3(2): 463-465.

Dugan P J, Barlow C, Agostinho A A, et al. 2010. Fish migration, dams, and loss of ecosystem services in the Mekong Basin[J]. Ambio, 39(4): 344-348.

Green P A, Vörösmarty C J, Harrison I, et al. 2015. Freshwater ecosystem services supporting humans: Pivoting from water crisis to water solutions[J]. Global Environmental Change, 34: 108-118.

Intralawan A, Wood D, Frankel R, et al. 2018. Tradeoff analysis between electricity generation and ecosystem services in the Lower Mekong Basin[J]. Ecosystem Services, 30: 27-35.

López-Hoffman L, Varady R G, Flessa K W, et al. 2010. Ecosystem services across borders: A framework for transboundary conservation policy[J]. Frontiers in Ecology and the Environment, 8(2): 84-91.

Mamatkanov D M. 2008. Mechanisms for Improvement of Transboundary Water Resources Management in Central Asia[M]. Dordrecht: Springer.

McIntyre O. 2015. Benefit-sharing and upstream/downstream cooperation for ecological protection of transboundary waters: Opportunities for China as an upstream state[J]. Water International, 40(1): 48-70.

McIntyre O. 2016. Environmental Protection of International Watercourses under International Law [M]. London: Routledge.

McKean M A. 2000. Common property: What is it, what is it good for, and what makes it work?[J]. People and forests: Communities, institutions, and governance, 27-55.

Ostrom E. 2002. Common-pool resources and institutions: Toward a revised theory[J]. Handbook of Agricultural Economics, 2: 1315-1339.

Qaddumi H. 2008. Practical Approaches to Transboundary Water Benefit Sharing[M]. London: Overseas Development Institute.

Sadoff C W, Grey D. 2002. Beyond the river: The benefits of cooperation on international rivers[J]. Water Policy, 4(5): 389-403.

Sivongxay A, Greiner R, Garnett S T. 2017. Livelihood impacts of hydropower projects on downstream communities in central Laos and mitigation measures[J]. Water Resources and Rural Development, 9: 46-55.

Suhardiman D, Giordano M. 2014. Legal plurality: An analysis of power interplay in Mekong hydropower[J]. Annals of the Association of American Geographers, 104(5): 973-988.

Xie G, Zhang C, Zhen L, et al. 2017. Dynamic changes in the value of China's ecosystem services[J]. Ecosystem Services, 26: 146-154.

Yu D, Han S. 2016. Ecosystem service status and changes of degraded natural reserves—A study from the Changbai Mountain Natural Reserve, China[J]. Ecosystem Services, 20: 56-65.

Ze H, Wei S, Deng X. 2017. Progress in the research on benefit-sharing and ecological compensation mechanisms for transboundary rivers[J]. Journal of Resources and Ecology, 8(2): 129-140.

第7章 结 语

7.1 总 结

本书针对国际河流跨境水资源多国共享利用问题，分别从跨境水资源权属体系、跨境水资源多目标分配、跨境水资源水生态服务价值、跨境水利益共享与补偿四个方面，分别从理论方法、模式机制等方面开展了深入研究，以澜湄流域这一跨境流域为典型案例，构建了跨境水资源多级权属体系，提出了跨境水资源多目标分配方法和澜湄水资源分配模式，评估了跨境流域水生态服务功能经济价值，并明确了跨境流域水资源生态补偿机制建设方案。主要结论如下。

（1）在分析国际水法水权理论的基础上，发现当前水权基础理论在解决跨境水资源分配问题的局限性主要表现为缺乏可操作性和淡化主权，从而阻碍了跨境水资源权属的界定。据此首先明确了跨境水资源权属，进而构建了跨境水资源多级权属体系，提出了基于所有权、使用权和可分配权的跨境水资源多级权属分配方法。将该方法应用于澜湄流域，计算得到了流域各国的多级权属份额。结果表明不同国家的水资源所有权份额存在较大差异，未来还需要进一步加强国际合作，进一步收集相关基础资料，最终确定被相关流域国广泛接受的水资源所有权、使用权和可分配权份额。

（2）对水利益共享这一概念进行了深入剖析，指出了水利益共享的模式可分为：①共同维护，共同享有；②共同建设，共同享有；③建设项目，受益补偿；④建设项目，受损补偿；⑤跨区利用，利益补偿五种，而在实践方面则主要包括：①利益共享领域判识；②利益共享模式确定；③成本和利益核算；④利益补偿与协调分析四个步骤。梳理了澜湄流域水资源合作发展历程，并分析了已有的跨境水分配模式在澜湄流域的适用性，结合澜湄流域实际提出了一种更适合的水资源复合分配模式，该分配模式的应用有望获得更大的水利益。

（3）基于水利益共享的跨境流域水管理一直处于概念阶段，考虑到已有水分配指标体系在跨境流域的整体性和共享性方面不足，并缺乏可操作性，提出了基于水利益共享的跨境水资源多目标分配指标体系，并提出了基于水利益共享的澜湄流域水资源多目标分配模型。建立了不同典型年的最优水量分配方案及利益协调方案，计算了不同典型年份澜湄流域水资源分配方案集。结果表明，最优分配方案相比现状分配方案，农业总产值增加了41%~42%，农业总产量增加了30%~

31%，灌溉总面积增加了 30%～31%，同时通航和生态需求得到了较好保障或提升。在最优分配方案下，相比于现状用水分配方案，水利益由其他五国向泰国发生转移利用，因此相应的利益协调方案应为泰国向其他五国补偿。

（4）根据流域未来发展趋势预测，揭示了未来不同发展模式下澜湄流域生态系统服务价值的时空演变规律，到 2035 年，生态保护情景下澜湄流域生态服务价值总量比自然增长情景下提高 8%以上，而在农业发展情景下，生态服务价值总量则下降约 9%。其中，草地、农田的生态系统服务价值之和占整个流域的 87.9%～88.6%，是澜湄流域生态系统服务的主体部分，即这 2 种生态系统的变化在很大程度上决定了流域生态服务价值的变化。虽然湿地、水体 2 种地类的单位面积生态服务价值很高，但其面积在流域中所占比例很小，因此对流域服务价值的变化贡献不大。同时，通过划定澜湄流域 ESV 热点和冷点区域范围，提出澜湄流域未来的开发和保护策略，可为全流域水土资源管理和生态空间管控提供重要的技术支撑。

（5）结合湄公河流域各国的实际经济发展水平，从生态补偿优先级评价结果来看，以泰国、越南为代表的"生态消费型"国家应向老挝、缅甸等"生态输出型"国家支付生态补偿，且生态赤字越大，越应当率先支付。生态补偿优先级在量化泰国、越南两国生态补偿迫切程度的同时，也为另一个经济相对落后的"生态消费型"国家——柬埔寨在区域合作中提出适宜可行的合作补偿方案上留有充足的双边或多边协商空间。从长远看，合理的跨境流域生态补偿可以有效解决上下游国家间的资源争端和冲突，促进上下游国家共同发展、利益共享和合作共赢。

7.2 展 望

7.2.1 本书不足之处及未来研究方向

随着全球气候变化和人类社会经济高速发展，水资源供需矛盾日益突出，国际河流流域跨境水冲突不断加剧，当前的研究基础尚难以支撑跨境水管理实际需求，基于水利益共享的跨境水管理理念距离可实施还有很大差距，全球的跨境水资源问题亟待进一步深入研究。该研究主要涉及国际水法与水权、国际利益协调与分配、国际合作与博弈、水资源利用的跨境水文生态影响、跨境水资源利用决策等。由于研究水平、跨境水问题的复杂性等多种因素的限制，本书还有很多不足之处，尚有待进一步改进和深入研究，详细如下：

（1）需要加强跨境流域国之间的资料共享合作，广泛收集更高精度的社会经济和自然地理基础资料，以便获得更加真实、合理的研究结论。限于流域国之间的资料共享障碍，目前所采用的基础资料有限，资料来源复杂，系列不完整，部分资料来源于前人的研究成果或者统计结果，其准确性还有待进一步考证，由于获取真实可靠的资料还存在一定客观难度，现有资料难以反映各国对水资源利用的真实情况。同时，资料系列也尚未更新到最近状况，对气候变化、经济发展的影响反映不够。

（2）需要考虑更加全面的跨境水资源利用目标及其相互影响。由于跨境水资源利用问题的复杂性，本书是基于一定的理想化假设，如流域国达到充分合作水平，暂未考虑各种水量损失以及上下游的径流传播滞后等问题，并且主要考虑农业产出效益，为了简化问题的复杂性，对于澜湄流域防洪、旅游、渔业养殖等利用目标尚未考虑或者考虑较少，因而真实利用效益与本书的研究结果存在一定的差异。

（3）需要推进基于水利益共享的跨境水资源多目标分配模式的实施研究。本书提出了具有充分可操作性的、基于水利益共享的跨境水资源多目标分配指标体系和分配模型，是跨境水管理的中国模式，具有重要意义，但如何在跨境流域如澜湄流域水管理中实施，真正解决各流域国在跨境流域的水冲突、实现全流域水利益最大化和河流健康管理，还需要水利益之外的政治的、经济的、管理的等多种协调机制。

（4）需要进一步加强跨境流域生态系统服务功能分析。由于生态系统组成、结构的复杂性和功能的多样性，以及空间分布的差异性，不同类型、不同区域的生态系统服务价值量差异较大，客观上需要尽量细致地进行生态系统类型和服务功能类别划分，由于澜湄流域属于跨境流域，相关基础资料匮乏，生态系统服务功能定量评估等相关研究也不多见，本书对部分生态系统分类进行了合并，如未划分灌木等类型，这对流域生态服务价值量的具体影响还有待进一步研究。

（5）需要深入探讨跨境流域生态补偿标准和利益补偿机制。本书在确定生态补偿标准时，未考虑流域总体和各国未来生态系统服务价值的发展趋势，同时也未考虑流域的水质状况及各国相关政策法规等因素的影响。未来可进行更为深入系统的研究，并依托跨境流域的生态补偿机制，探讨更为广泛的利益补偿形式，寻求超越生态补偿本身、更为广泛的政治经济利益合作框架。

7.2.2　气候变化对跨境水管理带来的挑战

联合国政府间气候变化专门委员会（IPCC, Intergovernment Panel on Climate Change）第五次评估报告指出，1880~2012 年，全球平均地表温度升高了 0.85（0.65～1.06）℃，1951~2012 年，全球平均地表温度的升温速率[0.12（0.08～0.14）℃/10a]几乎是 1880 年以来升温速率的两倍。IPCC 第六次评估报告第一工作组报告《气候变化 2021：自然科学基础》指出，相较工业化前水平（1850~1900 年），2010~2019 年人类活动引起的全球表面温度升高约为 1.07（0.8～1.3）℃。以气温升高和极端降水事件增多增强为主要特征的全球气候变化对地球系统产生了深远的影响，其中水文循环过程是受气候变化影响最直接和最重要的领域之一（Bates et al.，2008；张建云等，2007）。水是气候的产物，气候变化会对水循环的更替期长短、水量、水质、水资源的时空分布和水旱灾害的频率与强度产生重要的影响。在全球气候变化影响下，青藏高原冰川在加速融化和消退，使得依赖冰川融水的包括澜沧江在内的多条国际河流流量受到影响。联合国政府间气候变化专门委员会（IPCC）指出，气候变化的发展将增大湄公河流域雨季河流泛滥的风险，增加旱季发生水资源短缺的概率，加剧海平面上升导致的河流下游盐碱化现象，湄公河三角洲地区的农业生产受到严重威胁的风险大大提高。

水资源是"改变世界的气候变化-水-粮食-能源的关系"的核心要素，水安全位列全球可持续发展 8 大挑战之首（秦大河，2015），水危机位列未来 10 年世界风险之首，以跨境水纠纷及其导致的地缘战略竞争激化最突出（World Economic Forum，2015）。为应对气候变暖导致淡水水源日益短缺及其对全球经济发展的冲击，需要各国采取措施重新分配水资源（World Bank Group，2016）。国际河流涉及全球 150 多个国家、60%可利用淡水和 90%人口（UNEP，2015），其水资源与国家资源主权、粮食安全和能源安全等密切相关，是国家间对话与合作、影响持续发展的中心议题（UN-Water，2013），也是地球系统科学及国际水文计划等的重要研究议题。

国际河流水资源通过自然越境打破了各流域国领土的完整性，使其成为多国共享资源。全球 286 条国际河流跨境水资源约占世界淡水资源总量的 60%（UNEP，2016）。我国是国际河流众多的国家，共有大小国际河流（湖泊）40 多个，其年径流量占全国河川径流总量的 40%以上，其中主要的国际河流有 15 条，影响包括我国在内的人口约 30 亿（UN-Water，2013）。中国主导的"一带一路"倡议，其陆上丝绸之路经济带所经过的地区几乎全在国际河流区。跨境流域是受气候变化影响的敏感区和应对气候变化的脆弱区。气候变化引起的极端降水事件增多增强为跨境水资源安全提出了新的挑战，这给本身受地缘政治、域外势力干扰的跨境流域水资源管理带来了新的威胁。

我国发育了亚洲主要国际河流，尤其是西南出境的河流如澜沧江、怒江、独龙江—伊洛瓦底江、雅鲁藏布江等国际河流水量大、水质好，是我国关键的优质战略水资源储备区和国家水电可再生能源的主体区，也是东南亚、南亚区域水安全与水电能源安全的关键地区（何大明等，2014）。这些国际河流区的水资源利用与保护、跨境生态影响、地缘合作和安全等问题都直接关系到我国的水-能源-粮食-生态安全。受全球变化影响和域外势力干扰，我国跨境水问题广受关注，解决难度日益增大。

当前水资源合作被作为澜湄第一重要合作、澜湄合作被作为"一带一路"次区域合作典范，"十四五"规划明确提出实施雅鲁藏布江下游水电开发，加强跨境流域水管理的相关研究和探索，这对增强我国应对气候变化能力、整体提升全球变化下我国管控跨境水安全风险、保障国家水权益的科技支撑能力与国际核心科技竞争力具有重要意义，同时也是国家水外交、跨境流域合作和"一带一路"倡议、"人类命运共同体"理念等的重要科学支撑。

参 考 文 献

何大明，刘昌明，冯彦，等. 2014. 中国国际河流研究进展及展望[J]. 地理学报，69(9): 1284-4294.

秦大河. 2015. 中国极端天气气候事件和灾害风险管理与适应国家评估报告[M]. 北京：科学出版社.

张建云，王国庆，等. 2007. 气候变化对水文水资源影响研究[M]. 北京：科学出版社.

Bates B, Kundzewicz Z W, Wu S, et al. 2008. Climate Change and Water: Technical Paper VI[J]. Environmental Policy Collection, 128(5): 343-355.

UNEP. 2016. Transboundary river basins: status and trends (summary for policy makers) [R]. Nairobi: UNEP: 3-12.

UNEP, UNEP-DHI. 2015. Transboundary River Basins: Status and Future Trends[Z]. Nairobi: UNEP.

UN-Water. 2013. Delivering as One on Water Related Issues: UN-Water Strategy 2014-2020[M]. Geneva: UN-water Technical Advisory Unit.

World Bank Group. 2016. High and Dry: Climate Change, Water, and the Economy[M]. Washington DC: World Bank.

World Economic Forum. 2015. Global Risks 2015[R]. Geneva: World Economic Forum.

彩　　图

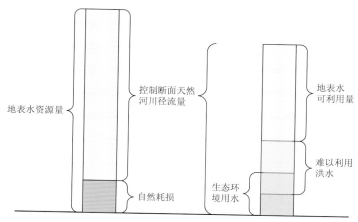

图 2-4　跨境流域地表水可利用量的确定

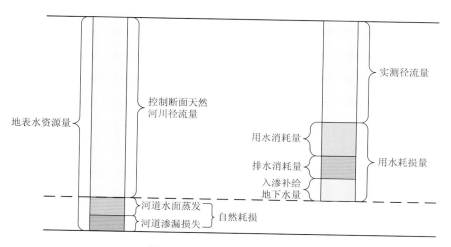

图 2-5　自然耗损水量的估算

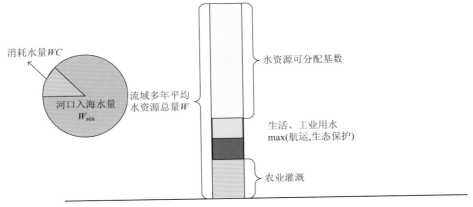

图 4-2 澜湄流域水资源可分配水量计算示意图

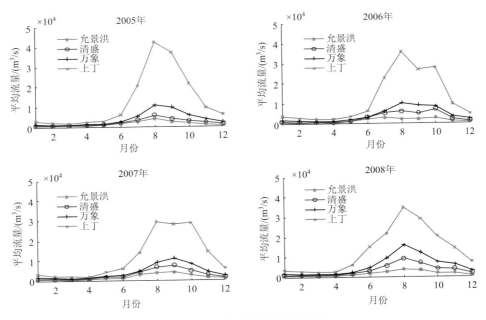

图 4-11 各典型年断面观测流量

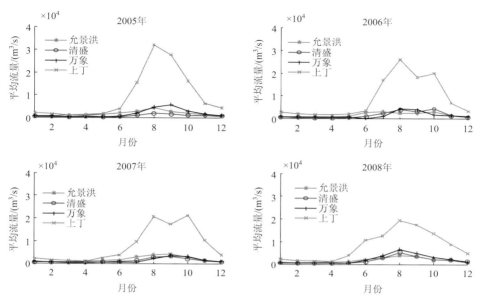

图 4-12 各典型年区间天然径流还原结果

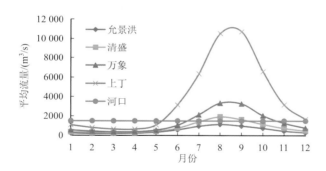

图 4-13 生态需求保障流量

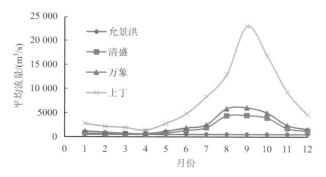

图 4-14 通航需求保障流量

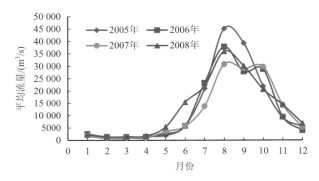

图 4-15　河口断面余留径流估算

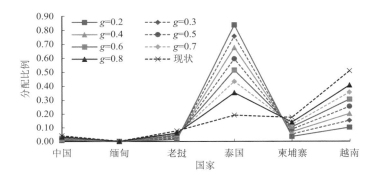

图 4-18　不同保障系数下的 2007 年来水情景最优分配方案

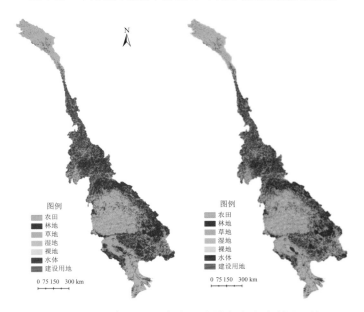

图 5-2　1995 年、2015 年澜湄流域各类土地利用现状

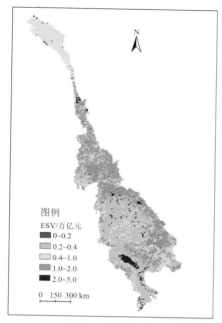

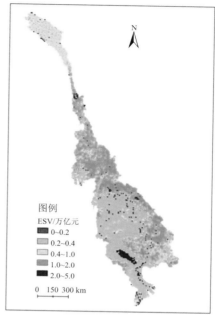

情景I：自然增长情景　　　　　　　　　　　　情景II：农业发展情景

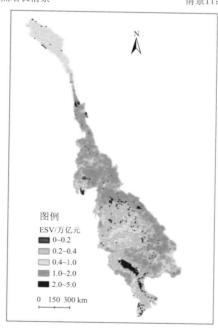

情景III：生态保护情景

图 5-3　澜湄流域不同发展情景下 ESV 空间分布格局

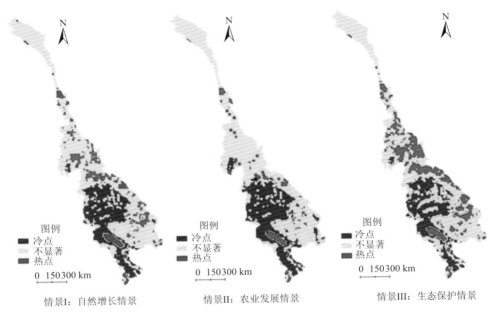

图 5-4　澜湄流域不同发展情景下 ESV 热点/冷点区域空间分布格局

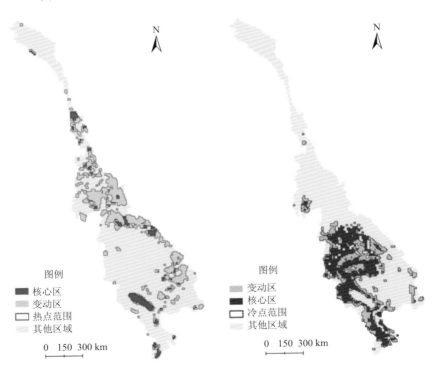

图 5-5　澜湄流域 ESV 热点/冷点核心区空间分布格局

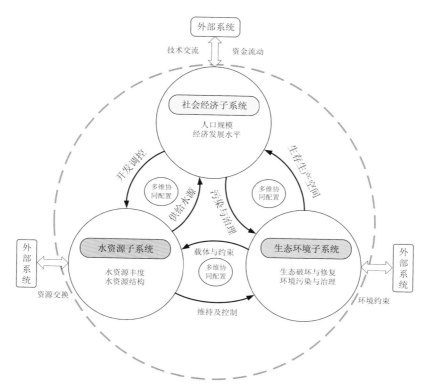

图 6-2　水资源-生态-经济系统构成关系

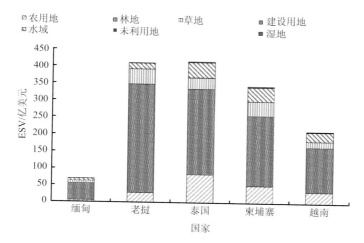

图 6-4　湄公河流域内各国不同土地利用类型的年均 ESV

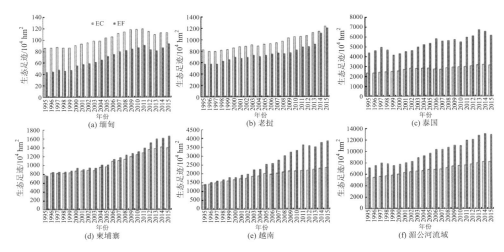

图 6-6　1995～2015 年湄公河流域各国生态足迹指标年际变化